国家重点研发计划项目"国家重要生态保护地生态功能协同提升与综合管控技术研究与示范"（2017YFC0506400）成果

自然保护地功能协同提升研究与示范丛书

神农架国家公园体制试点区 生态经济功能协同提升研究与示范

蔡庆华 等 著

科学出版社

北 京

内 容 简 介

本书收集整理了国家关于建立以国家公园为主体的自然保护地体系的发展脉络，梳理了国家公园的概念、体系、评价标准及面临的共性问题。从管控分区、主要保护对象、社会经济发展情况等方面论述了神农架国家公园体制试点区的总体情况。从自然资源调查入手，通过生态分区、资产评估研究、解析环境胁迫、辨析关键生态过程，集成有针对性的生境恢复模式。研究提出自然资源分区管理、环境胁迫分类管理、公众参与分级管理、协调发展分期管理的管控技术体系，并基于以上研究提出了建立"神农架国家公园特区"的建议，为国家公园体制改革中的就地保护、协同保护提供示范。

本书适合生物、生态、环境和自然保护科学等相关专业的高等院校、科研院所的研究人员和教学人员阅读，也可以供国家公园、自然保护地、自然公园等相关机构的科技工作者和管理人员参考。

审图号：GS（2022）1136 号

图书在版编目(CIP)数据

神农架国家公园体制试点区生态经济功能协同提升研究与示范/蔡庆华等著. —北京：科学出版社，2022.5
（自然保护地功能协同提升研究与示范丛书）
ISBN 978-7-03-071915-7

Ⅰ.①神… Ⅱ.①蔡… Ⅲ.①神农架–生态经济–经济发展–研究
Ⅳ.①S759.93 ②F127.63

中国版本图书馆 CIP 数据核字(2022)第 043870 号

责任编辑：马 俊 李 迪 郝晨扬 / 责任校对：何艳萍
责任印制：吴兆东 / 封面设计：刘新新

科学出版社 出版
北京东黄城根北街 16 号
邮政编码：100717
http://www.sciencep.com

北京建宏印刷有限公司 印刷
科学出版社发行 各地新华书店经销

*

2022 年 5 月第 一 版 开本：720×1000 1/16
2022 年 5 月第一次印刷 印张：15
字数：291 000

定价：218.00 元

（如有印装质量问题，我社负责调换）

自然保护地功能协同提升研究与示范丛书

编委会

顾 问

李文华　刘纪远　舒俭民　赵景柱

主 任

闵庆文

副主任

钟林生　桑卫国　曾维华

张同作　蔡庆华　何思源

委 员

（以姓名汉语拼音为序）

蔡振媛　曹　巍　高　峻

高红梅　焦雯珺　刘某承

马冰然　毛显强　萨　娜

谭　路　王国萍　席建超

杨敬元　虞　虎　张碧天

张丽荣　张天新　张于光

本书著者委员会

主　任

蔡庆华

副主任

杨敬元　谭　路

成　员

蔡凌楚　蔡庆华　曹　巍

陈克峰　何逢志　江明喜

李婧婷　李先福　李　杨

林孝伟　罗情怡　桑　翀

桑卫国　谭　路　田　震

吴乃成　杨敬元　杨丽雯

杨顺益　杨万吉　姚帅臣

赵本元　周淑婵

丛 书 序

自 1956 年建立第一个自然保护区以来，经过 60 多年的发展，我国已经形成了不同类型、不同级别的自然保护地与不同部门管理的总体格局。到 2020 年底，各类自然保护地数量约 1.18 万个，约占我国国土陆域面积的 18%，对保障国家和区域生态安全、保护生物多样性及重要生态系统服务发挥了重要作用。

随着我国自然保护事业进入了从"抢救性保护"向"质量性提升"的转变阶段，两大保护地建设和管理中长期存在的问题亟待解决：一是多部门管理造成的生态系统完整性被人为割裂，各类型保护地区域重叠、机构重叠、职能交叉、权责不清，保护成效低下；二是生态保护与经济发展协同性不够造成生态功能退化、经济发展迟缓，严重影响了区域农户生计保障与参与保护的积极性。中央高度重视国家生态安全保障与生态保护事业发展，继提出生态文明建设战略之后，于 2013 年在《中共中央关于全面深化改革若干重大问题的决定》中首次明确提出"建立国家公园体制"，随后，《中共中央国务院关于加快推进生态文明建设的意见》（2015 年）、《建立国家公园体制试点总体方案》（2017 年）和《关于建立以国家公园为主体的自然保护地体系的指导意见》（2019 年）等一系列重要文件，均明确提出将建立统一、规范、高效的国家公园体制作为加快生态文明体制建设和加强国家生态环境保护治理能力的重要途径。因此，开展自然保护地生态经济功能协同提升和综合管控技术研究与示范尤为重要和迫切。

在当前关于国家公园、自然保护地、生态功能区的研究团队众多、成果颇为丰硕的背景下，国家在重点研发计划"典型脆弱生态修复与保护研究"专项下支持了"国家重要生态保护地生态功能协同提升与综合管控技术研究与示范"项目，非常必要，也非常及时。这个项目的实施，正处于我国国家公园体制改革试点和自然保护地体系建设的关键时期，这虽然为项目研究增加了困难，但也使研究的成果有机会直接服务于国家需求。

很高兴看到闵庆文研究员为首席科学家的研究团队，经过 3 年多的努力，完成了该国家重点研发计划项目，并呈现给我们"自然保护地功能协同提升研究与示范丛书"等系列成果。让我特别感到欣慰的是，这支由中国科学院地理科学与资源研究所，以及中国科学院西北高原生物研究所和水生生物研究所、中国林业科学研究院、生态环境部环境规划院、北京大学、北京师范大学、中央民族大学、上海师范大学、神农架国家公园管理局等单位年轻科研人员组成的科研团队，克服重重困难，较好地完成了任务，并取得了显著成果。

从所形成的成果看，项目研究围绕自然保护地空间格局与功能、多类型保护地交叉与重叠区生态保护和经济发展协调机制、国家公园管理体制与机制等3个科学问题，综合了地理学、生态学、经济学、自然保护学、区域发展科学、社会学与民族学等领域的研究方法，充分借鉴国际先进经验并结合我国国情，从全国尺度着眼，以多类型保护地集中区和国家公园体制试点区为重点，构建了我国自然保护地空间布局规划技术与管理体系，集成了生态资产评估与生态补偿方法，创建了多类型保护地集中区生态保护与经济发展功能协同提升的机制与模式，提出了适应国家公园体制改革与国家公园建设新趋势的优化综合管理技术，并在三江源与神农架国家公园体制试点区进行了应用示范，为脆弱生态系统修复与保护、国家生态安全屏障建设、国家公园体制改革和国家公园建设提供了科技支撑。

欣慰之余，不由回忆起自己在自然保护地研究生涯中的一些往事。在改革开放之初，我曾有幸陪同侯学煜、杨含熙和吴征镒三位先生，先后考察了美国、英国和其他一些欧洲国家的自然保护区建设。之后，我和赵献英同志合作，于1984年在商务印书馆发表了《中国的自然保护区》，1989年在外文出版社发表了 China's Nature Reserve。1984～1992年，通过国家的推荐和大会的选举，我进入世界自然保护联盟（IUCN）理事会，担任该组织东亚区的理事，并承担了其国家公园和保护区委员会的相关工作。从1978年成立人与生物圈计划（MAB）中国国家委员会伊始，我就参与其中，还曾于1986～1990年担任过两届MAB国际协调理事会主席和执行局主席，1990年在MAB中国国家委员会秘书处兼任秘书长，之后一直担任副主席。

回顾自然保护地的发展历程，结合我个人的亲身经历，我看到了它如何从无到有、从向国际先进学习到结合我国自己的具体情况不断完善、不断创新的过程和精神。正是这种努力奋斗、不断创新的精神，支持了我们中华民族的伟大复兴。我国正处于一个伟大的时代，生态文明建设已经上升为国家战略，党和政府对于生态保护给予了前所未有的重视，研究基础和条件也远非以前的研究者所企及，年轻的生态学工作者们理应做出更大的贡献。已届"鲐背之年"，我虽然已不能和大家一起"冲锋陷阵"，但依然愿意尽自己的绵薄之力，密切关注自然保护事业在新形势下的不断创新和发展。

特此为序！

中国工程院院士

2021年9月5日

丛 书 前 言

2016 年 10 月，科技部发布的《"典型脆弱生态修复与保护研究"重点专项 2017 年度项目申报指南》（以下简称《指南》）指出：为贯彻落实《关于加快推进生态文明建设的意见》，按照《关于深化中央财政科技计划（专项、基金等）管理改革的方案》要求，科技部会同环境保护部、中国科学院、林业局等相关部门及西藏、青海等相关省级科技主管部门，制定了国家重点研发计划"典型脆弱生态恢复与保护研究"重点专项实施方案。该专项紧紧围绕"两屏三带"生态安全屏障建设科技需求，重点支持生态监测预警、荒漠化防治、水土流失治理、石漠化治理、退化草地修复、生物多样性保护等技术模式研发与典型示范，发展生态产业技术，形成典型退化生态区域生态治理、生态产业、生态富民相结合的系统性技术方案，在典型生态区开展规模化示范应用，实现生态、经济、社会等综合效益。

在《指南》所列"国家生态安全保障技术体系"项目群中，明确列出了"国家重要生态保护地生态功能协同提升与综合管控技术"项目，并提出了如下研究内容：针对我国生态保护地（自然保护区、风景名胜区、森林公园、重要生态功能区等）类型多样、空间布局不尽合理、管理权属分散的特点，开展国家重要生态保护地空间布局规划技术研究，提出科学的规划技术体系；集成生态资源资产评估与生态补偿研究方法与成果，凝练可实现多自然保护地集中区域生态功能协同提升、区内农牧民增收的生态补偿模式，开发区内社区经济建设与自然生态保护协调发展创新技术；适应国家公园建设新趋势，研究多种类型自然保护地交叉、重叠区优化综合管理技术，选择国家公园体制改革试点区进行集成示范，为建立国家公园生态保护和管控技术、标准、规范体系和国家公园规模化建设与管理提供技术支撑。

该项目所列考核指标为：提出我国重要保护地空间布局规划技术和规划编制指南；集成多类型保护地区域国家公园建设生态保护与管控的技术标准、生态资源资产价值评估方法指南与生态补偿模式；在国家公园体制创新试点区域开展应用示范，形成园内社会经济和生态功能协同提升的技术与管理体系。

根据《指南》要求，在葛全胜所长等的鼓励下，我们迅速组织了由中国科学院地理科学与资源研究所、西北高原生物研究所、水生生物研究所，中国林业科学研究院，生态环境部环境规划院，北京大学，北京师范大学，中央民族大学，上海师范大学，神农架国家公园管理局等单位专家组成的研究团队，开始了紧张的准备工作，并按照要求提交了"国家重要生态保护地生态功能协同提升与综合管控技术研究与示范"项目申请书和经费预算书。项目首席科学家由我担任，项目设 6 个课题，分别由中国科学院地理科学与资源研究所钟林生研究员、中央民族大学桑卫国教授、北京师范大学曾维华教授、中国科学院地理科学与资源研究所闵庆文研究员、中国科学院西北高原生物研究所张同作研究员、中国科学院水生生物研究所蔡庆华研究员担任课题负责人。

颇为幸运也让很多人感到意外的是，我们的团队通过了由管理机构中国 21 世纪议程管理中心（以下简称"21 世纪中心"）2017 年 3 月 22 日组织的视频答辩评审和 2017 年 7 月 4 日组织的项目考核指标审核。项目执行期为 2017 年 7 月 1 日至 2020 年 6 月 30 日；总经费为 1000 万元，全部为中央财政经费。

2017 年 9 月 8 日，项目牵头单位中国科学院地理科学与资源研究所组织召开了项目启动暨课题实施方案论证会。原国家林业局国家公园管理办公室褚卫东副主任和陈君帜副处长，住房和城乡建设部原世界遗产与风景名胜管理处李振鹏副处长，原环境保护部自然生态保护司徐延达博士，中国科学院科技促进发展局资源环境处周建军副研究员，中国科学院地理科学与资源研究所葛全胜所长和房世峰主任等有关部门领导，中国科学院地理科学与资源研究所李文华院士、时任副所长于贵瑞院士，中国科学院成都生物研究所时任所长赵新全研究员，北京林业大学原自然保护区学院院长雷光春教授，中国科学院生态环境研究中心王效科研究员，中国环境科学研究院李俊生研究员等评审专家，以及项目首席科学家、课题负责人与课题研究骨干、财务专家、有关媒体记者等 70 余人参加了会议。

国家发展改革委社会发展司彭福伟副司长（书面讲话）和褚卫东副主任、李振鹏副处长和徐延达博士分别代表有关业务部门讲话，对项目的立项表示祝贺，肯定了项目所具备的现实意义，指出了目前我国重要生态保护地管理和国家公园建设的现实需求，并表示将对项目的实施提供支持，指出应当注重理论研究和实践应用的结合，期待项目成果为我国生态保护地管理、国家公园体制改革和以国家公园为主体的中国自然保护地体系建设提供科技支撑。周建军副研究员代表中国科学院科技促进发展局资源环境处对项目的立项表示祝贺，希望项目能够在理论和方法上有所创新，在实施过程中加强各课题、各单位的协同，使项目成果能够落地。葛全胜所长、于贵瑞副所长代表中国科学院地理科学与资源研究所对项目的立项表示祝贺，要求项目团队在与会各位专家、领导的指导下圆满完成任务，并表示将大力支持项目的实施，确保顺利完成。我作为项目首席科学家，从立项背景、研究目标、研究内容、技术路线、预期成果与考核指标等方面对项目作了简要介绍。

在专家组组长李文华院士主持下，评审专家听取了各课题汇报，审查了课题实施方案材料，经过质询与讨论后一致认为：项目各课题实施方案符合任务书规定的研发内容和目标要求，技术路线可行、研究方法适用；课题组成员知识结构合理，课题承担单位和参加单位具备相应的研究条件，管理机制有效，实施方案合理可行。专家组一致同意通过实施方案论证。

2017 年 9 月 21 日，为切实做好专项项目管理各项工作、推动专项任务目标有序实施，21 世纪中心在北京组织召开了"典型脆弱生态修复与保护研究"重点专项 2017 年度项目启动会，并于 22 日组织召开了"国家重要生态保护地生态功能协同提升与综合管控技术研究与示范"（2017YFC0506400）实施方案论证。以孟平研究员为组长的专家组听取了项目实施方案汇报，审查了相关材料，经质疑与答疑，形成如下意见：该项目提供的实施方案论证材料齐全、规范，符合论证要求。项目实施方案思路清晰，重点突出；技术方法适用，实施方案切实可行。专家组一致同意通过项目实施方案论证。专家组建议：①注重生态保护地与生态功能"协同"方面的研究；②关注生态保护地当地社区民众的权益；③进一步加强项目技术规范的凝练和产出，服务于专项总体目标。

经过 3 年多的努力工作，项目组全面完成了所设计的各项任务和目标。项目实施期间，正值我国国家公园体制改革试点和自然保护地体系建设的重要时期，改革的不断深化和理念的不断创新，对于项目执行而言既是机遇也是挑战。我们按照项目总体设计，并注意跟踪现实情况的变化，既保证科学研究的系统性，也努力服务于国家现实需求。

在 2019 年 5 月 23 日的项目中期检查会上，以舒俭民研究员为组长的专家组，给出了"按计划进度执行"的总体结论，并提出了一些具体意见：①项目在多类型保护地生态系统健康诊断与资产评估、重要生态保护地承载力核算与经济生态协调性分析、生态功能协同提升、国家公园体制改革与自然保护地体系建设、国家公园建设与管理以及三江源与神农架国家公园建设等方面取得了系列阶段性成果，已发表学术论文 31 篇（其中 SCI 论文 8 篇），出版专著 1 部，获批软件著作权 2 项，提出政策建议 8 份（其中 2 份获得批示或被列入全国政协大会提案），完成图集、标准、规范、技术指南等初稿 7 份，完成硕/博士学位论文 5 篇，4 位青年骨干人员晋升职称。完成了预定任务，达到了预期目标。②项目组织管理符合要求。③经费使用基本合理。并对下一阶段工作提出了建议：①各课题之间联系还需进一步加强；注意项目成果的进一步凝练，特别是在国家公园体制改革区的应用。②加强创新性研究成果的产出和凝练，加强成果对国家重大战略的支撑。

在 2021 年 3 月 25 日举行的课题综合绩效评价会上，由中国环境科学研究院舒俭民研究员（组长）、国家林业和草原局调查规划设计院唐小平副院长、北京林业大学雷光春教授、中国矿业大学（北京）胡振琪教授、中国农业科学院杨庆文研究员、国务院发展研究中心苏杨研究员、中国科学院生态环境研究中心徐卫华研究员等组成的专家组，在听取各课题负责人汇报并查验了所提供的有关材料后，经质疑与讨论，所有课题均顺利通过综合绩效评价。

"自然保护地功能协同提升研究与示范丛书"即是本项目成果的最主要体现，汇集了项目组及各课题的主要研究成果，是 10 家单位 50 多位科研人员共同努力的结果。丛书包含 7 个分册，分别是《自然保护地功能协同提升和国家公园综合管理的理论、技术与实践》《中国自然保护地分类与空间布局研究》《保护地生态资产评估和生态补偿理论与实践》《自然保护地经济建设和生态保护协同发展研究方法与实践》《国家公园综合管理的理论、方法与实践》《三江源国家公园生态经济功能协同提升研究与示范》《神农架国家公园体制试点区生态经济功能协同提升研究与示范》。

除这套丛书之外，项目组成员还编写发表了专著《神农架金丝猴及其生境的研究与保护》和《自然保护地和国家公园规划的方法与实践应用》，并先后发表学术论文 107 篇（其中 SCI 论文 35 篇，核心期刊论文 72 篇），获得软件著作权 7 项，培养硕士和博士研究生及博士后研究人员 25 名，还形成了以指南和标准、咨询报告和政策建议等为主要形式的成果。其中《关于国家公园体制改革若干问题的提案》《关于加强国家公园跨界合作促进生态系统完整性保护的提案》《关于在国家公园与自然保护地体系建设中注重农业文化遗产发掘与保护的提案》《关于完善中国自然保护地体系的提案》等作为政协提案被提交到 2019~2021 年的全国两会。项目研究成果凝练形成的 3 项地方指导性规划文件[《吉林红石森林公园功能区调整方案》《黄山风景名胜区生物多样性保护行动计划（2018—2030 年）》《三江源国家公园数字化监测监管体系建设方案》]，得到有关政府批准并在工作中得到实施。16 项管理指导手册，其中《国家公园综合管控技术规范》《国家公园优化综合管理手册》《多类型保护地生态资产评估标准》《生态功能协同提升的国家公园生态补偿标准测算方法》《基于生态系统服务消费的生态补偿模式》《多类型保护地生态系统健康评估技术指南》《基于空间优化的保护地生态系统服务提升技术》《多类型保护地功能分区技术指南》《保护地区域人地关系协调性甄别技术指南》《多类型保护地区域经济与生态协调发展路线图设计指南》《自然保护地规划技术与指标体系》《自然保护地（包括重要生态保护地和国家公园）规划编制指南》通过专家评审后，提交到国家林业和草原局。项目相关研究内容及结论在国家林业和草原局办公室关于征求《国家公园法（草案征求意见稿）》《自然保护地法（草案第二稿）（征求意见稿）》的反馈意见中得到应用。2021 年 6 月 7 日，国家林业和草原局自然保护地司发函对项目成果给予肯定，函件内容如下。

"国家重要生态保护地生态功能协同提升与综合管控技术研究与示范"项目组:

"国家重要生态保护地生态功能协同提升与综合管控技术研究与示范"项目是国家重点研发计划的重要组成部分,热烈祝贺项目组的研究取得了丰硕成果。

该项目针对我国自然保护地体系优化、国家公园体制建设、自然保护地生态功能协同提升等开展了较为系统的研究,形成了以指南和标准、咨询报告和政策建议等为主要形式的成果。研究内容聚焦国家自然保护地空间优化布局与规划、多类型保护地经济建设与生态保护协调发展、国家公园综合管控、国家公园管理体制改革与机制建设等方面,成果对我国国家公园等自然保护地建设管理具有较高的参考价值。

诚挚感谢以闵庆文研究员为首的项目组各位专家对我国自然保护地事业的关注和支持。期望贵项目组各位专家今后能够一如既往地关注和支持自然保护地事业,继续为提升我国自然保护地建设管理水平贡献更多智慧和科研成果。

国家林业和草原局自然保护地管理司

2021 年 6 月 7 日

在项目执行期间,为促进本项目及课题关于自然保护地与国家公园研究成果的对外宣传,创造与学界同仁交流、探讨和学习的机会,在中国自然资源学会理事长成升魁研究员等的支持下,以本项目成员为主要依托,并联合有关高校和科研单位技术人员成立了"中国自然资源学会国家公园与自然保护地体系研究分会",并组织了多次学术会议。为了积极拓展项目研究成果的社会效益,项目组还组织开展了"国家公园与自然保护地"科普摄影展,录制了《建设地球上最富人情味的国家公园》科普宣传片。

2021 年 9 月 30 日,中国 21 世纪议程管理中心组织以安黎哲教授为组长的项目综合绩效评价专家组,对本项目进行了评价。2022 年 1 月 24 日,中国 21 世纪议程管理中心发函通知:项目综合绩效评价结论为通过,评分为 88.12 分,绩效等级为合格。专家组给出的意见为:①项目完成了规定的指标任务,资料齐全完备,数据翔实,达到了预期目标。②项目构建了重要生态保护地空间优化布局方案、规划方法与技术体系,阐明了保护地生态系统生态资产动态评价与生态补偿机制,提出了保护地经济与生态保护的宏观优化与微观调控途径,建立了国家公园生态监测、灾害预警与人类胁迫管理及综合管控技术和管理系统,在三江源、神农架国家公园体制试点区应用与示范。项目成果为国家自然保护地体系优化与综合管理及国家公园建设提供了技术支撑。③项目制定了内部管理制度和组织管理规范，培养了一批博士、硕士研究生及博士后研究人员。建议：进一步推动标准、规范和技术指南草案的发布实施，增强研发成果在国家公园和其他自然保护地的应用。

借此机会，向在项目实施过程中给予我们指导和帮助的有关单位领导和有关专家表示衷心的感谢。特别感谢项目顾问李文华院士和刘纪远研究员、项目跟踪专家舒俭民研究员和赵景柱研究员的指导与帮助，特别感谢项目管理机构中国21世纪议程管理中心的支持和帮助，特别感谢中国科学院地理科学与资源研究所及其重大项目办、科研处和其他各参与单位领导的支持及帮助，特别感谢国家林业和草原局（国家公园管理局）自然保护地管理司、国家公园管理办公室，以及三江源国家公园管理局、神农架国家公园管理局、武夷山国家公园管理局和钱江源国家公园管理局等有关机构的支持和帮助。

作为项目负责人，我还要特别感谢项目组各位成员的精诚合作和辛勤工作，并期待未来能够继续合作。

2022 年 3 月 9 日

本 书 自 序

　　社会经济是人类发展的动力，追求更高的物质水平、过上更好的生活，是人类发展社会经济的目的。生态功能是社会经济发展的基础和制约条件，良好的生态系统为社会经济发展提供资源和发展空间，反之当过度开发和破坏后，生态系统功能受损，自然资源无法满足社会经济发展需求，社会经济会因为缺少必要的资源而受到限制，发展缓慢或衰退。社会经济和生态功能是紧密联系的。随着社会经济的发展，人类对生态环境的干预逐渐增强，可以投入更多的资金用于生态环境建设，如对废污水进行治理、采用低污染的生产方式取代粗放的、高污染的生产方式等，减少经济发展对生态环境的破坏。

　　人类社会经济的发展与生态环境两者既有其矛盾的一面，又有其统一的一面，充分利用社会经济与生态功能相互促进的一面，做到社会经济与生态功能两者协同提升才是正确途径。神农架国家公园体制试点区是国家首批 10 个国家公园体制试点区之一，肩负着"以国家公园为主体的自然保护地体系建设"改革的重任，神农架国家公园体制试点区及其周边地区经济社会与生态功能协同提升技术的提出符合建立国家公园体制试点区的根本宗旨，能更好地保护典型和稀缺资源，不仅为人民群众带来福祉，更为子孙后代留下宝贵的生态财富，也与神农架国家公园体制试点区居民点调控的总体目标相符。

　　本书基于研究团队在神农架国家公园体制试点区的长期积累，从自然资源调查入手，通过生态分区、资产评估、环境胁迫分析、关键生态过程辨析等手段，摸清神农架国家公园体制试点区的基本情况。再根据神农架国家公园体制试点区现状，提出了经济社会与生态功能协同提升技术体系和自然资源分区管理、环境胁迫分类管理、公众参与分级管理、协调发展分期管理的管控技术体系，并搭建了河流生态系统监控体系，用于完善管控平台。最后提出了建立"神农架国家公园特区"，为国家公园体制试点区及所在区域的社会经济与生态功能协同提升提供示范。

2021 年 9 月 1 日

本 书 前 言

"建立以国家公园为主体的自然保护地体系，是贯彻习近平生态文明思想的重大举措，是党的十九大提出的重大改革任务。"自然保护地是生态建设的核心载体，在维护国家生态安全中居于首要地位。自新中国成立以来，我国建立了数量众多、类型丰富、功能多样的各级各类自然保护地，在改善生态环境和维护国家生态安全方面发挥了重要作用。然而依然存在重叠设置、多头管理、边界不清、权责不明、保护与发展矛盾突出等问题。为了妥善处理这些问题，党的十八届三中全会通过了《中共中央关于全面深化改革若干重大问题的决定》，提出"坚定不移实施主体功能区制度，建立国土空间开发保护制度，严格按照主体功能区定位推动发展，建立国家公园体制"。2015 年 1 月，国家发展和改革委员会等 13 部委下发了《关于印发建立国家公园体制试点方案的通知》（发改社会〔2015〕171 号），正式将湖北省纳入我国建立国家公园体制试点的首批 9 个试点省（市）之一，神农架国家公园体制试点区成为我国首批 10 个国家公园体制试点区之一，并于 2020 年 8 月顺利通过国家公园体制试点区评估验收工作。

神农架地区是中国生物多样性保护 32 个陆地优先区之一，受到广泛的关注和重视，具有很重要的保护价值，从 20 世纪上半叶开始，国内外研究人员就对神农架的动植物多样性、生态系统服务功能、管控技术体系等方面进行了大量的研究。然而与我国大部分保护地类似，其也存在保护地交叉重叠和碎片化、保护成效不高、过度旅游开发、经济相对落后等问题。所以在神农架国家公园体制试点区开展重要生态保护地生态功能协同提升与综合管控技术研究中具有重大意义。

本书以神农架国家公园体制试点区为研究对象，基于本丛书的理论基础，针对其面临的主要问题，从自然资源调查[利用 3S 技术（遥感技术、地理信息系统和全球定位系统）及现场勘查]入手，通过生态分区、资产评估研究、解析环境胁迫、辨析关键生态过程，集成有针对性的生境恢复模式。再拓展到周边区域，在不同景观配置的情景分析基础上，构建区域社会经济布局、生态廊道、环境流量模型，提出自然资源分区管理、环境胁迫分类管理、公众参与分级管理、协调发展分期管理的管控技术体系。按照自然生态系统完整、物种栖息地连通、保护管理统一的原则，遵循山脉完整性、水系连通性、行政相邻性和生态一致性，同时兼顾国家公园"原真性、整体性、系统性及其内在规律"，提出了建立"神农架国家公园特区"的建议，为国家公园体制试点区及所在区域的社会经济与生态功能协同提升提供范例与参考。

　　本书集成了中国科学院和中国长江三峡集团三峡水库香溪河生态系统实验站在大神农架地区开展的部分相关工作。本书各章的主要编写者如下：第一章，谭路、桑翀、赵本元；第二章，桑翀、谭路、李婧婷、田震、杨敬元、杨顺益、李扬、周淑婵；第三章，林孝伟、桑翀、谭路、杨丽雯、桑卫国；第四章，罗情怡、谭路、李先福、杨敬元、杨万吉、吴乃成；第五章，陈克峰、桑翀、谭路、何逢志、赵本元；第六章，桑翀、陈克峰、江明喜、姚帅臣、曹巍、杨敬元、蔡庆华；第七章，蔡庆华、谭路、杨敬元、蔡凌楚。全书由蔡庆华、谭路负责汇总、修订和定稿。在成稿过程中，中国科学院水生生物研究所石欣、敖偲成、程静静、朱永锋、李浩然等，神农架国家公园管理局罗春梅、莫家勇、余辉亮、张志麒等提供了必要资料和进行了野外考察工作；中国科学院地理科学与资源研究所闵庆文、曹巍、王国萍等在管控技术体系的构建上给予建议；中央民族大学桑卫国和舒航、生态环境部环境规划院张丽荣提供技术支撑；科学出版社编辑出色地完成了书稿的组织和协调工作。在此一并致谢。

　　本书的出版得到了国家重点研发计划项目"神农架国家公园体制试点区社会经济和生态功能协同提升技术与管理体系示范"（2017YFC0506406）的支持。

作　者

2021 年 3 月 1 日

目　　录

丛 书 序

丛书前言

本书自序

本书前言

第一章　绪论 ··· 1
　　第一节　建立以国家公园为主体的自然保护地体系 ···························· 1
　　第二节　国家公园 ··· 5
　　第三节　神农架国家公园体制试点区总体情况 ································· 17

第二章　神农架国家公园体制试点区自然地理与生物资源 ··················· 26
　　第一节　自然地理 ··· 26
　　第二节　陆生生物资源 ·· 33
　　第三节　水生生物资源 ·· 51

第三章　神农架国家公园体制试点区生态功能分区及资产评估 ············ 62
　　第一节　生态功能分区 ·· 62
　　第二节　社会经济发展 ·· 70
　　第三节　生态资产评估 ·· 74

第四章　神农架国家公园体制试点区关键生态过程识别及修复 ············ 85
　　第一节　人类活动对野生动物栖息地的影响 ···································· 85
　　第二节　小水电建设对水生生物栖息地的影响 ······························ 105
　　第三节　人类活动对河流底栖动物生活史过程的影响 ····················· 120

第五章　神农架国家公园区域体制试点区社会经济与生态功能协同提升 ···· 131
　　第一节　社会经济与生态功能协同提升管控办法 ··························· 131
　　第二节　健康状况评价 ··· 137
　　第三节　社会经济与生态功能协同提升评价 ·································· 146

第六章　神农架国家公园体制试点区科学管理体系 ·························· 151
　　第一节　管理理论 ··· 151
　　第二节　生态监测 ··· 157
　　第三节　综合管控平台 ··· 164

第七章 神农架国家公园体制试点区发展 ……………………………………178
　　第一节 神农架国家公园体制试点区及其周边保护地空间布局 …………178
　　第二节 基于公众科学及分众传播的国家公园宣传推广 …………………188
　　第三节 神农架国家公园体制试点区生态移民 …………………………200
参考文献 ……………………………………………………………………205

第一章　绪　　论[*]

建立国家公园体制，是党的十八届三中全会提出的重点改革任务，是我国生态文明建设的重要内容。习近平总书记指出，中国实行国家公园体制，目的是保持自然生态系统的原真性和完整性，保护生物多样性，保护生态安全屏障，给子孙后代留下珍贵的自然资产。这是中国推进自然生态保护、建设美丽中国、促进人与自然和谐共生的一项重要举措。正确处理人与自然、保护与发展的关系，推动国家公园体制建设是共产党人需牢记的初心和使命。2015 年 1 月，国家发展和改革委员会（以下简称国家发展改革委）等 13 部委下发了《关于印发建立国家公园体制试点方案的通知》（发改社会〔2015〕171 号），正式将湖北省纳入我国建立国家公园体制试点的首批 9 个试点省（市）之一。由湖北省发展改革委牵头，省直 12 个部门梳理全省自然保护地和管理体制现状，选定神农架为湖北省建立国家公园体制试点区。2016 年 5 月 14 日，国家发展改革委批复《神农架国家公园体制试点实施方案》，同年 11 月 17 日，神农架国家公园管理局挂牌成立，神农架进入国家公园体制试点实施阶段。神农架国家公园体制试点区作为中国首批 10 个国家公园体制试点区之一、中国生物多样性保护 32 个陆地优先区之一、全球 25 个生物多样性热点地区之一，因区域内自然资源十分丰富而受到广泛关注。

第一节　建立以国家公园为主体的自然保护地体系

自 1956 年第一个自然保护区广东鼎湖山自然保护区建立以来，经过 60 多年的发展，中国已建有自然保护区、风景名胜区、森林公园、地质公园、湿地公园等各级各类自然保护地 11 800 多个，占国土陆域面积的 18% 以上，占领海面积约 4%，对保护生态系统与生物多样性、保存自然遗产、改善生态环境质量发挥了重要作用。然而，自然保护地过去的发展缺乏系统规划，存在分类不科学、区域重叠、保护标准不清晰、公益属性不明确、多头管理、权责不清、保护与开发矛盾难以协调等问题，极大地影响了综合保护效果（赵金崎等，2020）。为了从根本上解决这些问题，确保重要自然生态系统、自然遗迹、自然景观和生物多样性得到系统性保护，提升优质生态产品的供给能力，维护国家生态安全，党的十八届三中全会上提出"建立国家公园体制"的重点改革任务，并开展国家公园体制试点。

* 本章作者：谭路，桑翀，赵本元。

构建以国家公园为主体的自然保护地体系，是我国生态文明建设的重要举措。2013年11月，《中共中央关于全面深化改革若干重大问题的决定》中提出要"建立国家公园体制"；2015年4月，《中共中央、国务院关于加快推进生态文明建设的意见》中明确了要建立国家公园体制，实行分级、统一管理，保护自然生态和自然文化遗产原真性、完整性；2017年9月，中共中央办公厅、国务院办公厅印发了《建立国家公园体制总体方案》，指出要构建统一规范高效的中国特色国家公园体制，建立分类科学、保护有力的自然保护地体系。2019年6月，中共中央办公厅、国务院办公厅印发了《关于建立以国家公园为主体的自然保护地体系的指导意见》，标志着我国自然保护地进入全面深化改革的新阶段。迄今，我国已完成三江源国家公园、东北虎豹国家公园、大熊猫国家公园、神农架国家公园、武夷山国家公园、钱江源-百山祖国家公园、南山国家公园、普达措国家公园、祁连山国家公园、海南热带雨林国家公园等国家公园的体制试点，取得了积极进展和丰硕成果，对中国国家公园建设与发展起到促进作用、示范作用和引领作用。《建立国家公园体制总体方案》和《关于建立以国家公园为主体的自然保护地体系的指导意见》的印发，标志着我国国家公园体制建设已经初步完成顶层设计，明确了国家公园在全国自然保护地体系中的主体地位。

2018年，国务院机构改革时组建国家林业与草原局（加挂国家公园管理局牌子），意在解决"九龙治水"问题，建立并统一管理以国家公园为主体的自然保护地体系。2019年8月19日，在青海省西宁召开的第一届国家公园论坛上，习近平总书记发贺信指出中国实行国家公园体制举措的重要性。2019年10月31日中国共产党第十九届中央委员会第四次全体会议通过的《中共中央关于坚持和完善中国特色社会主义制度 推进国家治理体系和治理能力现代化若干重大问题的决定》中明确要求，"健全生态保护和修复制度。统筹山水林田湖草一体化保护和修复，加强森林、草原、河流、湖泊、湿地、海洋等自然生态保护。加强对重要生态系统的保护和永续利用，构建以国家公园为主体的自然保护地体系，健全国家公园保护制度"。国家公园是自然保护地中最重要的类型之一，国家公园体制是关于自然保护地的体制，即以国家公园为主体的自然保护地的管理体制。国家公园体制试点的目的在于创新体制和完善机制，从而推动自然保护地体系建设。自然保护地的优化整合工作和国家公园体制试点工作同时展开、相辅相成、同步推进，均是我国自然保护地体系改革与实践的重要内容。

一、我国自然保护地体系发展概况

中华人民共和国成立之初，我国就开启了自然保护地建设事业，经过60余年的创建、实践和发展，从无到有、从小到大、从单一类型到多类型并存、从局部保护到构建区域生态安全屏障，自然保护地建设事业得到了长足发展。截至 2018 年底，我国各类自然保护地的总数多达 1.18 万个，陆域自然保护地总面积约占我国国土陆域面积的 18%。其中，自然保护区 2859 个，总面积为 147.9429 万 km^2，约占陆地国土面积的 15.09%，占自然保护地总面积的 80% 以上（国家林业和草原局，2020）。

我国自然保护地大致经历了 3 个发展阶段。第一阶段：1956～1978 年，创建起步阶段。1956 年，我国建立了第一个自然保护区——广东鼎湖山自然保护区。同年 10 月，《关于天然森林禁伐区（自然保护区）划定草案》出台，提出在内蒙古等 15 个省（区）划建 40 个自然保护区的方案，启动了中国自然保护区事业。这一阶段发展的特点是从无到有，先小后大，属于开创性工作。第二阶段：1979～2011 年，快速发展阶段。1985 年，为指导自然保护区工作，林业部（1998 年改为国家林业局，2018 年整合为国家林业和草原局）出台了《森林和野生动物类型自然保护区管理办法》。1994 年，国务院发布《中华人民共和国自然保护区条例》（以下简称《自然保护区条例》）。这一发展阶段的特点是保护地类型增加、面积扩大、数量增长、保护队伍壮大。风景名胜区、森林公园、地质公园、湿地公园、海洋特别保护区等保护地相继建立，并不断壮大和完善。第三阶段：2012 年至今，规范提高阶段。党的十八大以来，党中央高度重视生态文明建设，党的十八届三中全会提出建立国家公园体制，中国特色国家公园体制建设正式起步。特别是组建国家林业和草原局（国家公园管理局）后，我国开始统一监督管理自然保护地。我国自然保护地体系发展阶段及目标如表 1-1 所示。

表 1-1 我国自然保护地体系发展阶段及目标（唐芳林等，2021）

发展阶段	发展目标			
	目标一	目标二	目标三	目标四
2020 年之前	提出国家公园及各类自然保护地总体布局和发展规划	完成自然保护地勘界立标并与生态保护红线衔接	制定自然保护地内建设项目负面清单	构建统一的自然保护地分类分级管理体制
2021～2025 年	完成自然保护地整合、归并、优化	完善自然保护地体系的法律法规、管理和监督制度	提升自然生态空间承载力	初步建成以国家公园为主体的自然保护地体系
2026～2035 年	显著提高自然保护地管理效能和生态产品供给能力	自然保护地规模和管理达到世界先进水平	全面建成中国特色自然保护地体系	自然保护地占国土陆域面积的 18% 以上
2035 年之后	建成中国特色的以国家公园为主体的自然保护地体系	推动各类自然保护地的科学设置	建立自然生态系统保护的新体制、新机制、新模式	建设健康、稳定、高效的自然生态系统

二、我国自然保护地体系存在的问题

我国现行自然保护地体系主要按照资源要素设立，并依据不同的法规、标准建立和运行。由于缺乏统一的设立方式,不可避免地存在诸多问题,如分类不科学、区域重叠、保护标准不清晰、公益属性不明确、多头管理、权责不清、保护与开发矛盾难以协调等(唐芳林等,2021)。

1. 保护分类不科学

根据相关法律法规赋予的行政管理职能,我国林业、环境保护、农业、国土、海洋、水利等行政主管部门在各自职权范围内分别设立了自然保护地。由于缺乏统一标准和规划,我国自然保护地种类繁多,未形成科学完整的分类体系,且各类自然保护地名称、布局、保护力度、资金和人员投入、专业程度等差异明显,自然保护地体系整体结构不均衡。按照资源要素和部门职能划分的自然保护地分类体系,自然生态系统也被管理部门和行政界线人为分割,影响了我国自然保护地综合保护管理效能的发挥。

2. 管理机制不健全

我国的自然保护地基本都采用国家、省、市(县)三级管理体制,国家层面负责全国自然保护地的监督管理工作,省级和地市级有关行政主管部门则重点负责本辖区内自然保护地的具体保护与管理。各行业主管部门重点负责本部门设立的自然保护地,其中自然保护区较为特殊,实行综合管理和分部门管理相结合的管理体制,由国务院环境保护行政主管部门负责全国自然保护区的综合管理,而林业、农业、国土、水利、海洋等有关行政主管部门在各自职责范围内主管各自的自然保护区。尽管环境保护部门实行"综合管理",但实际的统一管理仍然局限在各部门所属的自然保护区范围内,环境保护部门事实上并不是真正的统一管理机构,依然无法对自然保护区实行统一管理。国家层面缺乏统一管理,加上自然保护地实行地方申报制,造成我国自然保护地的交叉重叠、多头管理问题。

3. 区域重叠,布局不合理

总体来看,我国现有自然保护地分布不均衡,总体上呈现"东部数量多、西部面积大"的特点。从地区分布情况来看,我国西北部新疆、西藏、青海、内蒙古等地存在大面积的保护地,且这些保护地呈分散状分布;而广东、浙江、福建等东部沿海地区保护地数量众多,但在全国保护地面积中所占比例较少,且多集中分布,交叉重叠情况普遍。与一个区域建有多个保护地的情况不同,许多区域仍然存在保护空缺,一些保存完好的自然生态系统、个别珍稀濒危物种的栖息地未得到完整保护。

4. 法律法规体系不健全

我国自然保护地类型多,涉及面广,但在国家层面仅出台了《自然保护区条例》《风景名胜区条例》《国家湿地公园管理办法》《国家级森林公园管理办法》等，这些法律法规等位阶低，体现出在自然保护地方面的法律法规体系不完善、亟待出台自然保护地法等更高层级的法律法规。

5. 管理水平有待进一步提高

相较其他国家，我国在各类自然保护地上的投入严重不足，加上管理体制机制不顺，造成我国自然保护地整体上管理粗放。近年来中央环保督察巡视暴露出诸多问题，如自然保护区面积缩水、地方行政法规打折、违法违规开发利用、"以调代改"等，都从侧面反映出管理上面临的问题和困难。

第二节　国　家　公　园

国家公园是一个兼具"自然保护"和"公民游憩"的物质载体，它是由保护原生态的朴素理想发展形成的一套保护理念，再由单一的国家公园概念发展成为国家公园和保护区体系，继而衍生出"世界遗产""生物圈保护区"等概念，已经成为全人类的自然文化保护思想和保护模式的具体体现。国家公园作为全球自然保护地的一种类型，其"公益性"本质决定了其应属国家所有，受法律保护，不准随意开垦、占据和买卖，以保持其资源的原真性和完整性，从而实现可持续利用。与其他自然保护地类型相比，国家公园的优越性在于它能兼顾生态资源保护和适度利用，从而有效协调保护与发展的矛盾。随着全世界国家公园运动的发展，国家公园已经不仅仅是一个自然区域，许多国家将建设国家公园体制提升到保护典型生态系统完整性的国家战略高度。

国家公园承担着生态资源保护和利用的双重任务，是能够有效协调保护与利用矛盾的自然保护地类型。作为公共资源，国家公园有效发挥着生态系统及生物多样性保护、旅游休闲、自然资源供给的生态服务功能，较好地处理了自然生态环境保护与资源开发利用的关系。与此同时，根据国家公园的"公益性理念"，国家公园现已在全球广泛推广，成为各国生态资源保护和可持续利用的有效途径，许多国家建立了与之相符的资金机制、管理机制、经营机制、监督机制等，通过完善的管理体制保障其管理目标的实现。

一、国家公园的基本概念

国家公园最早是世界各国为保护国家典型自然生态系统完整性而划定的、需要特殊保护和管理的面积较大的自然区域，是设立的名称为"National Park"的保护地。世界自然保护联盟（IUCN）对国家公园的定义是：为了能够将自然区域景观长期保存下来,保护野生动植物生存区域的原始状态及维护生物多样性,由国家授权政府机构对其进行保护,禁止开发利用,仅限于公众在特许情况下进入观景区内,以实现游憩、教育、科研为目的的地区。美国《国家公园管理局组织法》规定建立国家公园的目的是:保护景观、自然和历史遗产及其野生动植物,并以这种方式为人们提供愉悦体验,保证它们不受损害以确保子孙后代的福祉。中共中央办公厅、国务院办公厅印发的《建立国家公园体制总体方案》中指出,国家公园是指由国家批准设立并主导管理,边界清晰,以保护具有国家代表性的大面积自然生态系统为主要目的,实现自然资源科学保护和合理利用的特定陆地或海洋区域。从上述几个概念中可见,国家公园是自然保护地的一种类型,其建立宗旨是为了保护自然资源及自然生态系统。同时,国家公园强调了多种功能的融合,是多种类型资源的综合体,体现了保护与利用的结合(陆康英和苏晨辉,2018)。

由于各国国家公园在功能和利用强度等方面存在差异,为了使用"共同的语言"进行保护交流,对国家公园认识达成共识,世界自然保护联盟(IUCN)经过不断修订自然保护地分类标准,最终于1994年将全球自然保护地划分为6种类型,即Ⅰa严格的自然保护地、Ⅰb荒野保护区、Ⅱ国家公园、Ⅲ自然纪念区、Ⅳ栖息地/物种管理区、Ⅴ陆地景观/海洋景观和Ⅵ自然资源可持续利用自然保护地。其中,Ⅱ国家公园被定义为:①为当代或子孙后代保护一个或多个生态系统的生态完整性;②排除与保护目标相抵触的开采或占有行为;③提供环境和文化兼容的精神享受、科研、教育、娱乐和参观的机会。此后,所有名为"National Park"的国家公园都可以在IUCN自然保护地体系中找到相应的位置,如Swiss National Park(瑞士国家公园)归属于Ⅰa类、Everglades National Park(美国大沼泽地国家公园)归属于Ⅰb类、New Forest National Park(英国新森林国家公园)归属于Ⅴ类等。IUCN自然保护地分类体系是目前各国公认的比较全面、合适并被普遍接受的自然保护地分类体系。此后,《联合国保护地名录》(*United Nations List of Protected Areas*)(Chape *et al.*,2003)更将此分类系统作为统计各国自然保护地的数据标准。归纳后的Ⅱ国家公园在功能定位上是以生态保护、科研宣教和游憩利用为管理目标的一种自然保护地类型,始终将公益服务排在首位,其自然状态仅次于Ⅰa严格的自然保护地和Ⅰb荒野保护地,并在一定空间范围和资源利用上为游憩及社区发展留有余地。这种理念并不会因为国情、体制和资源条件的差异而难以借鉴。

二、国家公园体系及评价标准

由于社会制度和发展阶段不同,各国对国家公园的认知和实践存在差异,但各国对国家公园价值和功能的认可高度一致,即保护区域具有自然生态环境和人文历史风貌，可以为人类提供健康、美丽、安全、可持续以及充满知识的空间场地。历经150年的发展，国家公园已被看作国家进步的象征，国家公园建设既是生态建设，又是文化传承（孙飞翔等，2017）。从管理体制上看，国家公园是对包括自然保护区在内的各种自然保护地进行空间和体制层面的整合，即一个机构统一管理一个完整的生态系统，这将有助于改变以往各类型自然保护地管理交义重叠、权责不清的局面（谢宗强和申国珍，2021）。《建立国家公园体制总体方案》中还提到：改革分头设置自然保护区、风景名胜区、文化自然遗产、地质公园、森林公园等的体制；逐步改革按照资源类型分类设置自然保护地体系；构建以国家公园为代表的自然保护地体系。因此，建立国家公园体制本质上是要打造一个以国家公园为主体，包括自然保护区、森林公园、湿地公园在内的完整自然保护地体系，这就使得现行自然保护区发展的体制、标准要向国家公园看齐。国家公园体制建立以后，自然保护区、风景名胜区等自然保护区的格局、功能、管理体制等方面都将发生改变（陆康英和苏晨辉，2018）。

（一）国际国家公园体系

自1872年美国建立了世界上第一个国家公园——黄石公园，经过130多年的发展，截至2003年，全世界已有200多个国家和地区建立了3881个国家公园，保护面积超400万km^2，占全球自然保护地面积的23.6%，国家公园成为目前世界各国广泛使用的自然保护地模式（杨宇明，2008）。国家公园建设较早的国家集中在北美洲和大洋洲，20世纪20年代后，该模式逐渐扩散至欧洲、非洲、亚洲等地区（虞虎和钟林生，2019）（表1-2）。

表1-2 国际典型国家的国家公园体系基本情况（虞虎和钟林生，2019）

地区	国家	国家公园数量/个	始建年份	公园体系总面积/(×10^{4}km^2)	占国土总面积比例/%	人口密度/(km^2/万人)
北美洲	美国	58	1872	21.03	2.24	6.78
	加拿大	42	1885	30.23	3.03	88.30
	墨西哥	68	1917	1.47	0.75	1.36
大洋洲	澳大利亚	286	1879	12.92	1.68	57.56
	新西兰	14	1887	2.07	7.67	47.11
欧洲	英国	15	1951	2.27	9.30	3.65
	德国	14	1970	0.96	2.68	1.18
	俄罗斯	41	1983	9.17	0.54	6.46
	法国	9	1963	4.43	8.05	6.77
	西班牙	14	1918	0.35	0.69	0.75
	挪威	34	1962	3.06	7.95	62.40

续表

地区	国家	国家公园数量/个	始建年份	公园体系总面积/($\times 10^4 km^2$)	占国土总面积比例/%	人口密度/(km^2/万人)
非洲	南非	19	1926	3.99	3.27	7.98
	中非	4	1933	3.22	5.17	71.45
亚洲	日本	29	1934	2.09	5.65	1.64
	韩国	20	1967	0.66	6.39	1.32

注：截至 2017 年 12 月

伴随国家公园建设在世界范围的深入开展，越来越多的国家开始把保护典型生态系统的完整性作为一项战略，建设国家公园的目的逐步由为生态旅游、科学研究和环境教育提供场所，发展成为处理生态环境保护与资源开发利用矛盾的重要途径（胡思成，2020）。其中美国对国家公园的准入条件中包含公众利益、资源保护等内容，以此保护公园的游憩性、科教性，并提出保护资源不受损害以确保后代福祉（吴亮等，2019）。加拿大采取 5 个步骤规划和建立新的国家公园，而确定具有重要性的潜在自然区域主要涉及两个标准：一是该区域必须在生态资源方面具有代表性；二是人类影响应该最小（刘鸿雁，2001；苏杨等，2017）。英国国家公园从建立、管理、政策制定等方面都非常重视社区的角色，建立了完善的社区参与机制，来协调保护与利用的关系，保障公众利益（李明虎等，2019）。法国指出国家公园建设中资源可持续利用的重要性（Solano，2010）。日本提出充分发挥国家公园的野外游憩与教育功能（金荣，2020）。澳大利亚强调国家公园生态系统的代表性（王维正，2000）。新西兰指出保护国家公园的原真性，并鼓励获得国家公园的文化和审美价值。世界各国国家公园的评价对象及标准如表 1-3 所示。

表 1-3　世界各国国家公园评价对象及标准（杜傲等，2020）

评价对象	评价标准
自然景观/自然遗迹	具有突出的自然风景，如奇特的地貌特征、地貌与植被的强烈对比、壮丽的景色，或者其他特殊景观特征（美国）
	具有国家代表性的优美景观，包括至少两个景观要素，以提供多样化的风景（日本）
	具有南非代表性的生态系统、风景名胜和文化遗产地（南非）
	以精神、科学、教育、游憩或旅游为目的来保护具有国家和世界意义的自然风景区域（澳大利亚）
	能够代表整个国家中某一广泛或独特的自然景观（瑞典）
	具有特殊生态价值、历史价值和美学价值的自然资源（俄罗斯）
	自然景观必须保存完好，没有损坏和污染（韩国）
生态系统	区域生态系统完整性（加拿大）
	拥有较高自然原真性的大面积生态系统，这些生态系统由自然物种和生物多样性构成，并具有区域典型特征（德国）

续表

评价对象	评价标准
生态系统	保护区域内一种或多种生态系统的生态完整性（南非）
	具备良好的自然生态系统保护条件，或者具有珍稀濒危野生动植物物种（韩国）
生物多样性/重要栖息地	是珍稀动植物物种的集中分布区，尤其是官方认可的受威胁或濒危的物种，是物种可持续生存的重要生境（美国）
	特殊的自然现象，稀有、受威胁或濒危野生动物和植被（加拿大）
	具有国际和/或国家意义的栖息地（德国）
	是国家级或世界级生物多样性重要分布区（南非）
	生物群落、遗传资源和本地物种的代表性例证应尽可能保持其自然状态，以提供生态稳定性和多样性（澳大利亚）
	占主导地位的地貌景观或特殊动植物群落（新西兰）
面积/范围	区域的自然系统和/或历史环境必须具有充足的面积和合理的布局来确保资源的长期保护并满足公众享用（美国）
	面积大、完整、独特，至少 10 000hm^2（德国）
	原则上区域面积要超过 30 000hm^2，海滨公园原则上面积达 3 000hm^2（日本）；区域面积至少 1 000hm^2（瑞典）
自然区域/自然环境	根据地理和生物特征，从重要性和代表性方面综合评估，划分自然区（美国、加拿大）
	代表性自然区域的质量（加拿大）
	领土内重要自然保护区域的组成部分（德国）
	自然地理区域应尽可能保持其自然状态，以提供生态稳定性（澳大利亚）
	包括代表瑞典景观的自然区域，并保持区域的自然状态（瑞典）
文化景观/文化遗产	重要的文化遗产特征或景观（加拿大）
	必须拥有极具保护价值并能与自然景观相协调的文化或历史景观（韩国）
管理模式	国家公园管理局的直接管理（美国）
土地权属	国家公园是联邦政府独有财产，公园边界土地如果有其他使用者和所有者，则用联邦预算和其他来源购买这些土地（俄罗斯）
社区居民	注重当地土著居民的利益，与土著居民签订全面的声明和协定（加拿大）
	应该考虑到当地人民的需要，如维持生计资源的使用，不与其他评价标准相冲突（澳大利亚）
自然体验	公众认识、教育、享受大自然的机会（加拿大）
	开展研究、户外休闲与旅游活动（瑞典）
生态系统网络	国家公园通过有效的生态走廊与周围的栖息地和物种保护等重要区域相连（德国）
区位	国家公园的区位必须与整个国家领土的保护和管理保持平衡（韩国）

（二）国内国家公园试点情况

自 1956 年建立第一个自然保护区以来，我国自然保护地建设发展迅速，目前已有各级各类自然保护地 11 800 多个，约占我国国土陆域面积的 18%，在保护生物多样性和保障我国生态安全等方面发挥了重要作用（杜傲等，2020），但也存在缺乏保护地总体发展战略与规划、自然保护地空间布局不尽合理、保护地破碎化和孤岛化现象严重、保护成效不高等问题，影响自然保护地整体成效的发挥（Xu et al.，2019）。为了解决上述问题，国家在生态文明建设的背景下，稳步推进自然保护地改革工作，完善自然保护地体系建设，提出"建立以国家公园为主体的自然保护地体系"，以建立国家公园为契机，解决我国自然保护与经济发展的矛盾（中共中央办公厅和国务院办公厅，2019）。我国自2013年党的十八届三中全会首次提出建立国家公园体制以来，国家接连出台了一系列政策，从建设国家公园的指导思想、主要目标、建设内容、主管机构、功能定位等方面进行了总体部署（姚帅臣，2021）。2015年12月，中央全面深化改革领导小组会议通过了《三江源国家公园体制试点方案》，标志着我国首个国家公园体制试点区正式启动。2016年5~10月，国家发展改革委陆续批复神农架、武夷山、钱江源-百山祖、南山、长城、普达措等6个试点区的《试点方案》。2016年12月，中央全面深化改革领导小组会议通过了《大熊猫国家公园体制试点方案》和《东北虎豹国家公园体制试点方案》。2017年6月，中央全面深化改革领导小组会议又通过了《祁连山国家公园体制试点方案》。2018年，长城终止国家公园体制试点，加入国家文化公园建设序列。2019年1月，中央全面深化改革委员会（2018年3月根据《深化党和国家机构改革方案》由原中央全面深化改革领导小组改成）会议通过了《海南热带雨林国家公园体制试点方案》。至此，我国设立了首批共10个国家公园体制试点区，涉及12个省份，总面积达22.36万km^2，约占陆域国土面积的2.3%，主要保护热带雨林、亚热带常绿阔叶林、温带针阔混交林、荒漠草原等不同生态系统，以及大熊猫、东北虎等珍稀濒危物种（表1-4）。总体而言，国家公园体制试点得到了政府和社会各界的高度重视。各试点区地理区位各异、保护对象多样，在试点过程中涌现出一系列特色亮点工作内容，为国家公园建设和管理积累了一批可复制、可推广的经验。国家公园体制试点产生了良好的成效，自然资源资产管理效率明显提升，生态保护和恢复力度明显增强，社区民生有所改善，社会效益突显（臧振华等，2020）。

表1-4　国内首批国家公园体制试点基本情况

（黄宝荣等，2018；臧振华等，2020；王倩雯和贾卫国，2021a）

试点区域	设立时间（年.月）	体制模式	国有土地面积比例/%	集体土地面积比例/%	面积/km^2	典型生态系统类型	代表性物种
普达措国家公园	2007.6	地方管理	78.1	21.9	602.1	亚热带山地针叶林	黑颈鹤
三江源国家公园	2015.12	地方管理	100	0	123 100	高寒草原、高寒荒漠	雪豹、藏羚
神农架国家公园	2016.5	地方管理	86.0	14.0	1169.88	北亚热带常绿阔叶林	川金丝猴
钱江源-百山祖国家公园	2016.7	地方管理	20.4	79.6	758.25	中亚热带常绿阔叶林	黑麂、百山祖冷杉

续表

试点区域	设立时间(年.月)	体制模式	国有土地面积比例/%	集体土地面积比例/%	面积/km²	典型生态系统类型	代表性物种
南山国家公园	2016.7	地方管理	41.5	58.5	636	亚热带常绿阔叶林	林麝、资源冷杉
东北虎豹国家公园	2016.12	中央管理	—	—	14 612	温带针阔混交林	东北虎、东北豹
大熊猫国家公园	2016.12	中央、地方共同管理	—	—	27 134	亚热带针叶林、常绿阔叶林	大熊猫
祁连山国家公园	2017.9	中央、地方共同管理	—	—	50 234.31	温带荒漠草原	雪豹
武夷山国家公园	2017.6	地方管理	28.7	71.3	1 001	中亚热带常绿阔叶林	黄腹角雉
海南热带雨林国家公园	2019.1	地方管理	—	—	4 401	热带雨林、季雨林	海南长臂猿

注："—"代表缺少数据

就中国而言，2019 年中共中央办公厅、国务院办公厅印发的《关于建立以国家公园为主体的自然保护地体系的指导意见》中进一步明确了国家公园的定义，国家公园准入程序也在逐步确立，在近两年国家公园的建设热潮中，相关学者对国家公园的评价标准进行了不同程度的研讨（表 1-5）。杨锐（2018）从明确定义、确立原则、建立标准等方面阐释了设立标准的目的与意义，结合中国特点和国际经验提出了由国家代表性、原真性、完整性、适宜性 4 个指标构成的中国国家公园设立标准框架。虞虎和钟林生（2019）针对中国自然保护地现状提出了国家公

表 1-5　国内国家公园的评价对象及标准（胡思成，2020）

类别	评价对象	评价标准
资源条件	资源原真性	原始性、未开发状态、脆弱性[1-4, 6-8]
	生态完整性	景观结构完整性、生态环境保护度[1-4, 6, 8]
	资源价值	典型性、代表性、特殊影响和意义[1-4, 6, 8]
	景观价值	生态价值、科研价值、文化价值、保健价值、游憩价值、美学价值[1-5]
	市场影响力	知名度、美誉度、市场辐射力[5, 7, 8]
	科教价值	科学价值、经济和社会价值[2, 7]
	保护措施	功能分区、保育恢复[1-6, 8]
	环境质量	水质、空气质量、噪声指标[1-4, 6, 8]
保护条件	利用条件	区位、交通、客源市场、区域经济发展潜力、当地社会支持度[1, 6, 7]
	开发规划	科学合理、实施情况[6, 8]
	规模适宜度	面积[2, 7]
	基础设施	服务设施、配套设施[1-6]
管理条件	管理体系	资源管理、安全管理、卫生管理、服务管理、运营管理、机构设置、社区共管[1, 5-7]
	土地	土地权属、边界划定[2, 7, 8]

注：1.《风景名胜区规划规范》；2.《国家级自然保护区评审标准》；3.《中国森林公园风景资源质量等级评定》；4.《国家湿地公园评估标准》；5.《旅游景区质量等级的划分与评定》；6.《水利风景区评价标准》；7.《安徽省地质公园评审标准》；8.《国家矿山公园评价标准》

园的渐进式评价思路,提出从国家代表性、生态系统重要性和原真性、生物多样性、自然景观、文化遗产等 6 个角度进行评价,选定国家公园的可建设区域(李明虎等,2019;田美玲和方世明,2017)。田美玲等(2020)以 1974 年 IUCN 对国家公园的定义为依据,将中国国家公园的准入标准概括为面积、资源级别、人类足迹指数和功能全面性 4 个方面,并据此建立指标体系。王梦君等(2017)提出国家公园的选择要考虑资源条件优越、建设条件完备、管理条件有效,并建议国家公园的设置条件应包括典型性、独特性、感染力、面积适宜性、可进入性、管理的有效性 6 个主要指标。罗金华(2015)对国家公园设置及标准进行了较为系统的研究,设计了中国国家公园设置标准的指标模型和指标体系,其中 4 个综合评价层为自然条件、保育条件、开发条件、制度条件。唐芳林等(2010)研究了国家公园效果评价,将评价目标划分为保护、游憩、科研、教育和社区发展 5 个功能指标,构成准则层。刘亮亮(2010)则构建了适用于我国国情的国家公园评价体系,包括保护地资源基础、环境状况、保护条件和开发条件 4 个综合评价层。

三、国家公园面临的共性问题

作为自然保护地的重要类型,国家公园承担着生物多样性保护和游憩的功能,是系统管理自然资源的重要方式(蔡凌楚等,2021)。国家公园体制试点是一项全新体制的探索。建成统一规范高效的中国特色国家公园体制,是一项长期艰巨又复杂的系统工程(臧振华等,2020)。与制定单项制度不同,国家公园体制试点承载着综合性配套改革的重任(王毅,2017)。尽管国家公园体制试点取得积极进展,但也面临不少挑战和困难(刘金龙等,2017;苏杨,2017)。当前已建立的 10 个试点区,其社会生态特征各有不同(表 1-6)。在对各试点区的调研报

表 1-6 已建立的国家公园体制试点特征及改革重难点(李博炎等,2017)

试点区域	特征	改革重点及难点
三江源国家公园、普达措国家公园、祁连山国家公园、大熊猫国家公园	地处青藏高原及周边地区,为多民族聚集地,对自然资源依赖程度较高,经济水平相对落后	推动产业结构转型,利用国家公园品牌效应发展绿色经济,拓宽增收渠道,实现保护与发展共赢
钱江源-百山祖国家公园、武夷山国家公园、南山国家公园	地处中东部地区,试点范围内集体土地权属占比较大,分别为80.7%、66.6%、64.54%	创新国家公园土地权利多元化流转方式,对集体土地进行有效用途管制,实现国家公园自然资源统一管理
大熊猫国家公园、祁连山国家公园	跨省试点,"一园多制"	统筹协调各方关系,明确事权责任,构建协同管理机制
东北虎豹国家公园		作为唯一一个由中央直管的国家公园,其建设模式应具有较强的代表性,能够为其他管理模式向中央集中管理过渡提供改革范式
神农架国家公园、海南热带雨林国家公园	具有优质的自然资源禀赋	建立特许经营机制,改革地方政府对旅游经济的过度依赖,并建立利益分配机制,平衡各方利益

告及研究文献进行归纳总结后发现，目前国家公园体制改革仍面临一些共性问题有待解决（黄宝荣等，2018）。

（一）地方政府对国家公园功能定位仍存在认识的误区

尽管《试点方案》和《建立国家公园体制总体方案》均已明确指出，建立国家公园的主要目的是保护自然生态系统的原真性和完整性，坚持"生态保护第一、国家代表性、全民公益性"建设理念，但国家公园在我国是新生事物，在创建过程中，难免存在认识上、操作上的不同看法，特别是在地方层面存在一些认识误区，影响体制改革的推动实施。

一些地方政府将国家公园视为"吸金"招牌，导致在试点实施后开发建设强度不降反升。生态环境部卫星环境应用中心遥感监测发现，一些试点区在试点期间开发建设活动有扩大趋势。一些试点区过于强调基础和公共服务设施建设，计划在园内开展交通、水利、电力、通信、教育、卫生等基础和公共服务设施建设，有可能会造成试点区生态系统完整性和原真性的破坏。

然而也有一些观点认为国家公园是绝对禁区，不允许任何开发利用活动，忽视了试点区内仍有大量社区的历史事实，从而引发了一些社会矛盾；同时也忽视了国家公园"全民公益性"的建设理念，国家公园除了园区内生态系统的原真性和完整性保护外，还应兼具科研、教育、游憩等综合功能的定位。这种原住民与国家公园并存的现象在国际上并不鲜见，保证和促进人与自然和谐发展才是本质。

（二）一些试点区的主动性和创新性不足，体制改革进展滞后于试点方案

一些地方对于国家公园体制试点改革或多或少存有"观望"心态，"等靠要"的思想较为普遍，相对于《试点方案》提出的各项改革任务进度安排，进展总体滞后。这既是地方发展和中央自然保护目标的矛盾，也是中央各部委之间存在意见分歧的客观表达（刘金龙等，2017）。一些试点区缺乏脉络清晰的改革思路和规划，对政策把握不准，存在畏难情绪，难以放开手脚大胆探索。此外，一些试点区存在以"文件落实文件""以文件应对督察"等问题，一些改革部署仅停留在纸面，没有落实为具体行动，影响改革进程。当然，落实难也存在改革方案设计本身的缺陷问题。

（三）现行法律法规、管理体制对国家公园体制建设形成制约

我国自然保护方面的立法总体上还较为滞后，国家公园建设的法律保障明显不足，一些体制改革仍面临不少法律障碍。例如，自然保护区是当前我国数量最多的自然保护地类型，作为我国自然保护区管理的最重要法律依据，《自然保护区条例》中的一些约束性或限制性规定已经难以适应现实需求，反而会对国家公

园试点区内系统整合各类自然保护地管理体制造成一定程度的障碍。

同时，改革还受当前分散的管理体制的制约。改革涉及国家林业局（现称国家林业和草原局）、环保部（现称生态环境部）、住建部、国土资源部（现称自然资源部）、文化部（现称文化和旅游部）等多个部门，产权和利益关系复杂，部门间博弈在所难免，使得各类保护地和管理机构的整合存在困难（苏杨，2017）。一些试点区尽管推动了管理机构整合，但基于生态要素的破碎化管理在短时间内难以完全改变，在自然资源资产统一确权登记、空间规划、用途管制等相关制度未落实的情况下，生态要素的多部门交叉管理问题短时间内难以得到彻底解决。

我国国家公园相关法律的制定总体上还较为滞后，很多方面的考虑尚未达成一致意见。目前国家公园试点区域管理工作仍依据《自然保护区条例》等现行法规，难以适应新的管理要求，特别是新划入的廊道等区域，由于性质未明确，缺少法律保障，保护措施难以落实。已颁布的多个国家公园地方法规，层级和效力较低，且缺少上位法的指导，管理要求、理念和内容差异性较大，难以为国家公园建设管理、自然生态系统保护和生态环境监管提供法律保障（李博炎等，2017）。

（四）自然资源统一确权登记进展缓慢，影响自然资源产权和用途管制等制度建设进程

按照国土资源部等七部委联合印发的《自然资源统一确权登记办法（试行）》和国家发展改革委印发的《试点方案》的相关要求，应在不动产登记的基础上，对国家公园内各类自然资源进行统一确权登记。但从实际情况来看，各试点的自然资源确权登记工作进展缓慢，并对以确权登记为基础的自然资源产权、用途管制和负债表等制度建设形成制约，影响国家公园自然资源管理体制改革的总体进程。改革进展缓慢的主要原因在于：①现行法律法规中缺少支撑依据；②作为一项全新的改革任务，理论基础薄弱，同时涉及诸多重大利益的重新调整，过程十分复杂；③在国家尚未完成自然资源资产确权登记前，试点区缺乏相关的技术指导与支撑；④试点区相关方面专业人才短缺，无力自行开展确权登记方面的探索。

（五）尚未建立有效的跨区域管理机制，破碎化管理依然存在

国家公园体制试点的目的之一是解决自然保护地跨区域破碎化管理问题。但目前，大部分试点区尚未触碰跨行政区管理难题，尚未形成有效的跨区域管理和治理机制。大熊猫、东北虎豹和祁连山国家公园体制试点区均涉及跨省管理问题，但目前还没有建立有效的跨区域协同管理机制。此外，为了保持自然生态系统的完整性，一些试点区本应将周边一些自然保护地整合进来统一管理，也因面临无法协调跨省利益、解决跨省管理问题而没有实现有效整合。例如，武夷山国家公园体制试点区理应整合江西武夷山国家级自然保护区，浙江钱江源-百祖山国家公

园体制试点区理应整合毗邻的安徽休宁岭南省级自然保护区和江西婺源森林鸟类国家级自然保护区,南山国家公园体制试点区理应整合毗邻的广西资源十万古田高山湿地,但因面临跨省难题,均未实现有效整合。

（六）尚未形成多元化资金投入机制,试点区普遍面临资金缺口问题

《自然资源领域中央与地方财政事权和支出责任划分改革方案》中提出根据建立国家公园体制试点进展情况,将国家公园建设与管理的具体事务分类确定为中央财政事权与地方财政事权,中央与地方分别承担相应的支出责任。《建立国家公园体制总体方案》中也提出建立财政投入为主的多元化资金保障机制。然而试点在资金方面的改革推进较缓慢,国家层面尚未设立国家公园专项资金,原有自然保护地的资金渠道仍占主导地位。目前,试点所涉及的自然保护地来自财政拨款的渠道主要有两个:本级财政拨款和中央财政专项转移支付（陈君帜和唐小平,2020）。其中,本级财政拨款包括基本支出和项目支出两部分,已纳入本级财政预算。而中央财政专项转移支付十分有限,还没有形成稳定持续的投入机制。此外,试点的资金来源渠道单一,国家层面和各试点还没有建立相应的投融资机制,社会资本参与国家公园保护管理缺乏相关法律和政策保障（黄宝荣等,2018）。

首先,各级财政对国家公园的投入整体而言总量不足,且来源分散。国家公园的中央和地方事权还未划清,中央未建立国家公园专项资金,整体支出力度与中央应该承担的国家公园全民公益性资源保护责任不匹配。中央预算内投资项目申报体系不成熟,部分试点区存在上报时间仓促、内容论证不充分、项目时序安排不科学等问题。地方政府财政能力有限,配套力度偏小,普遍在工矿企业退出、生态搬迁、集体土地流转等方面存在较大的资金缺口。其次,社会投入占比小,无法对财政进行有效补充。为了迅速遏制生态环境遭受破坏的势头,中央实施严格的生态环境保护制度,采取了前所未有的问责和惩处力度。在此背景下,地方政府对自然资源保护的重要性有了充分认识,违法违规开发建设项目、森林砍伐、农业扩张等问题得到较大程度的缓解。然而,对于自然保护地内的自然资源允许何种形式、何种程度的利用没有达成共识,地方政府和自然保护地管理机构在形势不明朗的情况下对引入企业资金参与建设存在顾虑,企业由于缺乏法律制度保障且盈利模式不清,暂时没有大量资金介入。试点区普遍经济基础相对薄弱,仅靠自身探索短期内优质生态产品的经济价值难以实现。此外,我国公民的自然保护教育还处于初级阶段,社会捐赠还未形成规模。这些原因共同导致社会资金没有在国家公园体制试点过程中起到有效补充的作用（臧振华等,2020）。

（七）尚未建立成熟规范的特许经营和协议保护制度

特许经营在我国旅游业中已经开展实践,既为当前国家公园试点建设积累了

经验，也遗留了需要规范和改进的空间。现有国家公园试点区内对特许经验和协议保护制度的探索大多处于起步或转型阶段，尚未形成成熟规范的制度模式。主要存在以下两方面问题。

1）经营主体不明确。政府和保护地管理者直接或间接参与经营，导致政府管理职能和企业经营活动混淆，难以发挥政府的监督和执法职能。

2）特许经营和保护程序模糊。缺乏规范的管理指南，流程未能实现公开公正，存在忽视社区利益的垄断经营；缺乏对经营项目的规范管理而导致开发不当；缺乏对保护管理目标的重视使得不必要的基础设施建设影响生物多样性等问题。

（八）试点区普遍面临人才、能力和科技支撑不足的制约

国家公园体制建设在我国是一项全新的工作，前期的研究积累和理论知识储备不足，体制试点面临着严重的人才、能力、科技支撑方面的制约。一些试点区由于专业性人才缺乏，对各项改革任务存在理解不透、执行上有偏差等问题，使其主动开展体制机制方面的创新面临众多困难，影响了体制改革进程（黄宝荣等，2018）。

首先，管理技术人员数量难以满足国家公园建设需求。试点区大多面临较严重的编制短缺，存在人员流转落实不到位、人员配置不健全、人员兼用、无编无岗等问题。执法力量普遍薄弱，可能导致违法违规行为监管缺失。其次，人员年龄结构不合理，高端人才短缺，人才激励机制不完善。各试点区普遍存在人员年龄结构老龄化、业务能力较低等问题。由于国家公园试点区多位于社会经济相对落后区域，且部分试点区管理机构级别、性质还不确定，缺乏对高端管理技术人才的吸引力（臧振华等，2020）。

（九）保护与发展矛盾依然明显，社区协同发展措施仍显不足

除三江源国家公园体制试点区外，各试点区内社区居民利益诉求以"提高收入""增加就业机会""补偿方式多样化"等发展诉求为主。各试点因限制以资源消耗为主的产业，导致社区经济短期内受到了影响。因此，社区发展与国家公园管理现阶段的矛盾根源是保护限制了自然资源的开发利用，进而在一定程度上制约了社区发展（李爽等，2020）。例如，部分试点区停止了国家公园内采伐、旅游、种植等经营性活动，导致原从业居民收入减少、生活质量下降，对建立国家公园存在消极看法。为了缓解保护与发展的矛盾，试点区制定了一些生态补偿政策，但效果不理想。例如，部分试点区经营土地等生产资料产生的收益高于生态保护补偿标准。此外，试点区内不符合保护和规划要求的各类设施拆除、工矿企业退出等工作整体推进缓慢，补偿资金有较大缺口，部分区域退出政策仍不明朗。

国家公园是国家自然生态系统中最重要、自然景观最独特、自然遗产最精华、

生物多样性最富集的部分，面积远比一般的自然保护区和自然公园大，又是最严格的自然保护地类型，保护与发展的矛盾突出。试点区内的居民生产、生活大多依赖于对当地自然资源的传统利用，在保护生态的同时妥善安置当地居民，改善其生活水平，是建设国家公园面临的巨大挑战。目前，大多数试点区内居民获得的生态补偿仅能满足基本生活保障，存在人兽冲突隐患，防护体系和保险赔偿体系尚不完善（臧振华等，2020）。

（十）空间范围不合理

由于处于试点阶段，国家公园的内涵和建设管理目标一直在不断丰富，已建试点区的标准不统一，且存在空间范围不合理的问题。从国家代表性、完整性角度考虑，三江源国家公园体制试点区目前未纳入完整的长江源头和黄河源头；武夷山、钱江源-百山祖、神农架、普达措、南山等国家公园体制试点区目前的范围还不足以反映生态地理单元的完整生态过程，毗邻的具有相同保护价值的区域，因跨行政区域导致管理机构难以整合等，没有纳入试点范围。此外，某些试点区在规划国家公园范围和管控分区时，未进行充分的实地勘验，部分永久基本农田、聚居村等没有合理规避，既影响了国家公园的原真性，也留下了居民生产、生活与保护区管理矛盾的隐患（臧振华等，2020）。

第三节　神农架国家公园体制试点区总体情况

一、神农架国家公园体制试点区的基本情况

神农架位于中国中部湖北省西北部边陲，东瞰荆襄，西望巴蜀，南通三峡，北倚武当，雄踞秦巴山脉的东端，与武陵山脉咫尺相邻，共扼长江三峡，涵盖与林区接壤的湖北省保康、兴山、巴东、房县、竹山和重庆的巫山、巫溪等县。神农架林区是我国唯一以"林区"命名的省辖行政区，总面积为 3253km^2。神农架国家公园体制试点区地理坐标为：31°21′24.223″N～31°36′27.317″N，109°56′3.347″E～110°36′26.779″E；北至九湖镇青树村（31°36′27.317″N，110°7′18.899″E），南至下谷坪土家族乡相思岭村（31°21′24.223″N，110°8′35.418″E），西至九湖镇大九湖村（31°28′55.853″N，109°56′3.347″E），东至木鱼镇老君山村（31°28′28.793″N，110°36′26.799″E），东西长 63.9km，南北宽 27.8km，总面积为 1169.88km^2，占神农架林区总面积的 35.96%，森林覆盖率高达 96%以上，是长江与汉江在湖北省内的分水岭，每年可蓄水 30 余亿 m^3，可减少向长江三峡库区排放泥沙 700 多万 t。神农架山脉的堵河水系，流域面积为 791km^2，汇入汉江后到达丹江口水库，水量占丹江口水库水量的 20%。神农架林区是长江经济带绿色发展的生态基石，是"南

水北调"中线工程重要的水源涵养区,是三峡库区最大的天然绿色屏障,生态地位十分重要,关系着国家生态安全及经济的可持续发展。神农架自然地域总面积为 12 837.42km²,其中,湖北省有 11 050.60km²,占总面积的 86.1%;重庆市有 1498.23km²,占 11.7%;陕西省有 288.59km²,占 2.2%。海拔 1000m 以下的区域有 4618.91km²,占总面积的 36.0%;1000~1500m 有 6945.75km²,占 54.1%;2000~3000m 有 1271.88km²,占 9.9%;3000m 以上仅有 0.88km²(徐文婷等,2019)。

20 世纪 60 年代初,国家开始对人迹罕至、原始神秘的神农架进行开发。1970年,由国务院正式批准,神农架成为中国唯一以"林区"命名的省辖行政区,即"神农架林区"。自此,神农架逐步成为中国重要的商品材料基地。此外,神农架地区成矿条件优越,有较丰富的矿藏;林区共有四大水系(香溪河、沿渡河、南河、堵河),水能资源十分丰富;其独特的原始森林风貌使得其旅游业也得到迅速发展。随着经济产业的快速发展,神农架在 2018 年通过国家专项评估,正式摘掉了"国定贫困县"的帽子。然而在经济发展增速、城镇化进程加快的背后,神农架森林覆盖率急剧下降,生态环境各方面破坏严重。为了保护这块独一无二的绿色宝地,1982 年湖北省人民政府正式批准建立了神农架自然保护区,1986 年升为国家级森林和野生动物类型自然保护区,1990 年加入联合国教科文组织(UNESCO)世界生物圈保护区网,1995 年成为全球环境基金(GEF)资助的中国首批 10 个自然保护区之一,2006 年被国家林业局纳入林业系统首批示范保护区,2011 年被国家林业局、国家旅游局授予全国森林旅游示范区试点单位,并成功创建国家 AAAAA 级旅游景区。然而保护地对地区的发展规划缺乏系统性,逐渐暴露出了各类保护地交叉重叠、多头管理碎片化、生态保护与经济发展矛盾突出难以解决等问题(闵庆文和马楠,2017)。为了从根本上解决一个或多个自然生态系统的完整保护、系统修复、统一管理,以习近平生态文明思想为指导,2016 年神农架国家公园管理局正式挂牌成立,标志着神农架保护和管理步入了国家公园时代(廖明尧,2012)。

党的十八届三中全会以来,在湖北省委、省政府的高度重视和神农架林区党委、政府的正确领导下,通过 3 年的体制试点建设,神农架国家公园体制试点已完成管理机构组建、总体规划编制批复、管理制度汇编、智库建设、政策平台建设、重大科研平台建设、特许经营与旅游活动规范等工作任务,《神农架国家公园保护条例》于 2017 年 11 月 29 日经湖北省人民代表大会常务委员会表决通过,管理能力建设、自然资源确权登记、稀缺资源保护、生态移民搬迁、开发活动控制等工作正在全力推进。神农架国家公园体制试点区东西长达 63.9km,南北长达 27.8km,总面积为 1169.88km²,占神农架林区总面积的 35.97%。其中,国有土地面积 1005.78km²,占神农架公家公园土地面积的 85.97%;集体土地面积 164.09km²,占国家公园土地总面积的 14.03%。神农架国家公园体制试点区地处大九湖镇、下谷坪土家族乡（简称下谷坪乡）、木鱼镇、红坪镇和宋洛乡 5 个乡镇 25 个村行政管辖区域，社区居民 8492 户 21 072 人，涵盖了神农架世界自然遗产地、世界地质公园、人和生物圈保护区、国家级自然保护区、国家地质公园、大九湖国家湿地公园、国家森林公园、省级风景名胜区、大九湖省级自然保护区等保护地（图 1-1），生物多样性极为重要，资源禀赋极高，是最具代表性的区域，具有以神农架川金丝猴为代表的丰富的古老珍稀特有物种，北半球保存最为完好的常绿落叶阔叶混交林，北亚热带山地完整的植被垂直带谱，极为珍稀的亚高山泥炭藓沼泽类湿地，古老的地质遗迹与动植物化石群，亚洲少见的山地文化圈。我国构建国家公园管理模式，应继承和弘扬古代哲学智慧，形成符合 21 世纪生态文明价值观的管理理念，这是我国国家公园管理模式的特色所在。正确的自然管理理念应彰显自然资源的生态和环境价值，树立正确的义利观，确立国家公园的公益属性。

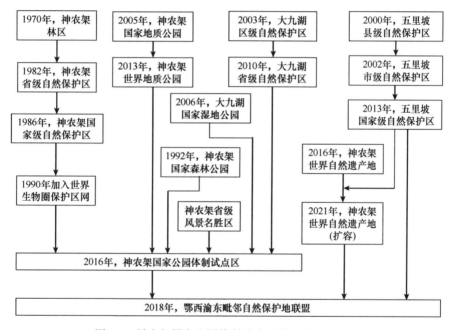

图 1-1 神农架国家公园体制试点区的历史发展路线

二、神农架国家公园体制试点区的主要保护对象

（一）全球同纬度地区最完整的北亚热带森林生态系统和垂直带谱

神农架国家公园体制试点区具有丰富的生态系统多样性，森林生态系统完整，是华中地区唯一的原始森林分布区。

常绿阔叶林带生态系统。处于海拔 400～1000m 沟谷地带，以常绿的栲属，石栎属，青冈属的小叶青冈、青冈，金缕梅科的水丝梨，樟科樟属及楠属植物，常绿冬青科植物等为主，河谷地带的蕨类、兰科植物、苦苣苔科植物较为丰富，是需要在特殊原生境保护的重要类群。以阴峪河峡谷中下游的常绿阔叶林保存最为完好，这里植被覆盖率达99%以上，人迹罕至，植被繁密，即使暴雨也保持河水清澈，是珙桐、大鲵等珍稀物种的重要栖息地。

常绿落叶阔叶混交林带生态系统。这是神农架典型的地带性植被，其生态系统体现了过渡性特征，多种区系成分汇集，种类构成复杂。常绿物种有曼青冈、巴东栎，落叶物种有多种鹅耳枥、槭树科的多种槭树等，是较为常见的优势种。这一地带也是珍稀保护植物最丰富的区域，香果树、水青树、红豆杉、连香树、珙桐等在这一带分布，局部地段形成珍稀植物群落。

落叶阔叶混交林带生态系统。锐齿槲栎林、米心水青冈林、台湾水青冈林是这一地带的典型植被。大九湖等地尚保存有珍贵的原始锐齿槲栎林群落、巴山水青冈群落。

巴山冷杉暗针叶林生态系统。巴山冷杉是大巴山地区的特有植物，在神农架2200m以上区域集中分布，是寒冷、湿润高山区域的重要植被，这个区域有针阔混交林、寒温性针叶林、草甸、神农箭竹林、以麻花杜鹃与粉红杜鹃为主体的高山常绿杜鹃林，是华中地区景观最为壮观奇特的高山生态系统。在金猴岭、阴峪河保存有较大面积的巴山冷杉原始林，属于高山顶极森林群落。

亚高山湿地生态系统。在神农架山峰中上部地势平缓的汇水区分布有灌丛沼泽与草甸沼泽，以大九湖盆地湿地生态系统最为典型。大九湖湿地总面积为1645hm^2，包括泥炭藓沼泽、睡菜沼泽、黑三棱沼泽、苔草沼泽、香蒲沼泽、紫羊茅沼泽以及河塘、水渠等湿地类型，以保存较好的亚高山泥炭藓沼泽最为重要，在中国湿地中具有典型性、代表性、稀有性和特殊性。大九湖湿地泥炭沼泽的C^{14}年龄测定表明，大九湖湿地的沼泽早在距今约15 000年前的晚更新世末期就已经形成并完整保存至今。

亚高山草甸生态系统。在神农架海拔2936m的老君山、黄昏岭、望天龙和红河等地分布有大画眉草、素羊茅、寸金草、空心柴胡等，形成亚高山草甸。

神农架国家公园体制试点区的山脉是我国东南部低山丘陵到西部高山以及青藏高原的一级中间阶梯，山势高大，最高峰神农顶海拔3106.2m，是大巴山脉主峰，也是华中地区最高点，被称为"华中第一峰"，垂直高差达约2700m。该山脉既没有遭受第四纪山地冰川的全面覆盖，也免于蒙古-西伯利亚大陆反气旋与寒流的严重侵袭，却受到西南与东南季风的浸润和从热带亚热带及暖温带山地迁徙而来的植物成分的补充而发育着特别丰富的植物区系，形成了从低海拔到高海拔完整的山地植被垂直带系统。海拔1000m以下为常绿阔叶林带，1000~1600m为常绿落叶阔叶混交林带，1600~2200m为落叶阔叶混交林，2200~2600m为针阔混交林，以及山顶区域的高山灌丛、草甸带。

神农架国家公园体制试点区的山脉浓缩了亚热带、暖温带、寒带和寒温带的生态系统特征，使其成为研究全球气候变化下山地生态系统垂直分异规律及其生态学过程的典型范例。低山是以常绿壳斗科植物为主的常绿阔叶林，中海拔地带是以枹栎、槲栎、水青冈属为主的落叶阔叶林，山峰上部的主要植被是糙皮桦与红桦林、巴山冷杉林、神农箭竹林、杜鹃林与高山草甸。神农架山地植被垂直带谱分布集中和保存最为完好的有两个区域，其中神农架南坡保存最为完好的垂直带谱在九冲河流域，神农架北坡保存最为完好的垂直带谱在阴峪河流域。

（二）北亚热带海拔最高、面积最大的亚高山泥炭藓沼泽湿地生态系统

神农架国家公园体制试点区的大九湖发育出较大面积的亚高山泥炭藓沼泽，湿地平均海拔为 1730m，面积为 9320hm^2，是北亚热带面积最大、海拔最高、保存最为完好的亚高山泥炭藓沼泽湿地，在北亚热带湿地生态系统中具有典型性、代表性、稀有性和特殊性，入选了《国际重要湿地名录》。

大九湖在山地冷湿的气候条件下形成了高山泥炭沼泽，晚更新世以来，大九湖盆地经受了冰川、岩溶和流水的作用，形成了一个独特的封闭的高山小盆地。全新世以来形成了稳定连续的泥炭堆积，泥炭厚度达 3m，底部基岩为寒武纪白云岩。该地域有发育良好的冰川地貌和冰川遗迹，包括冰斗、冰窖、角峰、刃脊、槽谷、基岩鼓丘等。该地域岩溶地貌发育普遍，如落水孔、溶洞、地下暗河等奇观。大九湖沼泽湿地植被以草甸植物和沼泽植物为主，在地势较高及排水通畅的地区为杂草类草甸。在地下水位较高的地段，形成发育良好的凸起的泥炭藓丘；在地下水位略低的地段，形成大片金发藓；在河边和地势较高的地段，生长成片的鼠李、槲栎落叶林。总体呈现绝美的湿地草甸自然景观，是神农架近 3 万年来气候变迁的"自然样本"，具有重要的科研价值和保护意义。

（三）以川金丝猴和珙桐为代表的珍稀濒危物种和古老子遗动植物及其栖息地

1. 世界川金丝猴地理分布最东端的种群

川金丝猴是中国特有物种，国家 I 级重点保护野生动物，是典型的森林生态系统和生物多样性保护旗舰物种。目前川金丝猴仅分布于四川北部及甘肃南部、陕西秦岭和湖北神农架 3 个孤立的地区，其中湖北神农架的川金丝猴是我国川金丝猴种群分布最东端的孤立种群，种群数量为 1400 余只，被认为是川金丝猴湖北亚种。因此，神农架川金丝猴种群具有极其重要的保护价值和意义。

神农架国家公园体制试点区是川金丝猴的重要分布区，主要分布在观音洞、大小千家坪、官门山、大小龙潭、神农顶等区域。神农架川金丝猴分布区的主要

植被类型包括寒温性针叶林、寒温性针叶林-落叶阔叶混交林、温性针叶林-落叶阔叶混交林、落叶阔叶林、常绿落叶阔叶混交林、常绿阔叶林、亚高山灌丛、巴山松林（李亭亭等，2016）。调查研究表明，国家公园内拥有川金丝猴的可食植物44科89属202种，食物主要为野果、嫩芽、树皮、嫩枝，食性具有明显的季节性变化。优势树种多为食源植物，树种的种群年龄结构处于稳定增长阶段，能够满足神农架川金丝猴的生存需求。

2. 古老子遗濒危物种的避难所和特有物种的孕育地

植物和孢粉化石证据表明，从古生代的晚泥盆纪（距今 3.5 亿年前）开始，神农架地区已经出现古老和原始的植物类群如石松、苏铁、木贼科的蕨类植物，这些低等的蕨类植物至今仍存在。经过了漫长的地质和气候变迁，第三纪前（距今 6500 万年前）地区的植物区系基本形成。在早第三纪由于印度板块向北俯冲，致使青藏高原快速隆起，使得本应为同纬度荒漠带干燥炎热的气候逐渐凉爽湿润，大量物种在此地分化、繁衍和适应。加上由于地形地貌的复杂性，第四纪冰川并未像在欧洲和美洲那样造成大面积的物种灭绝，使得神农架保存了丰富而完整的古老和子遗物种。现代分子系统谱系分析表明，神农架现有物种中有 139 科 597 属起源于第三纪之前，分别占遗产地总科、属的 65.9%和 55.7%，充分表明了遗产地植物区系的古老性。目前的区系成分基本是第三纪区系的后裔，并通过多条路径向不同方向扩散。从科的古老性上分析，现代中国大陆上最具古老性和特有性的 4 大科（银杏科、芒苞草科、珙桐科和杜仲科）中神农架就占了其中的 3 科。神农架国家公园体制试点区具有高度聚集的濒危物种，属于中国种子植物特有属三大分布中心之一。神农架国家公园体制试点区具有高度聚集的中国特有物种，是我国东西南北植被分布的过渡地带，几乎囊括了北自漠河、南至西双版纳、东自日本中部、西至喜马拉雅山的具有代表性的动植物物种，对中国-喜马拉雅植物区系和中国-日本区系与群落的迁移、交流、混杂和演化具有极为重要的桥梁作用。据不完全统计，神农架分布有中国特有脊椎动物 81 种，特有昆虫 362 种；神农架种子植物区系分布有中国特有属 54 属，其中神农架特有属 1 个，神农架特有种 205 种。同时，神农架拥有大量"模式物种"，包括光叶水青冈、洪平杏等模式植物标本 506 种，真菌和地衣 66 种；以采自神农架的标本确立的动物物种 520 种，其中脊椎动物 1 种，昆虫 519 种。

（四）世界上保存最完整的晚前寒武纪中元古代地层单元等地质遗迹

神农架国家公园体制试点区保存有中元古代十分完整的地层层序——神农架群。神农架群是世界上保存最完整的晚前寒武纪地层单元，不仅清楚地记录了神农架地区独特的地质演化历史，而且是解决全球前寒武纪地层对比和全球超大陆聚合过程等重大地学问题的一把钥匙，是天然的地质博物馆。

神农架是神农架群及群内各组层型剖面的命名地，是组成神农架地区乃至扬子地块北缘及整个中国南方最古老的褶皱基底之一。这为解决我国这一时期的地层对比和建立上前寒武系层序提供了重要依据，对研究晋宁运动、扬子地块形成与演化乃至全球罗迪尼亚超大陆的形成与裂解具有重要的意义。国家公园还具有一批典型的地质遗迹资源，如叠层石、南华系冰碛砾岩、大九湖湿地、第四纪冰川地貌、逆冲推覆构造、新元古代基性岩墙等。神农架群的地层中叠层石非常丰富，含叠层石的地层厚度达 3000m，从风景垭至凉风垭约 5km 的剖面上随处可见，特别是矿石山组和大窝坑组中的叠层石十分壮观。神农架国家公园体制试点区具有发育完整的震旦系、寒武系地层，为研究板块活动、全球性冰期、全球海平面上升运动、盖帽碳酸盐沉积、一系列的"生物群"、成磷事件、寒武纪生命大爆发事件、黑色页岩和多金属矿等国内外热点的地学问题提供了良好的基地和野外实验室。

三、神农架国家公园体制试点区的管控分区

神农架国家公园体制试点区以"生态功能和保护目标"作为其功能区划分依据，且在具体的管理条例上也主要以禁止性规定来实现分区目的。其中《神农架国家公园保护条例》划分了严格保护区、生态保育区、游憩展示区和传统利用区。光从字面上看该园区既有保护区又存在利用区，但从具体的管理规定上可以发现其在利用方面的限制其实是十分严格的，如在传统利用区中就禁止从事对自然生态系统有影响的生产经营活动。较之行为控制的分区方式，该种分区方式为各功能区赋予了具体的功能，在实际操作中具有便于管理的优点（廖华和宁泽群，2021）。

（一）严格保护区

神农架国家公园体制试点区严格保护区主要包括国家公园规划范围内川金丝猴及其他珍稀动物的核心活动区及部分潜在活动区、珍稀濒危植物集中分布区、典型植被带或原生群落保存完整区、泥炭藓适宜生境、典型地质遗迹最重要保护地或生态系统极敏感区域（即核心资源保护重要性评价结果的极重要区域）及国家公园范围内相关保护地规划的核心区和缓冲区范围。神农架国家公园体制试点区严格保护区面积为 62 821hm^2，占神农架国家公园体制试点区总面积的 53.7%。严格保护区分为两片区域，分别是西部和东部区域。

严格保护区是神农架国家公园体制试点区核心资源最为集中、自然生态系统最为典型、最具保护价值的区域。严格保护区除建设少数资源保护、科研监测、

防火防灾等生态安全保障的小型建筑、构筑物外，禁止在该区域内新建其他任何建筑物、构筑物等设施；原则上禁止人员进入，确因巡护执法、科研监测需要进入的，必须征得国家公园管理机构的书面同意，且不得有任何破坏性行为，以期最大限度地维持自然生态系统和动植物栖息地的完整性及原生性。

（二）生态保育区

国家公园生态保育区主要包括国家公园规划范围内川金丝猴及其他珍稀动物的潜在活动区、珍稀濒危植物一般分布区、典型植被带或群落保存较完整区、泥炭藓较适宜生境、地质遗迹较重要保护地或生态系统高度敏感区域（即核心资源保护重要性评价结果的高度重要区域），主要分布在国家公园范围内相关保护地规划的实验区或保育区。生态保育区的面积为 46 356hm²，占神农架国家公园体制试点区总面积的 39.6%。生态保育区分为两部分，分别是西部和东部区域。

生态保育区是自然生态系统保存较为完整、对核心资源起到保护和缓冲作用、被保护资源的潜在发展区域，或者是生态系统急需恢复或完善的区域。生态保育区的生境及植被恢复在遵照自然规律的基础上，允许适度的人工干预；可适当设置少量的户外科学考察线路，禁止开展经营和游憩活动；允许建设必要的保护、监测及科教设施，严禁住宿、餐饮、娱乐等开发建设行为。

（三）游憩展示区

国家公园游憩展示区为神农架国家公园体制试点区范围内已开发利用或有利于对公众开展科普教育，且与保护目标相协调的区域，主要分布在国家公园范围内相关保护地规划的实验区，包括大小龙潭景区、大九湖部分区域、瞭望塔景区、金猴岭景区等。游憩展示区的面积为 4042hm²，占神农架国家公园体制试点区总面积的 3.5%。

游憩展示区以科学合理利用自然资源、提高资源影响力与公民的自然环境保护意识及发展社区经济为主，可开展与国家公园保护目标相协调的科普展示、公众宣教、生态游憩等活动。在环境影响评估的基础上，允许必要的科教、解说、游览、安全、环卫等基础设施建设，可适当设置观光、游憩等服务设施。

（四）传统利用区

神农架国家公园体制试点区传统利用区主要包括乡镇、村等社区居民集聚区及其生产、生活区域，包括基本农田区域，森林、水资源的有限利用区域。传统利用区的面积为 3969hm²，占神农架国家公园体制试点区总面积的 3.4%。传统利用区由诸多小区域组成。

传统利用区包括大九湖的"二字号"、"四字号"、"五字号"、"七字号"

山脚与环湖公路包围区、狮子包、谢家湾、小九湖等传统耕地、园地处，坪阡古镇片、董家湾、东溪、下谷乡、太和山等地区的居民聚集区、传统耕地、园地用地；木鱼镇居民聚集区、传统耕地、园地用地等生活用地；九冲村居民聚集区、传统耕地、园地用地等生活用地。

　　国家公园的传统利用区以社区参与文化资源展示及生态旅游活动为主，可开展对自然生态系统无明显影响的生产、经营活动，促进社区居民就业与生活富裕。

第二章　神农架国家公园体制试点区自然地理与生物资源[*]

神农架地区幅员广阔，地形地貌复杂，生物种类繁多，生境类型多样，自然资源和自然生态系统的完整性、原真性、不可再生性及不可复制性全球少有，具有极高的保护价值和意义。本章整合了前人的研究资料，从自然地理、陆生生物资源、水生生物资源以及真菌地衣资源 3 个方面对神农架国家公园体制试点区的自然地理与生物资源进行了详细的介绍，旨在为神农架国家公园体制试点区自然资源的合理保护和科学管理提供重要依据，并为后续的相关研究提供理论基础。

第一节　自　然　地　理

一、地质

神农架国家公园体制试点区属于扬子准地台上扬子台坪区，地跨大巴山-大洪山台缘褶带与鄂中断褶区两个三级构造单元。大部分地区属于神农架断穹（四级构造单元），又称为神农架穹窿状背斜。其北翼以杨日-九道断裂为界，与青峰台褶束相接，东南以新华断裂与黄陵（背斜）断穹分隔，南部以一组斜列褶皱与秭归台褶束相过渡。该断穹呈穹窿状，河流由穹窿中部向四周呈放射状发育，最后分别注入堵河、南河、香溪河和沿渡河。

（一）地质构造

神农架地质构造变形序列可划分为 5 个构造变形期：第一期，形成于晋宁造山运动中期，是晋宁主造山期强烈的挤压所产生的构造形迹。神农架褶皱基底则表现为中浅层次脆韧性变形，西南部为褶皱构造区，东北部为弱变形区，地层产状向北东缓倾，变形较弱，以宽缓褶皱为主。第二期，形成于晋宁造山运动晚期。神农架褶皱基底该期变形不明显，青白口纪凉风垭组中发育的小型褶皱构造可能是该期构造形迹。第三期，形成于加里东期。该区大部表现为抬升，隆起成陆而缺失沉积，形成志留系与上覆地层的平行不整合界面，地层未发生构造变形。第四期，该期形成以新华断裂为代表的北东向构造，叠加改造所有前期构造形迹，形成神农架穹窿，属于环太平洋构造运动的产物。在隆起的同时发育以拆离断层

* 本章作者：桑翀，谭路、李婧婷、田震，杨敬元、杨顺益、李扬、周淑婵。

为代表的伸展构造形迹。第五期，为新构造运动时期的构造变形。区内为间歇性隆升与外营力溶蚀、剥蚀和侧向侵蚀以及重力作用，形成现今的地势地貌、水系、夷平面、河流阶地、水平溶洞等，同时有地震活动及继承性断裂活动，并有滑坡崩塌、泥石流等地质灾害发生。

（二）地层

神农架地区的地质源于独特地层和地质构造演化历史。神农架地区的地层发育完整，除上志留统至石炭系、侏罗系至第三系外，从元古界至第四系均有分布，尤其以上前寒武系最为发育且完整，是我国南方上前寒武系最具有代表性的地区。其中，中元古界（距今 10 亿~13 亿年）的神农架群，厚度逾 4000m，由轻微区域变质的白云岩、砂岩、板岩及玄武质火山岩组成。它与晚元古界早期青白口纪的凉风垭组一起构成神农架地区古老的褶皱基底。

南华系、震旦系及其以后的地层呈盖层状，广泛分布在神农架群的周边或向斜的核部，地层层序与长江三峡地区相同。南华系为一套浅海盆地相深色碎屑岩沉积，含有锅底灰岩，产锰矿；其中，南沱组的冰碛砾岩记载了 8 亿年前的冰雪事件；震旦系陡山沱组中富含磷矿，灯影组巨厚的白云岩往往形成绝壁，并发育溶洞。寒武系、奥陶系以发育碳酸岩为主，富含三叶虫、腕足类等化石。志留系由易于风化的砂岩、页岩组成，往往形成宽缓的地貌。二叠系与三叠系主要分布于神农架穹窿周缘，石灰岩发育，易于形成岩溶地貌。第四系多见于沟谷之中和河流阶地上。

二、地貌

（一）地貌特征

从印支运动末至燕山运动初，发生了强烈的褶皱和大面积的掀斜，形成了神农架地区的地貌骨架。第四纪气候的冷暖变化，在部分地段残留了冰川地貌，致使区内地貌复杂多样。林区重峦叠嶂，沟壑纵横，山坡陡峻，河谷深切，地势西南高、东北低。神农架山脉近东西向横亘于神农架林区西南部，以神农顶最高，高程为 3106.2m，也是华中地区最高点；林区最低点为下谷坪土家族乡的石柱河，高程为 398m，相对高差为 2708.2m。

（二）地貌类型

根据地貌形态及成因，林区地貌可分为流水地貌、山地地貌、喀斯特地貌（岩溶地貌）和冰川地貌（第四纪冰川期形成）。

1. 流水地貌

神农架内的流水地貌，按地表水流方式可分为 3 种，分别为坡面流水地貌、沟谷流水地貌、河谷流水地貌。

1）坡面流水地貌：因地面倾斜不大且坡面比较一致，在大气降水和冰雪融化时以薄层流水较均匀地冲刷着整个坡面，呈片状侵蚀。

2）沟谷流水地貌：沟谷流水地貌是暂时性的沟谷流水作用下形成的，具有下列特点：流量变化悬殊，如洪瀑和瀑落，其流速大、多湍急、水流含沙量大、颗粒大小混杂等。

3）河谷流水地貌：在永久性的水流作用下，地表呈线状伸展成凹地——河谷，河谷主要由河床、河漫滩和谷底（包括谷坡）上的河流阶地组成。

2. 山地地貌

神农架是一个以中山（海拔 800～2000m）、高山（海拔 2000m 以上）为主的山地地貌区。全区形成的大小山峰有 100 多座，其中海拔 3000m 以上的山峰有神农顶、杉木尖、大神农架、大窝坑、金猴岭、小神农架 6 座；海拔 2900～3000m 的山峰有望农亭、箭竹岭、猴子石、天葱岭、麂子山、老君山 6 座；海拔 2500～3000m 的山峰有 20 座；海拔 2000～2500m 的山峰有近 100 座；海拔 800～2000m 的山峰有 250 多座。山地地貌类型又可分为高山地貌与中-高山地貌、重要山口。

（1）高山地貌

此地貌为海拔 2000m 以上的山地，主要分布在神农架西片，由大巴山东延之余脉所组成，又称为神农架山脉。西自川鄂交界的横梁山进入神农架，略呈东西方向延伸，西高东低，北近武当山山脉，东连荆山山脉，西南濒临巫山山脉，由西向东由高脚岩、小界岭、大界岭、猴子石、大神农架、神农顶、雨帽尖、老君山等山峰组成，历史上称为"皇界"（武则天皇帝为庐陵王李显领地划分的边界），绵亘逾 100km，是湖北省内长江与汉江的第一级分水岭。山北有堵河、南河两条水系流入汉江，山南有香溪河、沿渡河（神农溪）两条水系流入长江。高山地貌最突出的特点就是山势高大而平缓，有"不到高山不显平"之说。

（2）中-高山地貌

此地貌海拔为 800～2000m，其间亦有高于海拔 200m 以上的山峰出现。中-高山地貌的特点是面积大、范围广、山岭连绵起伏、山间夹有一些盆地。山脉的走向以近东西方向为主，由于水系发育，溯源侵蚀强烈，亦有近于垂直或斜交于神农架山脉的山岭出现。

（3）重要山口

神农架山高林密，内外联系主要借助于山口。山口不仅是陆地进出的道路，也是山地地貌突出的特点。神农架重要的山口有铜厂垭子、漂上、巴东垭子、风景垭、韭菜垭子。

3. 喀斯特地貌

喀斯特地貌又称岩溶地貌，是指广泛分布可溶性碳酸盐岩的地区，在地表水和地下水流动、溶蚀作用下形成的地貌景观。神农架地层的构成表明，有65%的沉积岩，其中有30%是可溶性碳酸盐岩，即石灰岩、白云岩等。自新生代以来，神农架一直处于新构造运动上升的中心，山高林密，河流发育，地表水与地下水均较丰富，因此，为喀斯特地貌形成与演化提供了良好的基础条件。主要的喀斯特地貌形态有喀斯特漏斗和洼地、坡丘谷、溶洞、落水孔、暗河、喀斯特盆地、溶沟、溶槽、石芽、石柱、石林、岩溶槽谷、干谷、岩溶峰林等。

4. 冰川地貌

神农架的冰川地貌主要分布在西部的九湖乡，受第四纪冰川作用的影响，其主要特点是：既有发育完好的冰窖、冰斗、角峰等冰川地貌，也有相应的冰川堆砌物，如漂砾、底碛、侧碛等按一定规律排列，成群出现。其中冰川侵蚀地貌形态清晰，集中分布，保存最为完好的是冰川槽谷。

三、土壤

神农架土壤资源丰富，具有中国现行土壤发生分类系统中地带性土壤暗棕壤、棕壤、黄棕壤三大土类，非地带性土壤有石灰土、潮土、沼泽土、紫色土等，人为土壤为水稻土。

（一）土壤类型

神农架土壤资源丰富，主要土壤类型有山地暗棕壤、山地棕壤、山地黄棕壤、山地棕色针叶林土、山地草甸土、紫色土、水稻土、新积土、石灰土、石质土等。

暗棕壤主要分布在海拔2200～2900m的地区，多为山地暗棕壤，全部是林地和荒地，没有耕地；棕壤主要出现在海拔1500～2200m的地区，几乎都是山地，基本上是山地棕壤，以林地为主，只有少量耕地；黄棕壤主要分布在海拔600～1500m的地区，其中以山地黄棕壤为主，占97.8%；山地草甸土主要分布于2300m以上的山体顶部和林间缓坡空地以及山头之间鞍形地，如板壁岩、神农谷周围、神农顶下面一带；紫色土是发育于紫色岩上的一种石质初育土，分布与紫色岩的出露有关。神农架紫色土呈零星分布，面积不大；新积土是新近坡积、塌积、冲积以及人工搬运堆垫形成的土壤，滑坡、塌方、城市人工搬运等形成的土壤可以看作新积土；石灰土的分布比较广泛，石灰岩坡积母质分布广泛；潮土由河流冲积母质形成，分布在河流中下游的冲积平原和沿河两岸的河流阶地或者河漫滩。

（二）土壤特征

神农架山地土壤的 pH 为 3.8～8.0，酸性与强酸性土壤占 73.1%，碱性土壤只有 8.3%，没有发现强碱性土壤。虽然神农架地区分布有大量的碳酸盐母岩，但是由于气候湿润，淋溶作用强，大多发展成为酸性土壤。一般中性和碱性土壤都是土层浅薄或受新近坡积、洪积的影响，土壤砾石含量高。

从速效养分来看，速效磷为 1.8～115.3mg/kg，磷缺乏的土壤占 62.8%，接近 2/3，磷丰富和很丰富的土壤不到 20%，说明神农架山地多数土壤缺磷。

在神农架土壤中，有机质缺乏的土壤约占 31%，碱解氮缺乏的大约占 24%，而有机质丰富的土壤占 50%，碱解氮丰富的土壤占 2/3 以上，表明神农架土壤的有机质和氮素水平较高。

神农架速效钾缺乏和丰富的土壤分别接近 30%，而处于中等水平的占 1/3 以上，表明神农架山地土壤钾素处于中等水平。

土壤有机质含量与碱解氮、速效钾、速效磷含量均呈显著的线性正相关，与碱解氮的相关系数最高，其次是速效钾，再次是速效磷，有机质含量与土壤 pH 呈极显著的线性负相关，但该相关系数的绝对值明显低于有机质含量与碱解氮、速效钾和速效磷含量的相关系数。

土壤碱解氮含量与有机质、速效钾和速效磷含量均呈极显著的线性正相关，相关系数为有机质>速效钾>速效磷，而与土壤 pH 呈显著的线性负相关，但相关系数的绝对值也明显低于碱解氮含量与有机质、速效钾和速效磷含量的相关系数。

土壤速效磷含量与有机质、碱解氮和速效钾含量均呈极显著的线性正相关，相关系数为碱解氮>有机质>速效钾；速效磷含量与土壤 pH 虽然是负相关，但是相关系数没有达到显著水平。

土壤速效钾含量与有机质、碱解氮和速效磷含量均呈极显著的线性正相关，其相关系数为碱解氮>有机质>速效磷；速效钾含量虽然与土壤 pH 呈负相关，但相关系数也没有达到显著水平。

土壤 pH 只与有机质和碱解氮含量呈显著的线性负相关，而且与碱解氮含量的相关性比与有机质的相关性高，但与速效钾和速效磷含量的相关性都没有达到显著水平。

四、气候

（一）气候特征

神农架处于亚热带气候向温带气候过渡区域，属于北亚热带季风气候区。全年辐射量为 103.7kcal[①]/m^2，全年日照时数为 1858.3h，日照时数及总辐射量随着海

---

① 1cal=4.184J。

拔的增高而减少，年均气温、无霜期因海拔不同相差很大。年降水量为 800～2500mm，水量随海拔的增高而增加。春夏之交常有冰霜发生，一般从 9 月底至次年 4 月底为冰霜期。区内平均年蒸发量为 500～800mm，干旱指数为 0.50～0.53，全年80%的时间盛行东南风。

（二）气温的分布

在垂直方向上，随海拔的升高，形成低山、中山和亚高山 3 个气候带，立体气候十分明显。在水平方向上，由东向西，年均气温逐渐降低。由北向南，年均气温呈先降低后升高的趋势。由于受山脉的影响，温度变化呈马鞍形。神农架多年平均气温为 11.0～12.2℃，最冷 1 月平均气温为−5.8～−3.6℃，极端最低气温为−21.2～−8.5℃，最热 7 月平均气温为 21.2～26.5℃，极端最高气温达36.4～40.5℃。

（三）降水的分布

神农架降水量丰沛，多年平均降水量为 964.16mm（表 2-1）。水汽主要由东南和西南方向补给。降水量由西南向东北递减，受地形、海拔影响由山下向山上递增，垂直方向上降水量差异很大。在时间因素方面，降水量年内分配受亚热带大气环流和低涡切变天气系统的制约，夏季多雨；而冬季受到西伯利亚干冷气团控制，寒冷干燥，降水量较少。降水是河流的主要补给方式，降水的多寡与地域分布直接影响着河流的长度、水位、宽度、流域等水文特征。

表 2-1　神农架 2015～2019 年总降水量

项目	2015 年	2016 年	2017 年	2018 年	2019 年	平均
年总降水量/mm	878.4	928.8	1195.5	782.5	1035.6	964.16

注：资料整理自《神农架统计年鉴》（2016～2020 年）

五、水文

神农架是长江经济带绿色发展的生态基石、"南水北调"中线工程重要的水源涵养地、三峡库区最大的天然绿色屏障，生态地位十分重要（朱诗章，1992）。神农架水资源的保护工作关系着国家的生态安全及经济的可持续发展。神农架国家公园体制试点区以大神农架为中心，山体宏伟，山峦起伏，孕育了丰富的河流水系，也是重要的水源地。由于区内以山地为主，水系发育多呈树枝状。水系分属堵河、南河、香溪河和沿渡河四大水系。位于区内大小神农架之间的巴东垭子为湖北省内长江与汉江的分水岭，其南面的香溪河水系注入长江，北面的南河和堵河水系流入汉江上游，西南面有沿渡河水系流入长江。区内有坪阡水库和麻线坪水库，此外，还有大量的温泉、瀑布、暗河等。神农架径流主要由降水形成，多年平均径流量为726.5mm，年径流系数为0.65，多年平均径流总量为22.004亿 m^3。

（一）水系的构成

神农架地处华中腹地，是长江与汉江的分水岭，区域内河流都属于长江中游水系，但根据其直接注入河段，习惯上一般分为长江水系和汉江水系。按照区内水系汇集的趋向，汇入汉江的水系包括堵河水系和南河水系；直接汇入长江干流的水系有香溪河水系和沿渡河水系。其中以汉江支流的南河水系规模最大。位于神农架南面的香溪河水系注入长江，每年可蓄水30余亿 m^3，可减少向长江三峡库区排放泥沙700多万 t；北面的南河和堵河水系汇入汉江后到达丹江口水库，水量占丹江口水库水量的20%。

1. 南河水系

南河为汉江支流，发源于神农顶景区内的风景垭，也是汉江的源流之一。南河水系有支流55条、季节性溪流57条，该水系共有大小溪流112条。南河在神农架自关门河口至鱼头河口，流域面积为533km²，年平均流量为24.53m³/s，总落差为2555.2m。南河在神农架国家公园体制试点区内流域面积为53.83km²，长度为44.4km。

2. 堵河水系

堵河水系在保护区共有大小溪流62条，有支流29条，季节性溪流33条。堵河水系是汉江第一大支流，发源于神农架山脉北麓，最高源头是海拔2300m的阴峪河观音岩，最低点位于海拔608m的东溪张河坝，河流总落差1692m，后经竹山县、房县、郧阳区入汉江。

3. 香溪河水系

香溪河水系共有大小溪流95条，有支流43条、季节性溪流52条。香溪河为长江支流，发源于神农架山脉南麓，经兴山县、秭归县注入长江。香溪河流域主要包括木鱼镇、新华乡和宋洛乡的长坊以及木鱼镇的红花。流域总长度为316.554km，流域面积为889.08km²。

4. 沿渡河水系

沿渡河水系是长江在湖北省内第一级支流，共有大小溪流48条，其中有支流20条，季节性溪流28条。沿渡河水系贯穿神农架西南部的下谷坪土家族乡。流域总长度为115.333km，流域面积为216.05km²。

（二）流域水文

神农架径流主要由降水形成。在丰水年天然径流量全区可达 27.117 亿 m^3，在中等年份为 17.754 亿 m^3，在严重干旱年份约为 10.50 亿 m^3。林区年径流的空间分布不均，中高海拔区地表径流量为 900～1200mm，其他地区一般为 400～900mm。堵河流域多年年平均径流量为 805.0mm，南河流域为 614.0mm，香溪河流域为 850.1mm，沿渡河流域为 1241.3mm。总的分布趋势与多年平均降水量分布基本一致，径流量由西南向东北递减。

（三）人类活动对水环境的影响

1. 修建堤坝、电站对河流水文特征的影响

在河流上大规模筑坝拦截河流水量（发电、灌溉、控制洪水等）是河流生态环境受人为影响最显著、最广泛、最严重的事件之一。武山湖水库建在阳日镇，总库容为 650 万 m^3；苗丰水库建在阳日镇苗丰，总库容为 30 万 m^3；百草坪水库建在松柏镇百草坪，总库容为 30 万 m^3，都属于小（II）型水库。另已建有坪阡库区、阳日库区，在建有范家垭电站、玉泉河流域龙潭嘴电站，4 座均为中型水库。已建和在建水电站 100 余座，大大小小的水电站星罗棋布般"镶嵌"在保护区内。对于一些支流上增加能源供给作用不大的中小水电开发，应严格控制。

2. 居民生活污水、工业废水对神农架河流的污染

2019 年林区废污水总排放量为 701 万 t，其中：城镇居民生活污水排放量为 144 万 t；第二产业（主要是工业）废、污水排放量为 314 万 t；第三产业（主要是服务业）废、污水排放量为 243 万 t。因此，在发展经济的同时，也要密切关注工业、生活污水对河流的污染问题。

第二节　陆生生物资源

一、植物资源

（一）植物区系

神农架地区自然植被分为 5 个植被型组 15 个植被型 75 个群系。神农架的植被分布具有明显的垂直地带特征。1700m 以下为常绿阔叶、落叶阔叶混交林，以青冈栎、栓皮栎、马尾松等为主；1700～2300m 以华山松、锐齿槲栎为主；2300m 以上气候冷湿，是以巴山冷杉为主的暗针叶林带。

1. 针叶林

神农架的针叶林是该地区植被的重要组成部分，针叶林垂直分布于长江河谷到海拔 3100m 的神农架主峰地带，构成森林植被最显著的自然景观。随着群落所在地生境条件的不同，其组成也出现较大的变化。按照植物区系和群落生态性质的不同，可以划分为寒温性（寒温带）针叶林、温性针叶林和暖温性针叶林。寒温性针叶林主要是由冷杉属（*Abies*）的巴山冷杉（*Abies fargesii*）、秦岭冷杉（*Abies chensiensis*）和云杉属（*Picea*）的青扦（*Picea wilsonii*）、大果青扦（*Picea neoveitchii*）组成。温性针叶林主要是由松属（*Pinus*）的巴山松（*Pinus henryi*）、华山松（*Pinus armandii*）组成。暖性针叶林主要是由松属的马尾松（*Pinus massoniana*）和杉木属（*Cunninghamia*）的杉木（*Cunninghamia lanceolata*）组成。

2. 阔叶林

神农架的阔叶林分布范围广，随海拔、地形、气候、土壤、水热等生态环境条件差异，阔叶林的类型也发生变化。在海拔 400～1000m 的低山峡谷地带为常绿阔叶林带。由于地势复杂多变，神农架的阔叶林可分布在海拔 2000m 左右，如刺叶高山栎类。另外，由于人类活动干扰的影响，出现了常绿、落叶阔叶混交林等过渡类型。

由于受到人类活动干扰的长期影响，神农架的常绿阔叶林现多为半天然林，面积小，群落中种类组成混杂，带有一定程度的次生性，仅在一些山势陡峭的峡谷、人迹罕至的区域保留着较原始的常绿阔叶林类型。建群种以壳斗科青冈属（*Cyclobalanopsis*）、柯属（*Lithocarpus*）和栎属（*Quercus*）中的常绿树种，以及樟科楠属（*Phoebe*）、山胡椒属（*Lindera*）、润楠属（*Machilus*）、木姜子（*Litsea*）和樟属（*Cinnamomum*）为主。

神农架位于我国亚热带北部，常绿、落叶阔叶混交林是其典型的植被类型之一。在海拔 900～1600m 的局部区域为褐色石灰土形成的陡峭地形，组成群落的种类复杂。主要的常绿阔叶树种由壳斗科青冈栎属、栎属，樟科樟属、木姜子属、山胡椒属，山茶科山茶属（*Camellia*）、柃木属（*Eurya*），山矾科山矾属（*Symplocos*）、冬青科冬青属（*Ilex*）组成。落叶阔叶树种主要有壳斗科的落叶栎类，樟科山胡椒属，桦木科鹅耳枥属（*Carpinus*），胡桃科化香树属（*Platycarya*），漆树科黄栌属（*Cotinus*）。

落叶阔叶林既具有常绿阔叶林的亚热带山地地带性落叶阔叶林，又有常绿阔叶林遭砍伐及针叶林和灌丛的自然演替形成的落叶阔叶林，同时在亚热带低山丘陵地带也存在着人为干扰形成的落叶阔叶林类型。组成这 3 种落叶阔叶林的建群种主要是壳斗科栎属、栗属（*Castanea*），山地中上部的水青冈属（*Fagus*），桦木科桦木属（*Betula*）、鹅耳枥属，杨柳科杨属（*Populus*），胡桃科化香树属和胡桃属（*Juglans*）。群落中常残留有壳斗科、樟科、山茶科、海桐科、山矾科等科属的常绿树种。

神农架地区的针叶、落叶阔叶混交林，以松、杉和落叶阔叶树种相混交，有一定的次生性，是不稳定的过渡性植被类型，主要包括巴山冷杉-糙皮桦林，华山松-山杨林，锐齿槲栎林，巴山冷杉-红桦-五尖槭林，马尾松-栓皮栎林等。

箭竹林主要分布于大小神农架海拔 2500～3105m 的山地。在海拔 2500m 以下偶见有分布。生长在开阔、宽大的山坡或顶部，南北均有分布。

3. 灌丛和灌草丛

灌丛包括一切以灌木为优势种组成的植被类型，神农架地区的大多数灌丛是当地森林砍伐后形成的次生植被，也有一些相对稳定的群落。常绿灌丛是以生活型为常绿灌木的种类组成的灌丛。

香柏灌丛主要分布于大小神农架及无名峰等高峰海拔 2700m 以上的阳坡、半阳坡。

常绿阔叶灌丛类群较多，主要是岩栎、粉红杜鹃、毛肋杜鹃、麻花杜鹃和四川杜鹃灌丛。

落叶阔叶灌丛是指由落叶阔叶灌木植物所组成的灌丛。在神农架海拔 2000～2200m 的小千家坪有湖北海棠、湖北山楂灌丛分布，与华山松、山杨混交林相接。马桑、毛黄栌灌丛分布于海拔 600～1200m 低山丘陵的中下部至中部或整个坡面，坡向一般为阳坡或半阳坡。一般分布于居民点附近，上接马尾松、栓皮栎林，下连耕地，灌丛中有少量马尾松、栓皮栎等散生。美丽胡枝子、绿叶胡枝子灌丛分布于南北坡海拔 1500～2100m 中山地带的中部。灌丛所在地多为地势开阔、坡度平缓的山坡。中华柳、湖北山楂、湖北花楸灌丛分布于神农架山脉中上部海拔 2300～2800m 的地带。川榛、鸡树条、湖北海棠灌丛仅见于海拔 1750m 的大九湖山地盆地。

4. 草甸

依据神农架地区草甸的物种及生境特点，将草甸类型分为山地草甸和沼泽草甸。苔草、葱状灯心草、长叶地榆、柳兰沼泽化草甸分布于海拔 1700～1800m 的大、小九湖。多枝乱子草、瞿麦、湖北老鹳草草甸分布于海拔 2500～2750m 的老君山、猴子石、南天门、望天龙、红河村等地。大画眉草、藜芦草甸分布于海拔 2600～2800m 的神农顶、南天门等地。扭旋马先蒿、杨叶风毛菊、湖北老鹳草草甸分布于海拔 2100～2800m 的猴子石、老君山、大千家坪等地。大画眉草、素羊茅、寸金草、空心柴胡草甸分布于海拔 2500～2800m 的老君山、黄昏岭、望天龙和红河村等地。

5. 沼泽和水生植被

长叶地榆、柳兰葱、葱状灯心草草甸分布于大、小九湖与千家坪一带海拔 1700～2100m 的小千家坪，群落大致可以分为 2 层：上层以长叶地榆和柳兰葱植物为主，下层常见有葱状灯心草和苔草等。华刺子莞沼泽是该区域较为典型的泥炭藓沼泽。

菹草群落在大九湖分布面积较大，主要分布在湿地中间的排水沟渠中，组成单优势的群落。东方香蒲群落在大九湖分布面积较小，主要以单优势种群在水面的浅水区域出现。

（二）特有、珍稀濒危植物及其分布

神农架所在山脉是我国东西南北植被分布的过渡地带，为各个地区动植物荟萃之地。根据本底资源调查和文献数据整理，神农架现有维管植物 211 科 1208 属 4276 种（含种下等级，包括栽培植物 70 科 190 属 256 种），其中：蕨类植物 27 科 80 属 357 种，种子植物 184 科 1128 属 3919 种。廖明尧（2015）调查发现，神农架地区维管植物特有种共计 21 科 29 属 33 种，物种分布地点如表 2-2 所示。

表 2-2　神农架地区维管植物特有种（廖明尧，2015）

科名	属名	种名	神农架分布地点
岩蕨科 Woodsiaceae	岩蕨属 Woodsia	神农岩蕨 W. shennongensis	神农谷
鳞毛蕨科 Dryopteridaceae	贯众属 Cyrtomium	膜叶贯众 C. membranifolium	徐家庄
水龙骨科 Polypodiaceae	石韦属 Pyrrosia	神农石韦 P. shennongensis	阴峪河
毛茛科 Ranunculaceae	唐松草属 Thalictrum	神农架唐松草 T. shennongjiaenes	红坪
	乌头属 Aconitum	神农架乌头 A. shennongjiaense	宋洛乡桂竹园
	铁线莲属 Clematis	神农架铁线莲 C. shenlungchiaensis	天燕，板壁岩，神农顶
小檗科 Berberidaceae	小檗属 Berberis	单花小檗 B. candidula	阴峪河，天燕
	淫羊藿属 Epimedium	木鱼坪淫羊藿 E. franchetii	官门山，新华
罂粟科 Papaveraceae	紫堇属 Corydalis	巫溪紫堇 C. bulbilligera	小九湖
		鄂西黄堇 C. shennongensis	红坪镇（板仓），老君山
		神农架紫堇 C. ternatifolia	板壁岩，天生桥
十字花科 Brassicaceae	堇叶芥属 Neomartinella	兴山堇叶芥 N. xingshanensis	九冲
	阴山荠属 Yinshania	叉毛阴山荠 Y. furcatopilosa	阴峪河，阳日
		鄂西阴山荠 Y. exiensis	阳日

续表

科名	属名	种名	神农架分布地点
石竹科 Caryophyllaceae	无心菜属 *Arenaria*	神农架无心菜 *A. shennongjiaensis*	神农谷
蔷薇科 Rosaceae	悬钩子属 *Rubus*	鄂西绵果悬钩子 *R. lasiostylus* var. *hubeiensis*	大神农架
	杏属 *Armeniaca*	洪平杏 *A. hongpingensis*	红坪
黄杨科 Buxaceae	黄杨属 *Buxus*	矮生黄杨 *B. sinica* var. *pumila*	千家坪
杨柳科 Salicaceae	柳属 *Salix*	毛碧口柳 *S. bikouensis* var. *villosa*	不详
壳斗科 Fagaceae	青冈属 *Cyclobalanopsis*	神农青冈 *C. shennongii*	新华，阳日
荨麻科 Urticaceae	征镒麻属 *Zhengyia*	征镒麻 *Z. shennongensis*	阳日镇武山湖
冬青科 Aquifoliaceae	冬青属 *Ilex*	神农架冬青 *I. shennongjiaensis*	阴峪河，天燕，官门山
伞形科 Apiaceae	天胡荽属 *Hydrocotyle*	裂叶天胡荽 *H. dielsiana*	阴峪河，板仓
		鄂西天胡荽 *H. wilsonii*	下谷坪土家族乡
菊科 Asteraceae	蒿属 *Artemisia*	神农架蒿 *A. shennongjiaensis*	大九湖
	紫菀属 *Aster*	神农架紫菀 *A. shennongjiaensis*	阳日
	假还阳参属 *Crepidiastrum*	柔毛假还阳参 *C. sonchifolium* subsp. *pubescens*	红坪
	蟹甲草属 *Parasenecio*	湖北蟹甲草 *P. dissectus*	太子垭
龙胆科 Gentianaceae	龙胆属 *Gentiana*	湖北龙胆 *G. hupehensis*	猴子石
报春花科 Primulaceae	报春花属 *Primula*	保康报春 *P. neurocalyx*	天燕
桔梗科 Campanulaceae	沙参属 *Adenophora*	鄂西沙参 *A. hubeiensis*	红花坪村，小神农架
玄参科 Scrophulariaceae	玄参属 *Scrophularia*	鄂西玄参 *S. henryi*	神农顶，阴峪河
禾本科 Poaceae	箭竹属 *Fargesia*	神农箭竹 *F. murielae*	神农顶，猴子石

　　根据 2021 年国家公布的《国家重点保护野生植物名录》，神农架地区有国家重点保护野生植物 24 种，其中：Ⅰ级 4 种，Ⅱ级 20 种（表 2-3）。

表 2-3　神农架地区珍稀濒危与国家重点保护植物名录

种名	国家保护级别	说明
银杏 *Ginkgo biloba*	Ⅰ	疑似野生，红坪有大古树
南方红豆杉 *Taxus wallichiana* var. *mairei*	Ⅰ	下谷坪土家族乡
红豆杉 *Taxus wallichiana* var. *chinensis*	Ⅰ	红坪，木鱼
珙桐 *Davidia involucrata*	Ⅰ	神农架各地
伯乐树 *Bretschneidera sinensis*	Ⅱ（降级）	宋洛
秦岭冷杉 *Abies chensiensis*	Ⅱ	红坪，下谷坪土家族乡
大果青扦 *Picea neoveitchii*	Ⅱ	红坪
篦子三尖杉 *Cephalotaxus oliveri*	Ⅱ	下谷坪土家族乡
巴山榧树 *Torreya fargesii*	Ⅱ	神农架各地
鹅掌楸 *Liriodendron chinense*	Ⅱ	神农架各地
厚朴 *Houpoëa officinalis*	Ⅱ	神农架各地

续表

种名	国家保护级别	说明
水青树 *Tetracentron sinense*	II	神农架各地
连香树 *Cercidiphyllum japonicum*	II	神农架各地
闽楠 *Phoebe bournei*	II	下谷坪土家族乡
金荞麦 *Fagopyrum dibotrys*	II	神农架各地
野大豆 *Glycine soja*	II	神农架各地
台湾水青冈 *Fagus hayatae*	II	下谷坪土家族乡
榉树 *Zelkova serrata*	II	神农架各地
川黄檗 *Phellodendron chinense*	II	神农架各地
伞花木 *Eurycorymbus cavaleriei*	II	神农架各地
庙台槭 *Acer miaotaiense*	II	阳日
光叶珙桐 *Davidia involucrata* var. *vilmoriniana*	II	神农架各地
香果树 *Emmenopterys henryi*	II	神农架各地
崖白菜 *Triaenophora rupestris*	II	神农架各地

注：根据 2021 年《国家重点保护野生植物名录》整理

二、动物资源

神农架地区共有兽类、鸟类、两栖类和爬行类动物 544 种，其中兽类有 85 种，隶属于 7 目 23 科；鸟类有 373 种，隶属于 18 目 67 科；两栖类有 36 种，隶属于 2 目 9 科；爬行类有 50 种，隶属于 2 目 9 科。

（一）兽类

1. 中国特有种

廖明尧（2015）调查发现，神农架地区兽类中有中国特有种 25 种（表 2-4），占神农架地区兽类总数的 29.41%，占中国兽类特有种总数 156 种（王应祥，2003）的 16.03%。

2. 珍稀濒危兽类

神农架地区现有国家重点保护野生兽类 16 种。其中，国家 I 级重点保护野生兽类有 8 种，分别为华南虎（*Panthera tigris amoyensis*）、川金丝猴（*Rhinopithecus roxellana*）、云豹（*Neofelis nebulosa*）、豹（*Panthera pardus*）、林麝（*Moschus berezovskii*）、大灵猫（*Viverra zibetha*）、小灵猫（*Viverricula indica*）、金猫（*Catopuma temminckii*）；国家 II 级重点保护野生兽类有 8 种，分别为猕猴（*Macaca mulatta*）、藏酋猴（*Macaca thibetana*）、豺（*Cuon alpinus*）、黑熊（*Selenarctos thibetanus*）、

黄喉貂（*Martes flavigula*）、水獭（*Lutra lutra*）、长尾斑羚（*Naemorhedus caudatus*）、鬣羚（*Naemorhedus sumatraensis*）（表2-5）。

表2-4　神农架中国特有兽类名录（廖明尧，2015）

种名	种名
长吻鼩鼹 *Uropsilus gracilis*	红腿长吻松鼠 *Dremomys pyrrhomerus*
鼩鼹 *Uropsilus soricipes*	岩松鼠 *Sciurotamias davidianus*
甘肃鼹 *Scapanulus oweni*	红白鼯鼠 *Petaurista alborufus*
长吻鼹 *Euroscaptor longirostris*	中华鼢鼠 *Myospalax fontanierii*
纹背鼩鼱 *Sorex cylindricauda*	罗氏鼢鼠 *Myospalax rothschildi*
黑齿鼩鼱 *Blarinella quadraticauda*	黑腹绒鼠 *Eothenomys melanogaster*
小纹背鼩鼱 *Sorex bedfordiae*	洮州绒䶄 *Caryomys eva*
鲁氏菊头蝠 *Rhinolophus rouxii*	中华姬鼠 *Apodemus draco*
绯鼠耳蝠 *Myotis formosus*	高山姬鼠 *Apodemus chevrieri*
川金丝猴 *Rhinopithecus roxellana*	中华竹鼠 *Rhizomys sinensis*
藏酋猴 *Macaca thibetana*	黄河鼠兔 *Ochotona huangensis*
小麂 *Muntiacus reevesi*	华南虎 *Panthera tigris amoyensis*
复齿鼯鼠 *Trogopterus xanthipes*	

表2-5　神农架地区国家重点保护野生兽类名录

种名	国家保护级别
华南虎 *Panthera tigris amoyensis*	I
川金丝猴 *Rhinopithecus roxellana*	I
云豹 *Neofelis nebulosa*	I
豹 *Panthera pardus*	I
林麝 *Moschus berezovskii*	I
大灵猫 *Viverra zibetha*	I（升级）
小灵猫 *Viverricula indica*	I（升级）
金猫 *Catopuma temminckii*	I（升级）
猕猴 *Macaca mulatta*	II
藏酋猴 *Macaca thibetana*	II
豺 *Cuon alpinus*	II
黑熊 *Selenarctos thibetanus*	II
黄喉貂 *Martes flavigula*	II
水獭 *Lutra lutra*	II
长尾斑羚 *Naemorhedus caudatus*	II
鬣羚 *Naemorhedus sumatraensis*	II

注：根据2021年《国家重点保护野生动物名录》整理

3. 旗舰物种川金丝猴资源及分布

川金丝猴是中国特有物种，为全球珍稀濒危物种，国家 I 级重点保护野生动物，是典型的森林生态系统和生物多样性保护旗舰物种。其中湖北神农架的川金丝猴是我国川金丝猴种群分布最东端的孤立种群，目前，在神农架国家公园体制试点区内主要有金猴岭、大龙潭、千家坪 3 个群体，分成 8 个小群体，2019 年监测到种群数量为 1400 余只（图 2-1），被认为是川金丝猴湖北亚种。因此，神农架川金丝猴种群具有极其重要的保护价值和意义（杜永林等，2021）。

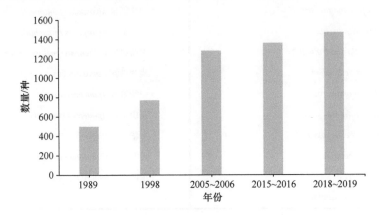

图 2-1   神农架川金丝猴历史变化统计

（二）鸟类

1. 生态类群分布

中国鸟类六大生态类群在神农架均有分布，分别为游禽、涉禽、猛禽、陆禽、攀禽和鸣禽（杨敬元和杨万吉，2018；杜永林等，2021），各类群种数如图 2-2 所示。

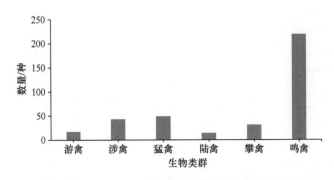

图 2-2   神农架地区鸟类各生态类群种数

鸣禽种数在所有类群中占比最高，达 58.71%，其后依次为猛禽（13.14%）、涉禽（11.53%）、攀禽（8.31%）、游禽（4.56%）和陆禽（3.75%）（图 2-3）。

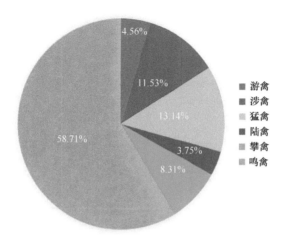

图 2-3 神农架地区鸟类各生态类群种数百分比

2. 中国特有种

神农架地区鸟类中有特有种 24 种，占神农架地区鸟类总数的 6.43%，占我国特有鸟类种数 106 种的 22.64%，其中，20 种仅分布在中国，占仅分布在中国鸟类（77 种）的 25.97%（雷富民等，2002；廖明尧，2015）（表 2-6）。

表 2-6 神农架鸟类特有种名录（廖明尧，2015）

种名	特有种
灰胸竹鸡 *Bambusicola thoracica*	E
白冠长尾雉 *Syrmaticus reevesii*	E
红腹锦鸡 *Chrysolophus pictus*	E
领雀嘴鹎 *Spizixos semitorques*	E
白头鹎 *Pycnonotus sinensis*	E
金胸歌鸲 *Luscinia pectardens*	E
棕背黑头鸫 *Turdus kessleri*	
宝兴歌鸫 *Turdus mupinensis*	E
棕腹大仙鹟 *Niltava davidi*	E
斑背噪鹛 *Garrulax lunulatus*	
大噪鹛 *Garrulax maximus*	E
画眉 *Garrulax canorus*	E
橙翅噪鹛 *Garrulax elliotii*	E

种名	特有种
棕头雀鹛 *Alcippe ruficapilla*	
白领凤鹛 *Yuhina diademata*	E
三趾鸦雀 *Paradoxornis paradoxus*	E
白眶鸦雀 *Paradoxornis conspicillatus*	E
棕头鸦雀 *Paradoxornis webbianus*	E
银脸长尾山雀 *Aegithalos fuliginosus*	E
红腹山雀 *Parus davidi*	
黄腹山雀 *Parus venustulus*	E
黑头䴓 *Sitta villosa*	E
酒红朱雀 *Carpodacus vinaceus*	E
蓝鹀 *Latoucheornis siemsseni*	E

注：E 代表仅在中国国内分布

3. 珍稀濒危鸟类

神农架地区现有国家级重点保护野生鸟类 65 种，占湖北国家级重点保护野生鸟类（88 种）（雷进宇等，2012）的 73.86%。其中，国家Ⅰ级重点保护野生鸟类 11 种，国家Ⅱ级重点保护野生鸟类 54 种（表 2-7）。

表 2-7　神农架国家重点保护野生鸟类名录

种名	国家保护级别
东方白鹳 *Ciconia boyciana*	Ⅰ
黑鹳 *Ciconia nigra*	Ⅰ
白肩雕 *Aquila heliaca*	Ⅰ
金雕 *Aquila chrysaetos*	Ⅰ
白冠长尾雉 *Syrmaticus reevesii*	Ⅰ（升级）
小青脚鹬 *Tringa guttifer*	Ⅰ（升级）
秃鹫 *Aegypius monachus*	Ⅰ（升级）
海南鳽 *Gorsachius magnificus*	Ⅰ（升级）
乌雕 *Aquila clanga*	Ⅰ（升级）
草原雕 *Aquila nipalensis*	Ⅰ（升级）
毛腿渔鸮 *Bubo blakistoni*	Ⅰ（升级）
白琵鹭 *Platalea leucorodia*	Ⅱ
鸳鸯 *Aix galericulata*	Ⅱ
褐冠鹃隼 *Aviceda jerdoni*	Ⅱ
黑冠鹃隼 *Aviceda leuphotes*	Ⅱ

续表

种名	国家保护级别
凤头蜂鹰 *Pernis ptilorhyncus*	II
黑鸢 *Milvus migrans*	II
栗鸢 *Haliastur indus*	II
白头鹞 *Circus aeruginosus*	II
白腹鹞 *Circus spilonotus*	II
白尾鹞 *Circus cyaneus*	II
草原鹞 *Circus macrourus*	II
鹊鹞 *Circus melanoleucos*	II
凤头鹰 *Accipiter trivirgatus*	II
褐耳鹰 *Accipiter badius*	II
赤腹鹰 *Accipiter soloensis*	II
日本松雀鹰 *Accipiter gularis*	II
雀鹰 *Accipiter nisus*	II
苍鹰 *Accipiter gentilis*	II
灰脸鵟鹰 *Butastur indicus*	II
普通鵟 *Buteo japonicus*	II
大鵟 *Buteo hemilasius*	II
毛脚鵟 *Buteo lagopus*	II
林雕 *Ictinaetus malaiensis*	II
白腹隼雕 *Aquila fasciata*	II
鹰雕 *Nisaetus nipalensis*	II
红隼 *Falco tinnunculus*	II
红脚隼 *Falco amurensis*	II
灰背隼 *Falco columbarius*	II
燕隼 *Falco subbuteo*	II
游隼 *Falco peregrinus*	II
红腹角雉 *Tragopan temminckii*	II
勺鸡 *Pucrasia macrolopha*	II
红腹锦鸡 *Chrysolophus pictus*	II
灰鹤 *Grus grus*	II
楔尾绿鸠 *Treron sphenura*	II
红翅绿鸠 *Treron sieboldii*	II
褐翅鸦鹃 *Centropus sinensis*	II
小鸦鹃 *Centropus bengalensis*	II
草鸮 *Tyto longimembris*	II

续表

种名	国家保护级别
黄嘴角鸮 *Otus spilocephalus*	II
领角鸮 *Otus lettia*	II
红角鸮 *Otus sunia*	II
雕鸮 *Bubo bubo*	II
褐渔鸮 *Ketupa zeylonensis*	II
黄腿渔鸮 *Ketupa flavipes*	II
褐林鸮 *Strix leptogrammica*	II
灰林鸮 *Strix aluco*	II
领鸺鹠 *Glaucidium brodiei*	II
斑头鸺鹠 *Glaucidium cuculoides*	II
纵纹腹小鸮 *Athene noctua*	II
日本鹰鸮 *Ninox japonica*	II
长耳鸮 *Asio otus*	II
短耳鸮 *Asio flammeus*	II
仙八色鸫 *Pitta nympha*	II

注：根据 2021 年《国家重点保护野生动物名录》整理

（三）两栖、爬行类

1. 中国特有种

神农架地区两栖类中有中国特有种 22 种，占神农架地区两栖类总种数的 61.11%，占我国特有两栖类种数 272 种（江建平等，2016）的 8.09%（表 2-8）。

表 2-8　神农架两栖动物中国特有种名录（廖明尧，2015；邢晶晶等，2021）

种名	种名
中国小鲵 *Hynobius chinensis*	小布氏角蟾 *Boulenophrys minor*
秦巴拟小鲵 *Pseudohynobius tsinpaensis*	巫山布氏角蟾 *Boulenophrys wushanensis*
巫山北鲵 *Ranodon shihi*	中华蟾蜍华西亚种 *Bufo gargarizans andrewsi*
大鲵 *Andrias davidianus*	无斑雨蛙 *Hyla immaculata*
巫山巴鲵 *Liua shihi*	华西雨蛙 *Hyla annectans*
秦巴巴鲵 *Liua tsinpaensis*	中国林蛙 *Rana chensinensis*
红点齿蟾 *Oreolalax rhodostigmatus*	花臭蛙 *Odorrana schmackeri*
圆疣猫眼蟾 *Scutiger tuberculatus*	湖北侧褶蛙 *Pelophylax hubeiensis*
峨山掌突蟾 *Paramegophrys oshanensis*	隆肛蛙 *Feirana quadranus*
淡肩角蟾 *Megophrys boettgeri*	棘皮湍蛙 *Amolops granulosus*
巫山角蟾 *Megophrys wushanensis*	合征姬蛙 *Microhyla mixtura*

神农架地区爬行动物中有中国特有种 19 种，占神农架地区爬行类总种数的 38%，占我国特有两栖类种数 143 种（蔡波等，2016）的 13.29%（表 2-9）。

表 2-9　神农架爬行动物中国特有种名录（廖明尧，2015；邢晶晶等，2021）

种名	种名
草绿攀蜥 *Japalura flaviceps*	丽纹腹链蛇 *Amphiesma optatum*
丽纹攀蜥 *Japalura splendida*	绞花林蛇 *Boiga kraepelini*
北草蜥 *Takydromus septentrionalis*	双斑锦蛇 *Elaphe bimaculata*
南草蜥 *Takydromus sexlineatus*	黑背白环蛇 *Lycodon ruhstrati*
黄纹石龙子 *Eumeces capito*	龙胜小头蛇 *Oligodon lungshenensis*
中国石龙子 *Eumeces chinensis*	宁陕小头蛇 *Oligodon ningshaanensis*
蓝尾石龙子 *Eumeces elegans*	平鳞钝头蛇 *Pareas boulengeri*
宁波滑蜥 *Scincella modesta*	台湾钝头蛇-中国钝头蛇复合体 *Pareas formosensis-chinensis* complex
股鳞蜓蜥 *Sphenomorphus incognitus*	乌梢蛇 *Zaocys dhumnades*
锈链腹链蛇 *Amphiesma craspedogaster*	中国钝头蛇 *Pareas chinensis*
草绿龙蜥 *Japalura flaviceps*	钝尾两头蛇 *Calamaria septentrionalis*
丽纹龙蜥 *Diploderma splendidum*	宁陕线形蛇 *Stichophanes ningshaanensis*

2. 珍稀濒危两栖类、爬行类

根据 2021 年最新发布的《国家重点保护野生动物名录》，神农架地区两栖类中有国家级重点保护野生动物 3 种，其中，中国小鲵（*Hynobius chinensis*）为新增 I 级保护动物；有 18 种被列入省级重点保护野生动物，共占神农架两栖类总种数的 58.3%（表 2-10）。

表 2-10　神农架重点保护野生两栖类名录

种名	保护级别
中国小鲵 *Hynobius chinensis*	I（新增）
大鲵 *Andrias davidianus*	II
虎纹蛙 *Hoplobatrachus chinensis*	II
巫山北鲵 *Ranodon shihi*	省级重点
微蹼铃蟾 *Bombina microdeladigitora*	省级重点
红点齿蟾 *Oreolalax rhodostigmatus*	省级重点
峨山掌突蟾 *Paramegophrys oshanensis*	省级重点
中华蟾蜍指名亚种 *Bufo gargarizans gargarizans*	省级重点
黑眶蟾蜍 *Bufo melanostictus*	省级重点
中国林蛙 *Rana chensinensis*	省级重点
湖北侧褶蛙 *Pelophylax hubeiensis*	省级重点

种名	保护级别
黑斑侧褶蛙 *Pelophylax nigromaculatus*	省级重点
沼水蛙 *Hylarana guentheri*	省级重点
泽陆蛙 *Fejervarya multistriata*	省级重点
棘腹蛙 *Paa boulengeri*	省级重点
棘胸蛙 *Quasipaa spinosa*	省级重点
双团棘胸蛙 *Paa yunnanensis*	省级重点
斑腿泛树蛙 *Polypedates megacephalus*	省级重点
粗皮姬蛙 *Microhyla butleri*	省级重点
合征姬蛙 *Microhyla mixtura*	省级重点
饰纹姬蛙 *Microhyla fissipes*	省级重点

注：根据 2021 年《国家重点保护野生动物名录》整理

神农架地区爬行类中有国家级重点保护野生动物 8 种，被列入省级重点保护的有 3 种，占神农架地区爬行类总种数的 22%，被列入《濒危野生动植物种国际贸易公约》（CITES）的有滑鼠蛇、舟山眼镜蛇 2 种（表 2-11）。

表 2-11　神农架重点保护野生爬行类名录

种名	保护级别
尖吻蝮 *Deinagkistrodon acutus*	II（新增）
王锦蛇 *Elaphe carinata*	II（新增）
玉斑锦蛇 *Elaphe mandarina*	II（新增）
棕黑锦蛇 *Elaphe schrenckii*	II（新增）
黑眉锦蛇 *Elaphe taeniura*	II（新增）
滑鼠蛇 *Ptyas mucosus*	II（新增）
乌梢蛇 *Zaocys dhumnades*	II（新增）
舟山眼镜蛇 *Naja atra*	II（新增）
草绿攀蜥 *Japalura flaviceps*	省级重点
丽纹攀蜥 *Japalura splendida*	省级重点
银环蛇 *Bungarus multicinctus*	省级重点

注：根据 2021 年《国家重点保护野生动物名录》整理

三、大型真菌、地衣资源

神农架大型真菌与地衣区系具有如下特征：种类丰富，起源古老，成分复杂，以温带东亚种类为主，兼具亚热带和热带类群，验证了神农架地区在中国-日本植物区系中华中地区的定位。

真菌是生态系统中的主要分解者。地衣是真菌与藻类或蓝细菌的互惠共生生物,属于特殊的真菌,通常也称为地衣型真菌,主要为子囊菌,少数为担子菌。地衣包含在真菌界的多个类群中,为多元起源。

（一）真菌

根据资料收集整理,神农架地区共有大型真菌 130 科 295 属 868 种;小型的锈菌、镰刀菌及丝孢菌 2 门 2 亚门 15 科 86 属 449 种。

神农架的植被分布具有明显的垂直地带特征。森林植被类型的多种多样、垂直地带气候的明显变化、复杂的地形地貌造成了多种完全不同的生态环境和小气候区域,造就了类别较为齐全的土壤,使神农架林区内层峦叠嶂、树木参天,落叶朽木堆积,为各种大型真菌的发生提供了优越的生存环境。

在神农架地区的不同林带,分布着不同的食用菌种类(陈启武等,1996;邓叔群,1964;杨云鹏和岳德超,1981;应建浙等,1982;中国科学院微生物研究所真菌组,1975)。海拔 1000m 以下的经济林带分布着大量乳菇属（*Lactarius*）、红菇属（*Russula*）、木耳属（*Auricularia*）、灵芝属（*Ganoderma*）等;海拔 1800~2600m 的落叶阔叶林带分布着马鞍菌属（*Helvella*）、齿菌属（*Hydnum*）、喇叭菌属（*Craterellus*）、鸡油菌属（*Cantharellus*）、枝瑚菌属（*Ramaria*）、口蘑属（*Tricholoma*）及多种大型牛肝菌科（Boletaceae）的种类等;在海拔 2700~2800m 的高山草甸、箭竹林地及冷杉林带中分布着烟色喇叭菌（*Cantharellus patouillardi*）、褐多孔菌（*Polyporus badius*）、豆芽菌（*Clavaria vermicularis*）、锤舌菌属（*Leotia* sp.）等耐寒菌类,可食用种类较少。

海拔 1000~2600m 的广大区域气候温和、雨量充沛、生态环境复杂,是大型真菌种类和数量最为集中的地区,约占该地区全部大型真菌种类的 60%。美味牛肝菌（*Boletus edulis*）、松茸（*Tricholoma matsutake*）、灵芝（*Ganoderma* spp.）、云芝属（*Polystictus* sp.）、虫草（*Cordyceps* spp.）、橙盖鹅膏菌（*Amanita caesarea*）、鸡油菌、假蜜环菌（*Clitocybe tabescens*）及金耳（*Naematelia aurantialba*）等都是菌类中的珍品。

（二）地衣

神农架现有地衣 30 科 91 属 328 种。在神农架地区中有 20 属所包含的种类达到或超过 5 种,共有 184 种,约占已知神农架地衣种类的 56.1%。其中,大型地衣中有 11 属所发现的种类达到或超过 7 种,共有 136 种,约占神农架已知地衣种类的 41.5%(图 2-4)。在这些大型地衣中,石蕊属（*Cladonia*）及地卷属（*Peltigera*）的分布中心在北方,以温带为主;肺衣属（*Lobaria*）的起源和分布中心在热带,但许多种类广泛分布在温带和东亚地区；胶衣属（*Collema*）以温带分布为主；哑铃孢属（*Heterodermia*）中的大多数种类分布在热带及亚热带地区，有些种类却以温带分布为主；斑叶属（*Cetrelia*）主要分布在东亚，其起源地和分布中心为我国的西南山地，是典型的温带属；梅衣属（*Parmelia*）和袋衣属（*Hypogymnia*）也广泛分布于温带地区。这种分布格局反映了神农架地衣区系兼备北方、温带、亚热带及热带多种成分，具有显著的东亚性质和过渡性质，并与古热带区系有着较为密切的联系。

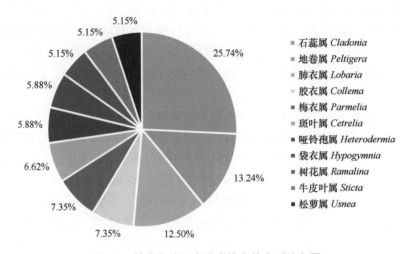

图 2-4　神农架地区中种类较多的大型地衣属

在神农架种类较多的 11 属大型地衣中，各大型地衣属的种数如图 2-4 所示。石蕊属（*Cladonia*）为茶渍目石蕊科，生长型为枝状，基物为土生、树生和石生；地卷属（*Peltigera*）为地卷目地卷科，生长型为叶状，基物为土生、树生；肺衣属（*Lobaria*）为地卷目肺衣科，生长型为叶状，基物为土生、树生；胶衣属（*Collema*）为地卷目肺衣科，生长型为叶状，基物为土生、树生和石生；梅衣属（*Parmelia*）为茶渍目梅衣科，生长型为叶状，基物为树生、石生；斑叶属（*Cetrelia*）为茶渍目梅衣科，生长型为叶型，基物为树生、石藓层；哑铃孢属（*Heterodermia*）为黄枝衣目蜈蚣衣科，生长型为叶状，基物为树生、石藓层；袋衣属（*Hypogymnia*）为茶渍目梅衣科，生长型为叶状，基物为树生；树花属（*Ramalina*）为茶渍目梅衣科，生长型为枝状，基物为树生、石生；牛皮叶属（*Sticta*）为地卷目肺衣科，生长型为叶状，基物为树生、石生；松萝属（*Usnea*）为茶渍目梅衣科，生长型为枝状，基物为树生。

在神农架地区，分布有中国特有地衣 11 种（表 2-12），占神农架地区地衣总数的 3.35%。

表 2-12 神农架地衣区系中的中国特有种（廖明尧，2015）

科	种名	分布
石蕊科 Cladoniaceae（茶渍目）	中国石蕊 *Cladonia sinensis*	湖北、四川
梅衣科 Parmeliaceae（茶渍目）	戴氏斑叶 *Cetrelia delavayana*	湖北、四川、云南
	中国条衣 *Everniastrum sinense*	湖北
	横断山袋衣 *Hypogymnia hengduanensis*	湖北、四川、云南
	节肢袋衣 *Hypogymnia subarticulata*	湖北、云南
肺衣科 Lobariaceae（地卷目）	中华肺衣 *Lobaria chinensis*	湖北、四川、云南、西藏、台湾
	云南肺衣 *Lobaria yunnanensis*	湖北、四川、云南、台湾
	亨利牛皮叶 *Sticta henryana*	湖北、云南
地卷科 Peltigeraceae（地卷目）	长孢地卷 *Peltigera dolichospora*	湖北、四川
	雾灵山地卷 *Peltigera wulingensis*	湖北、河北
石耳科 Umbilicariaceae（石耳目）	苍山疱脐衣 *Lasallia caeonshanensis*	湖北、云南

1. 垂直分布

由于不同海拔的水热状况、岩石、土壤类型及植被组成差异，地衣在垂直分布上形成较为明显的带谱。由于地衣与植物相比，大多具有更强的环境适应性，在一定范围内垂直带的变化通常没有植物垂直带的变化显著。地衣垂直带的变化所跨海拔范围比较大，神农架地衣垂直带的海拔大致为 1200m 以下、1200～2700m、2700m 以上。

1200m 以下，由于长期的农耕开发，人类活动较为频繁，自然植被遭受到一定程度的破坏，虽然在加强保护后有所恢复，但整体上地衣种类较少，难以反映自然状况下的地衣分布。

1200～2700m，对应于暖温带落叶阔叶林、针叶林带，是神农架地衣种类最丰富的地带。根据不同的生境，可划分为 1200～1700m 及 1700～2700m 两个带谱。在该垂直带内，不仅地衣种类丰富，其生物量也较大。此带中的一些地衣种类也可在 2700m 以上地带出现。

2700m 以上属于温带常绿针叶林带，主要为巴山冷杉林及灌丛草甸，通常生物量不多。此地带地衣包括斑叶属、石蕊属、霜降衣属、梅衣属、柱衣属、地图衣属、散盘衣属、地茶属及石耳属中的高山种类，同时优势种类的地衣也可在此地带出现，如条衣属、袋衣属、孔袋衣属、肺衣属及牛皮叶属中的种类（表 2-13）。

2. 资源种类

据初步统计，神农架分布有地衣资源种类 8 科 40 种（表 2-14）。

表 2-13   神农架地衣资源垂直分布（廖明尧，2015）

科名	种名	垂直分布海拔/m
石蕊科 Cladoniaceae	黄绿石蕊 *Cladonia ochrochlora*	1850～3050
	喇叭石蕊 *Cladonia pyxidata*	1200～2800
肺衣科 Lobariaceae	针芽肺衣 *Lobaria isidiophora*	1700～2950
	网脊肺衣 *Lobaria retigera*	1400～3000
	金缘假杯点衣 *Pseudocyphellaria crocata*	1400～2650
	黑牛皮叶 *Sticta fuliginosa*	1400～2700
	平滑牛皮叶 *Sticta nylanderiana*	1600～2800
梅衣科 Parmeliaceae	粉缘斑叶 *Cetrelia cetrarioides*	1800～2950
	橄榄斑叶 *Cetrelia olivetorum*	1800～2900
	条衣 *Everniastrum cirrhhatum*	2300～3000
	粉黄袋衣 *Hypogymnia hypotrypella*	2000～3050
	孔叶衣 *Menegazzia terebrata*	1700～2950
	槽枝衣 *Sulcaria sulcata*	1700～2700
	长松萝 *Usnea longissima*	1700～2700
地卷科 Peltigeraceae	裂芽地卷 *Peltigera praetextata*	1700～2700
树花科 Ramalinaceae	中国树花 *Ramalina sinensis*	1700～2700
瓶口衣科 Verrucariaceae	皮果衣 *Dermatocarpon miniatum*	1200～2000

表 2-14   神农架地衣资源种类（廖明尧，2015）

科名	种名	主要成分及用途
石蕊科 Cladoniaceae	聚筛蕊 *Cladia aggregata*	含巴巴酸；石蕊试剂及装饰材料原料
	黑穗石蕊 *Cladonia amaurocraea*	含松萝酸及巴巴酸；抗生素及石蕊试剂原料，祛风、镇痛
	红头石蕊 *Cladonia floerkeana*	含松萝酸及巴巴酸；抗生素及石蕊试剂原料
	瘦柄红石蕊 *Cladonia macilenta*	含地茶酸及巴巴酸；抗生素及石蕊试剂原料
	黄绿石蕊 *Cladonia ochrochlora*	含富马原岛衣酸；石蕊试剂原料
	喇叭石蕊 *Cladonia pyxidata*	含富马原岛衣酸；石蕊试剂原料
	鹿蕊 *Cladonia rangiferina*	含黑茶渍素；石蕊试剂原料
肺衣科 Lobariaceae	针芽肺衣 *Lobaria isidiophora*	含三苔色酸、降斑点酸等；可治疗消化不良、烫伤、肿毒
	网脊肺衣 *Lobaria retigera*	含三萜类及网肺衣酸；可治疗消化不良、烫伤、肿毒
	金缘假杯点衣 *Pseudocyphellaria crocata*	含地衣多糖；可作为装饰材料原料
	黑牛皮叶 *Sticta fuliginosa*	含地衣多糖；可治疗消化不良、烫伤、肿毒
	平滑牛皮叶 *Sticta nylanderiana*	含黑茶渍素、三苔色酸等；可治疗消化不良、烫伤、肿毒
梅衣科 Parmeliaceae	瘤绵腹衣 *Anzia ornata*	含石花酸；抗生素原料
	岛衣 *Cetraria islandica*	含富马原岛衣酸；抗生素原料，健胃、镇静
	粉缘斑叶 *Cetrelia cetrarioides*	含黑茶渍素及珠光酸；抗生素原料

科	种	主要成分及用途
梅衣科 Parmeliaceae	橄榄斑叶 Cetrelia olivetorum	含黑茶渍素及橄榄陶酸；抗生素原料
	条衣 Everniastrum cirrhatum	含黑茶渍素及水杨嗪酸；香料及抗生素原料
	黄袋衣 Hypogymnia hypotrypa	含松萝酸、袋衣甾酸；抗生素原料
	粉黄袋衣 Hypogymnia hypotrypella	含松萝酸、袋衣甾酸；抗生素原料
	黄条双歧根 Hypotrachyna sinuosa	含松萝酸、水杨嗪酸；抗生素原料
	孔叶衣 Menegazzia terebrata terebrata	含地衣多糖；抗生素原料
	粉斑梅衣 Parmelia borreri	含黑茶渍素及三苔色酸；石蕊试剂及抗生素原料
	石梅衣 Parmelia saxatilis	含黑茶渍素及水杨嗪酸；石蕊试剂及抗生素原料
	栎黄髓梅 Parmelina quercina	含黑茶渍素及茶渍酸；石蕊试剂及抗生素原料
	亚黄髓叶 Parmelina subaurulenta	含黑茶渍素；石蕊试剂原料
	亚金叶黄髓梅 Pseudoparmelia carperata	含松萝酸及皱梅衣酸等；抗生素原料
	槽枝衣 Sulcaria sulcata	含茶痂衣酸；抗生素原料
	长松萝 Usnea longissima	含松萝酸等；抗生素原料，主治外伤止血、无名肿毒
	粗皮松萝 Usnea montis-fuji	含松萝酸、黑茶渍素等；抗生素原料，主治外伤止血、无名肿毒
瓶口衣科 Verrucariaceae	皮果衣 Dermatocarpon miniatum	含地衣多糖；具有抗菌活性，主治高血压及消化不良
蜈蚣衣科 Physciaceae	卷梢哑铃孢 Heterodermia boryi	含黑茶渍素及泽屋萜；石蕊试剂原料
	丛毛哑铃孢 Heterodermia comosa	含黑茶渍素及泽屋萜；石蕊试剂原料
	大哑铃孢 Heterodermia diademata	含黑茶渍素及泽屋萜；石蕊试剂原料
	黄腹哑铃孢 Heterodermia hypochraea	含黑茶渍素及泽屋萜；石蕊试剂原料
	拟哑铃孢 Heterodermia pseudospeciosa	含黑茶渍素及泽屋萜；石蕊试剂原料
珊瑚枝科 Stereocaulaceae	茸珊瑚枝 Stereocaulon tomentosum	含黑茶渍素；石蕊试剂原料
霜降衣科 Icmadophilaceae	雪地茶 Thamnolia subuliformis	含鳞衣酸等；安心养神、明目清热，主治神经衰弱等
	地茶 Thamnolia vermicularis	含地茶酸等；安心养神、明目清热，主治神经衰弱等
树花科 Ramalinaceae	肉刺树花 Ramalina roesleri	含松萝酸、石花酸等；香料及抗生素原料
	中国树花 Ramalina sinensis	含松萝酸；抗生素原料

第三节　水生生物资源

一、藻类

（一）浮游藻类

神农架共鉴定出浮游藻类 159 个分类单元，隶属于 7 门 9 纲 15 目 23 科 43 属（表 2-15），优势类群为硅藻和蓝藻，其中优势种有线形曲壳藻（*Achnanthes linearis*)、披针曲壳藻椭圆变种(*Achnanthes affinis* var. *elloptica*)、扁圆卵形藻(*Cocconeis placentula*)、广缘小环藻(*Cyclotella bodanica*)、披针曲壳藻(*Achnanthes lanceolata*)、橄榄形异极藻(*Gomphonema olivaceum*)、小型异极藻(*Gomphonema parvulum*)、肘状针杆藻窄变种(*Synedra ulna* var. *contracta*)、色球藻属(*Chroococcus* sp.)、偏肿桥弯藻(*Cymbella ventricosa*)、扁圆卵形藻多孔变种(*Cocconeis placentula* var. *euglypta*)、北方桥弯藻(*Cymbella borealis*)和隐头舟形藻威尼变种(*Navicula cryptocephala* var. *veneta*)。

表 2-15　神农架浮游藻类种类数

门	纲	目	科	种数/种
绿藻门 Chlorophyta	双星藻纲 Zygnematophyceae	鼓藻目 Desmidiales	鼓藻科 Desmidiaceae	1
	绿藻纲 Chlorophyceae	胶毛藻目 Chaetophorales	胶毛藻科 Chaetophoraceae	1
		绿球藻目 Chlorococcales	小球藻科 Chlorellaceae	3
			栅藻科 Scenedesmaceae	2
		丝藻目 Ulotrichales	丝藻科 Ulotrichaceae	3
		团藻目 Volvocales	团藻科 Volvocaceae	1
			衣藻科 Chlamydomonadaceae	1
硅藻门 Bacillariophyta	羽纹纲 Pennatae	单壳缝目 Monoraphidales	曲壳藻科 Achnanthaceae	19
		管壳缝目 Aulonoraphidinales	菱形藻科 Nitzschiaceae	11
			双菱藻科 Surirellaceae	1
		双壳缝目 Biraphidinales	桥弯藻科 Cymbellaceae	20
			异极藻科 Gomphonemaceae	16
			舟形藻科 Naviculaceae	28
			脆杆藻科 Fragilariaceae	28
	中心纲 Centricae	圆筛藻目 Coscinodiscales	圆筛藻科 Coscinodiscaceae	12
黄藻门 Xanthophyta	黄藻纲 Xanthophyceae	黄丝藻目 Tribonematales	黄丝藻科 Tribonemataceae	1
甲藻门 Dinophyta	甲藻纲 Dinophyceae	多甲藻目 Peridiniales	多甲藻科 Peridiniaceae	1
蓝藻门 Cyanophyta	蓝藻纲 Cyanophyceae	念珠藻目 Nostocales	胶须藻科 Rivulariaceae	1
		色球藻目 Chroococcales	颤藻科 Oscillatoriaceae	3
			平裂藻科 Merismopediaceae	1
			色球藻科 Chroococcaceae	3
裸藻门 Euglenophyta	裸藻纲 Euglenophyceae	裸藻目 Euglenales	裸藻科 Eugenaceae	1
隐藻门 Cryptophyta	隐藻纲 Cryptophyceae		隐鞭藻科 Cryptomonadaceae	1

(二)底栖藻类

神农架共鉴定出底栖藻类 240 个分类单元,隶属于 3 门 5 纲 16 目 24 科 51 属(表 2-16),其中优势种有:*Achnanthes pyrenaicum*,近缘曲壳藻(*Achnanthes affinis*），扁圆卵形藻（*Cocconeis placentula*）和虱状卵形藻（*Cocconeis pediculus*）。硅藻门有 213 个分类单元，为绝对优势类群，相对丰度为 88.8%，其余为蓝藻门（6.3%）和绿藻门（4.9%）（图 2-5）。

表 2-16 神农架底栖藻类种类数

门	纲	目	科	种数/种
硅藻门 Bacillariophyta	羽纹纲 Pennatae	单壳缝目 Monoraphidiales	曲壳藻科 Achnanthaceae	33
		拟壳缝目 Raphidionales	短缝藻科 Eunotiaceae	1
		管壳缝目 Aulonoraphidinales	菱形藻科 Nitzschiaceae	19
			双菱藻科 Surirellaceae	3
硅藻门 Bacillariophyta	羽纹纲 Pennatae	双壳缝目 Biraphidinales	桥弯藻科 Cymbellaceae	31
			异极藻科 Gomphonemaceae	32
			舟形藻科 Naviculaceae	44
		无壳缝目 Araphidiales	脆杆藻科 Fragilariaceae	35
	中心纲 Centricae	圆筛藻目 Coscinodiscales	圆筛藻科 Coscinodiscaceae	15
蓝藻门 Cyanophyta	蓝藻纲 Cyanophyceae	颤藻目 Oscillatoriales	颤藻科 Oscillatoriaceae	3
		管孢藻目 Chamaesiphonales	厚皮藻科 Pleurocapsaceae	1
		念珠藻目 Nostocales	胶须藻科 Rivulariaceae	2
		色球藻目 Chroococcales	管孢藻科 Chamaesiphonaceae	1
			色球藻科 Chroococcaceae	5
			平裂藻科 Merismopediaceae	1
			异球藻科 Xenococcaceae	1
		真枝藻目 Stigonematales	真枝藻科 Stigonemataceae	1
绿藻门 Chlorophyta	绿藻纲 Chlorophyceae	刚毛藻目 Cladophorales	刚毛藻科 Cladophoraceae	1
		胶毛藻目 Chaetophorales	胶毛藻科 Chaetophoraceae	1
		绿球藻目 Chlorococcales	葡萄藻科 Botryococcaceae	1
			卵囊藻科 Oocystaceae	1
			栅藻科 Scenedesmaceae	2
		丝藻目 Ulotrichales	丝藻科 Ulotrichaceae	3
	双星藻纲 Zygnematophyceae	鼓藻目 Desmidiales	鼓藻科 Desmidiaceae	3

具体以四大水系之一的香溪河为例，其底栖藻类中硅藻门有 142 个分类单元，为绝对优势类群，相对丰度为 95.9%，其余为蓝藻门（4%）和绿藻门（0.1%）（图 2-6，表 2-16）。各季节底栖藻类优势种有所变化，但均以曲壳藻属（*Achnanthes*）为主要优势类群。线形曲壳藻（*Achnanthes linearis*）在四季均为绝对优势种，相对丰度为 32.17%～47.06%；线形曲壳藻、*Achnanthes deflexa*、扁圆卵形藻（*Cocconeis*

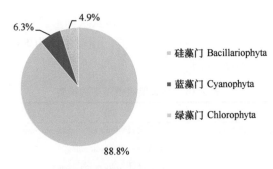

图 2-5　神农架底栖藻类百分比

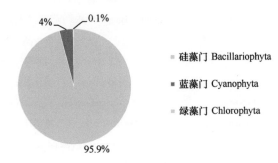

图 2-6　香溪河底栖藻类百分比

placentula）为四季均出现的主要优势种（表 2-17）。此外，香溪河底栖藻类的丰度为 11～43，根据丰度计算的富营养化硅藻指数（TDI）值为 2.58～3.40（表 2-18），水体处于中营养和富营养；春季 TDI 值最高，最易暴发水华。

表 2-17　香溪河水系底栖藻类优势种相对丰度（李杨，2021）

优势种/%		春季	夏季	秋季	冬季
中文名	拉丁名				
	Achnanthes altergracillima	6.02	18.53	—	—
	Achnanthes deflexa	12.92	7.73	11.88	6.18
线形曲壳藻	*Achnanthes linearis*	37.96	40.78	32.17	47.06
极小曲壳藻	*Achnanthes minutissima*	8.97	—	5.14	—
扁圆卵形藻	*Cocconeis placentula*	5.01	11.4	13.96	10.33
扭曲小环藻	*Cyclotella comta*	5.75	—	—	—
泰尔盖斯特异极藻	*Gomphonema tergestinum*	—	—	11.2	9.25
席藻	*Phormidium* sp.	—	9.61	—	—

注："—"表示无数据，空缺代表无中文名

表 2-18　香溪河水系营养硅藻指数（TDI）和丰度（杨顺益等，2021）

季节	富营养化硅藻指数（TDI）			丰度		
	平均值±标准差	最小值	最大值	平均值±标准差	最小值	最大值
春季	3.06±0.23	2.58	3.40	26.5±8.8	13	39
夏季	2.89±0.16	2.65	3.28	22±7.1	13	31
秋季	3.01±0.11	2.88	3.22	22±11.3	13	43
冬季	2.98±0.07	2.84	3.05	23.8±8.96	11	39

二、浮游动物

研究调查了神农架地区香溪河流域不同生境浮游动物种类组成，发现浮游动物共计 81 个分类单元，分属 36 属。轮虫优势种分别为无甲腔轮虫（*Lecane inermis*）、曲腿龟甲轮虫（*Keratella valga*）、螺形龟甲轮虫（*Keratella cochlearis*）、截头皱甲轮虫（*Ploesoma truncatum*）、尖尾疣毛轮虫（*Synchaeta stylata*）、广布多肢轮虫（*Polyarthra vulgaris*）、沟痕泡轮虫（*Pompholyx sulcata*）、独角聚花轮虫（*Conochilus unicornis*）、颤动疣毛轮虫（*Synchaeta tremula*）、爱德里亚狭甲轮虫（*Colurella adriatica*）、红眼旋轮虫（*Phiodina erythrophthalma*）、懒轮虫（*Rotaria tardigrada*）。枝角类优势种为长额象鼻溞（*Bosmina longirostris*）。桡足类以剑水蚤目（Cyclopioda）为主。比较浮游动物在静水和流水生境中的分布（表 2-19），发现静水生境有优势种 10 个，流水生境有优势种 8 个；29 个物种只出现在静水生境中，占全部物种总数的 35.80%，13 个物种只出现在流水生境中，占全部物种总数的 16.05%。

表 2-19　香溪河不同生境浮游动物种类组成

物种	拉丁名	静水生境	流水生境
裂痕龟纹轮虫	*Anuraeopsis fissa*	+	
卵形彩胃轮虫	*Ascomorpha ovalis*	+	+
前节晶囊轮虫	*Asplachna priodonta*	+	
角突臂尾轮虫	*Brachionus angularis*	+	
萼花臂尾轮虫	*Brachionus calyciflorus*	+	
裂足臂尾轮虫	*Brachionus diversicornis*	+	
剪形臂尾轮虫	*Brachionus forficula*	+	
矩形臂尾轮虫	*Brachionus leydigi*		+
壶状臂尾轮虫	*Brachionus urceolaris*	+	
弯趾巨头轮虫	*Cephalodella apocolea*		+
龙骨巨头轮虫	*Cephalodella carina*	+	+
小链巨头轮虫	*Cephalodella catellina*	+	+

续表

物种	拉丁名	静水生境	流水生境
短趾巨头轮虫	*Cephalodella curta*	+	+
小巨头轮虫	*Cephalodella exigua*		+
凸背巨头轮虫	*Cephalodella gibba*	+	+
不安巨头轮虫	*Cephalodella intuta*	+	+
大头巨头轮虫	*Cephalodella megalocephala*		+
胶鞘轮虫	*Collotheca* sp.	+	
爱德里亚狭甲轮虫	*Colurella adriatica*	+	++
钝角狭甲轮虫	*Colurella obtusa*	+	
钩状狭甲轮虫	*Colurella uncinata*	+	+
双尖钩状狭甲轮虫	*Colurella uncinata* f. *bicuspidata*	+	+
叉角拟聚花轮虫	*Conochiloides dossuarius*	+	
独角聚花轮虫	*Conochilus unicornis*	++	
田奈同尾轮虫	*Diurella dixon-nuttalli*	+	
瓷甲同尾轮虫	*Diurella porcellus*	+	+
尖头同尾轮虫	*Diurella tigris*	+	+
大肚须足轮虫	*Euchlanis dilatata*	+	+
梨状须足轮虫	*Euchlanis piriformis*	+	+
顶生三肢轮虫	*Filinia terminalis*	+	
奇异六腕轮虫	*Hexarthra mira*	+	
螺形龟甲轮虫	*Keratella cochlearis*	++	++
曲腿龟甲轮虫	*Keratella valga*	++	
尖棘腔轮虫	*Lecane arcula*	+	+
弯角腔轮虫	*Lecane curvicornis*	+	+
无甲腔轮虫	*Lecane inermis*	++	
月形腔轮虫	*Lecane luna*		+
蹄形腔轮虫	*Lecane ungulata*		+
卵形鞍甲轮虫	*Lepadella ovalis*	+	+
盘状鞍甲轮虫	*Lepadella patella*	+	+
巨长肢轮虫	*Monommata grandis*		+
细长肢轮虫	*Monommata longiseta*	+	+
囊形单趾轮虫	*Monostyla bulla*		+
尖趾单趾轮虫	*Monostyla closterocerca*	+	+
钝齿单趾轮虫	*Monostyla crenata*	+	+
尖角单趾轮虫	*Monostyla hamata*		++
梨形单趾轮虫	*Monostyla pyriformis*	+	
史氏单趾轮虫	*Monostyla stenroosi*		+

续表

物种	拉丁名	静水生境	流水生境
爪趾单趾轮虫	*Monostyla unguitata*		+
唇型叶轮虫	*Notholon labis*	+	+
弯趾椎轮虫	*Notommata cyrtopus*		+
红眼旋轮虫	*Phiodina erythrophthalma*	+	++
截头皱甲轮虫	*Ploesoma truncatum*	++	
广布多肢轮虫	*Polyarthra vulgaris*	++	+
沟痕泡轮虫	*Pompholyx sulcata*	+	++
懒轮虫	*Rotaria tardigrada*	+	++
高跷轮虫	*Scaridium longicaudum*	+	+
梳状疣毛轮虫	*Synchaeta pectinata*	+	
尖尾疣毛轮虫	*Synchaeta stylata*	++	
颤动疣毛轮虫	*Synchaeta tremula*	++	+
环形沟栖轮虫	*Taphrocampa annulosa*	+	
镜轮虫	*Testudinella* sp.	+	
二突异尾轮虫	*Trichocerca bicristata*	+	+
刺盖异尾轮虫	*Trichocerca capucina*	+	
圆筒异尾轮虫	*Trichocerca cylindrica*	+	+
细异尾轮虫	*Trichocerca gracilis*	+	
冠饰异尾轮虫	*Trichocerca lophoessa*	+	
暗小异尾轮虫	*Trichocerca pusilla*	+	
等刺异尾轮虫	*Trichocerca similes*	+	+
方块鬼轮虫	*Trichotria tetractis*	+	+
台杯鬼轮虫	*Trichotria pocillum*	+	+
未知名轮虫	*rotifer*	+	
透明溞	*Daphnia hyalina*	+	+
僧帽溞	*Daphnia cucullata*		+
短尾秀体溞	*Diaphanosoma brachyurum*	+	
长额象鼻溞	*Bosmina longirostris*	++	++
点滴尖额溞	*Alona guttata*	+	
无节幼体	*nauplius*	+	+
剑水蚤目	Cyclopoida	++	++
哲水蚤目	Calanoida	+	+
猛水蚤目	Harpacticoida	+	

注："+"表示出现；"++"表示优势种

三、底栖动物

（一）神农架底栖动物资源

神农架共发现大型底栖动物 202 分类单元，隶属于 4 门 5 纲 11 目 58 科（表 2-20）。其中节肢动物门（Arthropoda）为绝对优势门类，物种数约占物种总数的 98%，其余为扁形动物门（Platyhelminthes）、环节动物门（Annelida）和线形动物门（Nemathelminthes），占比极少，分别为 0.5%、0.99% 和 0.5%。节肢动物门中的绝对优势类群包括：蜻蜓目（Odonata）和双翅目（Diptera），物种数分别占物种总数的 40.1% 和 24.75%（图 2-7）。

表 2-20　神农架底栖动物种类数

门	纲	目	科数/个	种数/种
扁形动物门 Platyhelminthes	涡虫纲 Turbellaria	三肠目 Tricladida	1	1
环节动物门 Annelida	寡毛纲 Oligochaeta	颤蚓目 Tubificida	2	2
线形动物门 Nemathelminthes	线虫纲 Nematoda	旋尾目 Spiruria	1	1
节肢动物门 Arthropoda	甲壳纲 Crustacea	端足目 Amphipoda	1	1
	昆虫纲 Insecta	蜉蝣目 Ephemeroptera	6	14
		广翅目 Megaloptera	1	3
		襀翅目 Plecoptera	5	19
		毛翅目 Trichoptera	12	22
		鞘翅目 Coleoptera	4	8
		双翅目 Diptera	11	50
		蜻蜓目 Odonata	14	81

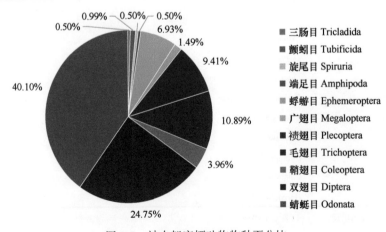

图 2-7　神农架底栖动物物种百分比

（二）底栖动物物种多样性空间分布

南坡物种丰富度和物种均匀度指数分别为 10～37、0.41～0.89，较北坡的物种丰富度和物种均匀度 22～36 和 056～0.78 的变幅大，但南北坡的物种丰富度和物种均匀度的中位数相同，分别为 29 和 0.69（图 2-8a、c）。南坡香农-维纳指数的中位数 2.31 明显高于北坡的 2.17，南北坡的香农-维纳指数的变幅差异不明显（图 2-8b）。t 检验结果显示物种多样性参数在南北坡间没有显著差异（表 2-21）。

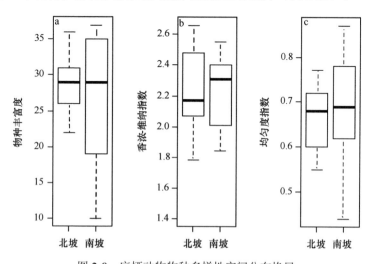

图 2-8　底栖动物物种多样性空间分布格局

表 2-21　南北坡生物多样性指数的 t 检验（李杨，2021）

t 检验结果	物种丰富度 S	香农-维纳指数 H	均匀度指数 E	分类多样性指数 Δ
P	0.53	0.77	0.54	0.66
t 检验结果	分类差异性指数 Δ*	功能丰富度 FRic	功能均匀度 FEve	功能分离度 FDiv
P	0.83	0.45	0.10	0.24

（三）底栖动物分类学多样性空间分布

南坡分类多样性指数和分类差异性指数分别为 35.06～48.37 和 46.35～60.87，北坡分类多样性指数和分类差异性指数分别为 35.79～52.66 和 46.45～65.38，北坡分类学多样性变幅明显大于南坡，但南北坡分类学多样性的中位数在 43.00 和 53.10 处相近（图 2-9）。t 检验结果显示分类学多样性参数在南北坡间没有显著差异（表 2-21）。

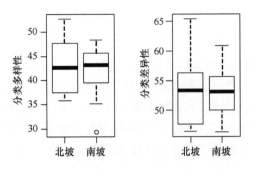

图 2-9　底栖动物分类学多样性空间分布格局

（四）底栖动物功能多样性的空间分布

南坡在功能丰富度、功能均匀度和功能分离度的变幅范围都明显大于北坡，同时功能丰富度、功能均匀度和功能分离度的中位数也明显大于北坡（图 2-10）。但是 t 检验结果显示功能多样性参数在南北坡间没有显著差异（表 2-21）。

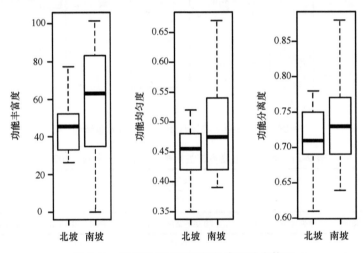

图 2-10　底栖动物功能多样性空间分布格局

四、鱼类

作为水生生物的主要类群，鱼类对水环境变化及周边人类活动极为敏感。由于调查者不同、调查时间不一、调查样点差异等，神农架地区鱼类资源调查结果差异较大（表 2-22）。最新调查结果（据《神农架国家公园体制试点评估验收自查报告》）为 78 种，隶属于 6 目 15 科。主要种类包括齐口裂腹鱼（*Schizothorax prenanti*）、长江鳄（*Phoxinus lagowskii variegatus*）、多鳞铲颌鱼（*Varicorhinus macrolepis*）、棒花鱼（*Abbottina rivularis*）、麦穗鱼（*Pseudorasbora parva*）、中华鳑鲏（*Rhodeus sinensis*）、黄黝鱼（*Hypseleotris swinhonis*）等。

表 2-22 40 年来神农架鱼类资源变化

调查年份	调查鱼类
1981～1983	35 种，隶属于 4 目 9 科（杨干荣和谢从新，1983）
1987	39 种，隶属于 8 科（何长才，1990）
1996	18 种，隶属于 3 目 6 科（刘海，1996）
1999	47 种，隶属于 4 目 10 科（朱兆泉和宋朝枢，1999）
2005	10 种（朱云华和韩国珍，2005）
2012	12 种（廖明尧，2015）
2016～2018	12 种，隶属于 2 目 2 科（邢晶晶等，2021）
2014～2019	78 种，隶属于 6 目 15 科（神农架国家公园管理局，2020）

第三章　神农架国家公园体制试点区
生态功能分区及资产评估*

生态功能分区是我国在生态环境保护和建设方面的重大基础性工作，明确各分区的生态服务功能是区域发展的基础，进行生态功能区划，明确不同地区生态潜力与生态敏感性，有利于制定适合当地发展与生态环境保护的政策，进一步促进区域可持续发展（赵同谦等，2004）。为解决经济发展与环境保护之间的矛盾，实现区域经济的可持续发展，急需对区域生态环境问题形成的机制及其演变规律进行细致的研究，并提出适合不同区域的生态环境整治方案。开展生态功能分区研究正是实现上述目的的前提和有效手段。作为生态系统管理的重要手段，进行科学的生态功能分区，已成为世界各国走向可持续发展所面临的关键问题之一（蔡佳亮等，2010）。生态资产是社会经济发展的物质基础，其价值的评估是我国实施可持续发展战略的一项重要基础性工作。对神农架国家公园体制试点区进行资产评估也是一个重要环节，生态资产价值的正确评估有利于神农架地区自然资源的有序开发利用和产业的合理布局，从而进一步全面提升生态环境质量、建设生态文化、开拓生态产业，为决策者提供重要参考，具有重要意义（白杨等，2011）。在对神农架地区自然资源进行调查的基础上，从流域生态学角度出发开展生态功能分区，对神农架地区生态资产进行评估，为神农架地区保护规划的制定、科学管理措施的实施提供有力支撑，为国家公园生态功能协同提升技术提供示范，促进神农架地区经济社会与生态功能协调发展。

第一节　生态功能分区

一、生态功能分区概念与研究进展

对国家公园进行功能分区是管理工作的基础，也是国家公园规划的重要过程和环节。生态功能分区是针对区域内自然地理环境异质性、生态系统多样性，以及经济与社会发展不均衡性的现状，结合自然环境保护和可持续发展的思想，整合与分异生态系统服务功能对区域人类活动影响的生态敏感性，将区域空间划分

---

* 本章作者：林孝伟，桑翀，谭路，杨丽雯，桑卫国。

为不同生态功能区的研究过程（蔡佳亮等，2010）。科学的分区有利于管理者根据不同区域的性质和特征制定不同的管理目标，并有针对性地进行建设和保护，缓解由于追求不同目标引起的人地冲突，为制定以污染物控制、水质管理、生态健康、生态承载力为基准的标准奠定基础（唐涛和蔡庆华，2010）。

"生态区"的概念最早由加拿大森林学家奥利·洛克斯（Orie Loucks）于1962年提出，是指具有相似生态系统或期待发挥相似生态功能的陆地及水域。这一概念成为指导随后各种与生态系统有关分区的基础，并且随着科学认识的提高和技术发展，"生态区"的概念也在不断演化。随着生态系统整体性和等级理论的发展，美国生态学家贝利（Bailey）于1976年从生态系统的角度提出了首个真正意义上的生态区划，并编制了美国生态区划图，包括地域、区、省和地段4个等级，此后引起了各国生态学家对生态区划原则、指标体系、等级和方法等的关注和深入探讨（孙然好等，2018）。生态区划是在对生态系统客观认识和充分研究的基础上，应用生态学原理和方法，揭示各自然区域的相似性和差异性规律，从而进行整合和分异，划分生态环境的区域单元（刘国华和傅伯杰，1998）。生态分区始于19世纪，早期的生态分区多基于单一指标来进行划分，随着人们对生态系统认识的深入，逐渐开展基于多指标的生态分区（Omernik，2004）。1987年奥梅尼克（Omernik）基于地形地貌、土壤、植被和土地利用提出美国3级生态分区方案。目前该分区已经开展到5级（Omernik，1987）。早期的区划多采用单一指标（如气候、地貌、植被类型等）。在生态系统概念提出后，人们逐渐意识到生物与环境关系密切，对自然资源的研究和管理也应该综合考虑生态系统各组间的相互关系，区划方法逐渐向多参数指标体系转变（唐涛和蔡庆华，2010）。

二、生态功能分区方法

（一）分区技术路线

在对国内外现有分区方案对比研究的基础上，结合神农架国家公园体制试点区内流域生态系统的主要特征，确定分区的原则、依据，然后开展数据收集工作。全面收集流域基础地理信息数据及气象、水文、地质地貌、土壤类型、土地利用、经济、人文、水质、生物等历史和现状资料，并在流域内设置若干个典型样点，对相关生物类群及其生境进行深入调查，分析流域生态系统的空间格局特征。数据收集完全后，将流域划分为若干自然子流域单元。基于子流域分析流域主要气象、水文、地质地貌等指标，筛选出分区指标。叠加各分区指标后得到综合图并分类。依据分类结果，自下而上合并子流域，依据子流域边界确定分区边界。采用典型生态数据辅助证明分区结果，如有必要进行适当的微调，确定最终的分区边界。分析、比较不同分区单元的主要生态特征差异，按照规范绘制分区图，撰写分区说明书。生态功能分区方法的技术路线框图如图 3-1 所示。

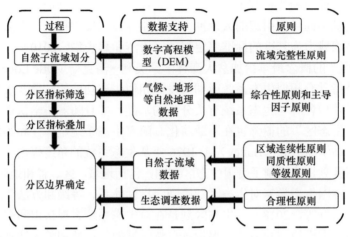

图 3-1　技术路线框图

（二）分区原则

1. 流域完整性原则

生态功能分区必须体现水-陆生态系统的耦合关系，即以自然子流域作为分区的最小单元，以流域作为水陆统一体。不得分离、割裂子流域。以保证实施管理时，能以子流域作为最小单位进行管理。划分子流域，湖泊/水库可作为一个单独的区域。

2. 综合性和主导因子原则

生态系统结构和功能会受到各种因子的综合影响，其生态功能分区指标应该是多指标而不是单一指标。并不是所有指标都参与分区，应由若干主导因子作为分区指标。

3. 同质性原则

分区以子流域为基本单元，将同质的子流域合并，异质的子流域分离。相同区域内各子流域具有相对的同质性，而区域间具有相对的异质性。

4. 区域连续性原则

区域连续性原则也称共轭性原则，即要求各生态区尽量保持完整，不出现地理上的分离。

5. 等级原则

分区有等级性，等级较高的区域由等级低的区域组成。低一级应该在高一级分区的基础上进行分区。

6. 合理性原则

分区指标具有合理性，验证结果具有合理性。

（三）分区过程

1. 自然子流域划分

自然子流域是生态功能分区的最小单元，是分区的基础，所以流域划分是否合理将决定最终的分区结果。基于流域完整性原则，将神农架国家公园体制试点区按流域划分为若干个自然子流域。划分自然子流域的原则：①根据自然流域客观生成，而非人为将集水区合并；②根据实际情况划分自然子流域，自动生成的集水单元并非实际存在，有时只是一些沟壑，下雨时有水，无雨时则干涸，因此划分自然子流域需要参照真实的水系图（杨顺益等，2012）。

自然子流域的生成在 ArcGIS 10.0 水文工具（hydrology）中完成。参照原有的水系图设置阈值，使生成的子流域与水系图匹配。最终将神农架国家公园体制试点区内流域划分为 282 个自然子流域（图 3-2）。

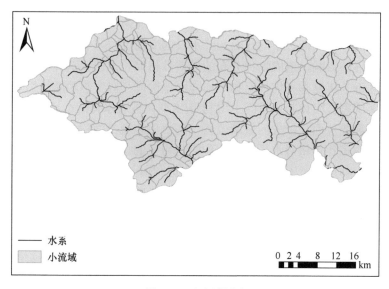

图 3-2 子流域划分

2. 分区指标

神农架国家公园体制试点区内海拔梯度明显，最大高程差达 2000m 以上。山区河流坡降大，谷深，地形复杂。高程和坡度的复杂性导致一些物理因素如气压、氧气的波动，进一步影响物种的空间分布格局。高程和坡度指标从空间研究区域内生态系统的格局及功能特征，为进一步分区奠定基础（表3-1）。

表3-1 分区指标及其对生态功能的影响

指标类型	指标	对生态功能的影响
地形	高程 坡度	高程和坡度能反映研究区域内的空间变化情况，可以表明河流等水体的坡降、河道等特征，这些物理特征间接指示了水流特点、水体能量流。地形复杂导致的分布区域破碎化，物种栖息地多样化，更有利于物种多样性
气候	年均气温 降水量	年均气温大致反映了研究区域所处的温度带，可以影响山顶积雪的积累和融化、降水、蒸发，影响植被带向上（高海拔区）或向下（低海拔区）移动，垂直带谱发生改变。降水可以反映研究区的水资源状况。气候的周期性变化不仅改变生物栖息地的生态群落结构，并且造成了栖息地连通性的周期性变化，导致某些类群的扩散分布与新物种形成
土地利用/ 土地覆被	耕地百分比 林地百分比 水域百分比 人造地表百分比	林地发达的根系可以稳固土壤，增强水源涵养，减少水土流失，减少土壤中的物质进入水体。林地可以吸收水体中的营养物质，净化水体，起到对水质的调节作用，其良好的栖息地环境适宜多种不同生态位的物种生存，有利于提高物种丰富度。增加耕地和人造地表会造成水土流失相对严重，且大量的生产、生活污水进入水体，使得水体的营养物质增加，主要为污染源，导致当地生态环境恶化，物种数减少，生态系统结构简单化，预防风险能力下降

神农架国家公园体制试点区复杂多样的地形影响了当地的气候，气候作为影响生物多样性格局的基本驱动因素，在空间尺度上，山地地理空间狭小，在气候上却有着很大的变异性，气候的周转率较高，区域内气温垂向分带明显，温度随海拔的升高而不断降低。年均气温和降水量的变化反映了研究区域内水资源状况以及对水循环的影响，造成物种分布的异质性格局。本研究选择神农架国家公园体制试点区近5年夏季平均气温和平均降水量探究其对生态功能的影响。

神农架国家公园体制试点区土地利用/土地覆被对水体的水质有较大影响，水质随着森林和灌丛面积扩大而逐渐改善，随农田和城镇面积扩大而逐渐恶化。森林和灌丛、农田和城镇对水质的影响作用是相反的。本研究选择神农架国家公园体制试点区中林地、灌丛、农田和城镇的土地利用分布探究其对生态功能的影响。

任何生态功能区都在各种驱动因子的综合影响下。所有因子不仅具有自身的特性，同时对其他因子的形成也具有一定程度的制约或协同作用。其中一个因子发生变化，必然导致与其联系的其他因子变化。应选择能主导水资源量的指标，基于综合性和主导因子原则对分区指标进行选择。

三、生态功能分区结果与验证

（一）分区结果

神农架国家公园体制试点区中部的神农顶海拔最高，达3106.2m，四周逐渐降低，分别形成南河水系、堵河水系、沿渡河水系和香溪河水系四大水系。国家公园内山高、坡陡、谷深，沟槽交错，地形复杂。地形坡度为 0°～80°。绝大部分地区的坡度为 15°～40°，仅部分地区坡度达 80°。神农架大九湖湿地公园和香溪河流域坡度相对较缓（图 3-3，图 3-4）。

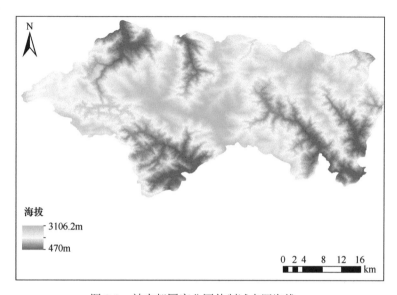

图 3-3　神农架国家公园体制试点区海拔

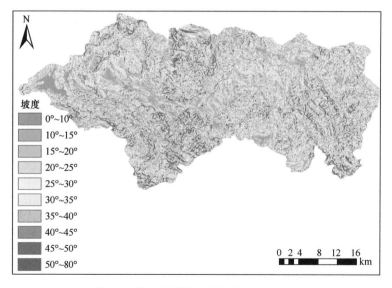

图 3-4　神农架国家公园体制试点区坡度

神农架国家公园体制试点区内山体高大，海拔落差大，地理位置落差也相对较大，气温存在明显的水平分布状态。近 5 年夏季平均气温分布图显示红坪镇气温最低，沿香溪河流域往下温度逐步升高，红坪镇往大九湖方向气温呈现出明显的梯度变化，具有逐步升高的趋势（图 3-5）。

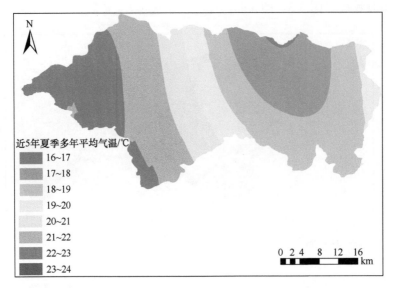

图 3-5 神农架国家公园体制试点区近 5 年夏季平均气温分布

神农架国家公园体制试点区内近 5 年平均降水量为 800～1100mm。长江流域部分的沿渡河水系和香溪河雨量充沛，多年平均降水量为 1000mm 以上，南河流域和堵河流域降水量相对较小（图 3-6）。

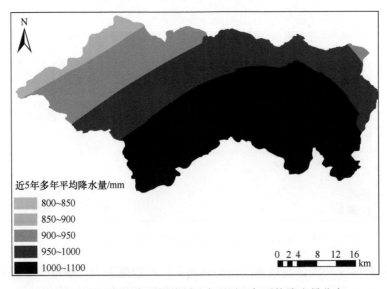

图 3-6 神农架国家公园体制试点区近 5 年平均降水量分布

神农架国家公园体制试点区内土地利用类型以林地为主,超过总面积的90%,其次为耕地,占3.24%,草地占3.34%,人造地表和水域面积均低于1%。主要人造地表和耕地分布在木鱼镇、下谷坪土家族乡、大九湖和香溪河沿岸地区(图3-7)。

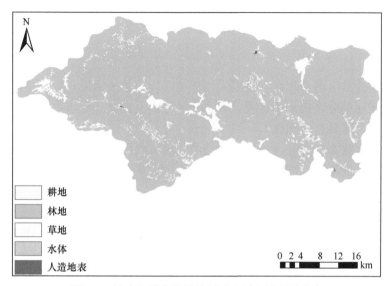

图 3-7 神农架国家公园体制试点区土地利用分布

对神农架国家公园体制试点区进行生态功能分区,将各分区指标进行叠加。以自然子流域为最小分类单元,最终将神农架国家公园体制试点区分为 3 个区域(图3-8):核心区,该区域保护相对较好,部分区域属于原始森林,未开发利用。

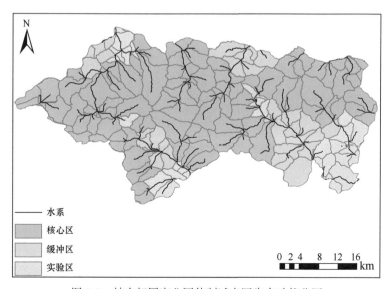

图 3-8 神农架国家公园体制试点区生态功能分区

缓冲区，该区域主要为早期发展的旅游业和开发的小水电，水体水质相对较好，氮、磷含量较低，水体清澈。在现行的管理中，对小水电进行拆除或者生态放流；对旅游设施进行整改以降低其对区域内生态环境的影响。实验区，由于汇聚上游来水，水流较大，区域内以农业生产为主，并受上游污染物排放的影响，水体氮、磷含量明显升高。

（二）分区验证

生态功能分区的合理性，需要采用环境响应因子来验证。如果验证不合理，则说明所采用的分区指标不合理，或者分区方法不合理。应该重新考虑新的指标和方法，使分区具有合理性。

以水生生物为例对分区结果进行校验。溪流底栖藻类繁殖力强，分布广泛，对环境变化响应敏感，同时又是生态系统的主要生产者，因此用底栖藻类的群落组成特征判断分区的结果比较合适。

数据来自 2017～2018 年对香溪河流域的连续监测工作，采集样点从上游到下游，香溪河干流依次为 XDY、XX23、XX21，九冲河依次为 JC09、JC08、JC05、JC03，采集藻类和水质样品，将藻类样品带回实验室鉴定到可能的最小分类单元，记录各分类单元的个体数，获得样点的物种丰度、密度等数据（图 3-9a）。

采用除趋势对应分析（DCA）对分区结果进行校验。校正结果显示两个区域内的样点可以明显分开，位于同一区域九冲河和香溪河干流的样点排序相对较近（图 3-9b），而不同区域的样点排序相对较远，表明分区结果是合理的。

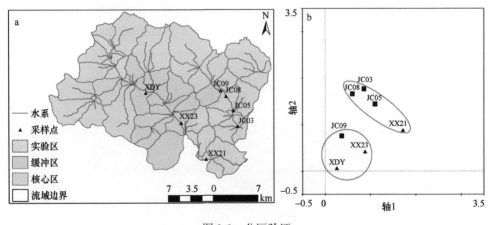

图 3-9　分区验证

第二节　社会经济发展

根据神农架林区统计局发布的神农架统计年鉴数据，整理了 2013～2019 年神农架林区及神农架国家公园体制试点区的社会经济情况。截至 2021 年，神农架林区下辖 6 个镇，2 个乡，分别为松柏镇、阳日镇、木鱼镇、红坪镇、新华镇、大九湖镇、宋洛乡、下谷坪土家族乡；其中神农架国家公园体制试点区覆盖 5 个乡镇（农架林区大九湖镇、下谷坪土家族乡、木鱼镇、红坪镇和宋洛乡）的 23 个行政村和 4 个社区（木鱼坪社区、香溪源社区、坪阡社区和下谷坪土家族乡社区）。

一、行政区与人口情况

如表 3-2 所示，2013～2019 年，神农架林区居民委员会数量从 10 个增至 12 个，增长率为 20.00%；村民委员会数量为 67 个，总户数从 30 911 户减至 30 873 户，乡镇总人口数从 79 640 人减至 78 762 人，乡村人口数从 47 422 人减至 42 915 人。其中，总户数在 2013~2015 年递减，2015~2018 递增，随后减少。乡镇总人口数在 2013~2016 年先减少后增高，2016 后稳定在 78910 左右，2019 年后减少。乡村人口数在 2013~2015 年递减，2015~2017 递增，2018 后锐减。

表 3-2　神农架行政区与人口情况

区域	项目	单位	年份						
			2013 年	2014 年	2015 年	2016 年	2017 年	2018 年	2019 年
神农架林区	居民委员会	个	10	10	12	12	12	12	12
	村民委员会	个	67	67	67	67	67	67	67
	总户数	户	30 911	30 835	30 629	30 833	30 920	30 987	30 873
	乡镇总人口	人	79 640	79 248	78 569	78 915	78 908	78 912	78 762
	乡村人口	人	47 422	47 136	47 132	47 390	47 819	45 590	42 915
神农架国家公园体制试点区	居民委员会	个	5	5	7	7	7	7	7
	村民委员会	个	36	36	36	36	36	36	36
	总户数	户	13 223	13 084	12 877	12 960	12 984	12 945	12 868
	乡镇总人口	人	34 858	34 461	34 112	34 247	34 184	34 185	34 098
	乡村人口	人	25 763	25 507	25 442	25 601	22 048	24 256	24 218

注：资料整理自《神农架统计年鉴》（2014～2020 年）

2013～2019 年，神农架国家公园体制试点区居民委员会数量从 5 个增至 7 个，增长率为 40.00%；村民委员会数量为 36 个，总户数从 13 223 户减至 12 868 户，乡镇总人口数从 34 858 人减至 34 098 人，乡村人口数从 25 763 人减至 24 218 人。其中，除乡村人口数在 2017 年急剧减少随后回升外，其总户数、乡镇总人口数在 2013～2015 年递减，2015 年以后变化度较小。

二、土地权属

2013～2019 年，神农架林区乡镇行政区域面积从 3253km^2 减至 3232.78km^2，

常用耕地面积从 67 164 亩①增至 71 577 亩，增长率为 6.57%。神农架国家公园体制试点区乡镇行政区域面积从 2427.96km² 增至 2434.48km²，增长率为 0.27%；常用耕地面积从 45 626 亩增至 47 775 亩，增长率为 4.7%（表 3-3）。

表 3-3　神农架区域土地权属

区域	项目	单位	年份						
			2013 年	2014 年	2015 年	2016 年	2017 年	2018 年	2019 年
神农架林区	乡镇行政区域面积	km²	3 253	3 253	3 232.79	3 232.78	3 232.78	3 232.78	3 232.78
	常用耕地面积	亩	67 164	66 992	69 034	64 351	67 254	75 204	71 577
神农架国家公园体制试点区	乡镇行政区域面积	km²	2 427.96	2 427.96	2 434.48	2 434.48	2 434.48	2 434.48	2 434.48
	常用耕地面积	亩	45 626	45 994	48 033	41 124	43 525	50 645	47 775

注：资料整理自《神农架统计年鉴》（2014～2020 年）

三、经济产业

如表 3-4 所示，2013～2016 年，神农架林区农村常住居民人均可支配收入从 5624.3 元增至 7581.4 元，神农架国家公园体制试点区农村常住居民人均可支配收入从 5693 元增至 7668.8 元，农村常住居民人均可支配收入在林区和国家公园间差异不大。神农架林区粮食总产量 2013~2014 增加，随后逐年递减。林区成立以来，尽管常用耕地面积增加，粮食产量不增反减，这可能与林区内为保护生态环境，限制了农药、化肥等化工产品的使用有关。2013～2019 年，神农架国家公园体制试点区内的粮食总产量先增后减再增，这与其区域内常用耕地面积调整相关。2013～2018 年，神农架林区和国家公园年末生猪存栏量和年内生猪出栏量总体变化不大，从 2019 年起，生猪存栏量和出栏量锐减。2016 年，自神农架国家公园体制试点区成立以后，对其行政区域内的乡镇养殖业产生了极大影响，其中生猪养殖业受到巨大冲击，养殖和出栏数量锐减，其主要原因是生猪养殖会对环境造成极大污染。神农架国家公园体制试点区建立的初衷之一是为了保护生态环境的完整性和原真性，减少人为干扰，因此相关污染产业的经济转型势在必行，即从污染养殖业向生态旅游业过渡。此外，2013～2019 年神农架林区的年末山羊存栏量锐减，从 27 020 只减至 20 164 只，年内山羊出栏量基本保持不变。相比之下，神农架国家公园体制试点区的年末山羊存栏量和年内山羊出栏量均减少，其中年末山羊存栏量从 14 710 只减至 10 309 只，年内山羊出栏量从 7883 只减至 6991 只，说明神农架国家公园体制试点区建立以后，国家公园内对放牧业进行了相应调整，限制了其下辖乡镇放牧规模和数量，减少了对山林和草地等植被的破坏，为园区内的水土稳固和植物多样性提供保障。统计过程中还发现，在园区外的乡

---

① 1 亩≈666.7m²。

镇中,松柏镇的山羊年末存栏量和年内出栏量均增加,阳日镇和新华镇的年末山羊存栏量虽然略有减少,但年内山羊出栏量仍然增加,表明林区内产业转型开展进度在各乡镇间还未达到完全统一,其中国家公园行政区域内的乡镇产业改革力度要高于林区的平均水平。2013~2019 年,神农架林区年末家禽存笼量从 262 478 只减至 255 824 只,年内家禽出笼量从 337 661 只减至 311 357 只,禽蛋年产量基本保持不变。神农架国家公园体制试点区的年末家禽存栏量从 105 625 只增至 119 594 只,年内家禽出笼量从 72 930 只减至 60 473 只,禽蛋年产量从 95t 减至 82.2t。

表 3-4　神农架区域经济产业

区域	经济产业	单位	年份						
			2013 年	2014 年	2015 年	2016 年	2017 年	2018 年	2019 年
神农架林区	农村常住居民人均可支配收入	元	5 624.3	6 236.6	6 889.3	7 581.4	—	—	—
	粮食总产量	t	20 575	22 050	21 740	20 000	19 309	19 199	19 074
	肉类总产量	t	5 344	5 567	5 632	5 494	6 015.6	—	3 744
	年末生猪存栏量	头	38 263	42 211	39 494	39 316	39 081	39 165	14 999
	年内生猪出栏量	头	45 603	45 627	45 635	43 111	44 747	37 148	29 310
	年末山羊存栏量	只	27 020	27 882	30 249	35 004	32 513	29 710	20 164
	年内山羊出栏量	只	15 868	17 318	18 117	21 580	21 715	14 400	15 872
	年末家禽存笼量	只	262 478	266 439	264 250	260 687	210 672	289 717	255 824
	年内家禽出笼量	只	337 661	343 470	312 824	318 868	324 214	338 007	311 357
	禽蛋产量	t	280.0	311.0	297.0	286.4	295.9	301.6	279.6
神农架国家公园体制试点区	农村常住居民人均可支配收入	元	5 693.0	6 224.4	6 970.6	7 668.8	—	—	—
	粮食总产量	t	12 905	13 615	13 374	12 710	12 005	12 809	13 069
	肉类总产量	t	2 578	2 728	2 840	2 751	3 247.9	—	2 482
	年末生猪存栏量	头	21 243	25 096	23 553	22 518	22 966	23 255	8 174
	年内生猪出栏量	头	23 453	23 948	23 790	21 795	23 183	21 322	15 111
	年末山羊存栏量	只	14 710	15 889	18 029	22 672	20 384	18 447	10 309
	年内山羊出栏量	只	7 883	8 813	9 147	12 352	12 033	9 111	6 991
	年末家禽存笼量	只	105 625	104 559	115 649	114 489	99 481	119 866	119 594
	年内家禽出笼量	只	72 930	71 526	61 206	62 843	69 868	69 800	60 473
	禽蛋产量	t	95	127	111	100.6	113.2	124.3	82.2

注:资料整理自《神农架统计年鉴》(2014~2020 年)

四、社会经济维度发展指数

选取表 3-2~表 3-4 中 17 项社会经济维度相关指标,计算 2013~2019 年神农架林区和国家公园社会经济维度发展指数。如图 3-10 所示,2013~2019 年神农架林区社会经济呈现上升—下降—上升—下降的趋势，2014 年社会经济维度发展指数为最高值，2019 年为最低值。2013～2019 年神农架国家公园体制试点区社会经济呈现下降—上升—下降的趋势，2018 年社会经济维度发展指数为最高值，2019 年为最低值。2013～2016 年神农架林区和国家公园社会经济维度发展指数的变化趋势相差较大，而 2017～2019 年神农架林区和国家公园社会经济维度发展指数的变化趋势较为一致，且指数大小较为接近。神农架林区和国家公园社会经济维度发展指数总体上呈下降趋势，一定程度上反映了其地区经济的衰退，其可能的原因在于神农架国家公园管理局于 2016 年正式挂牌成立，对神农架区域经济产业进行了强有力的调控，如减少养殖业和放牧业的规模、退耕还林还草等。经济产业规模的缩小不可避免地造成了社会经济发展的衰弱。

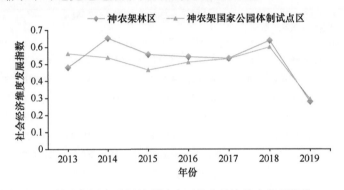

图 3-10　神农架林区和神农架国家公园体制试点区社会经济维度发展指数（2013～2019 年）

第三节　生态资产评估

一、生态资产简介

生态资产是所有生态资源的价值形式，是人类从自然环境中获得的所有惠益福祉的体现，是具有生命力的经济资源，是自然资源价值和生态系统服务价值以及社会价值的货币化综合集成，同时具备时间和空间双重属性，是存量与流量、动态与静态结合的状态。生态资产评估的过程是对生态资产的特点和总量的总体评价，是针对不同区域、不同尺度和不同生态系统，运用生态学、经济学等理论，结合地点调查、遥感分析等手段进行的核算工作，从而获得科学、客观的数据。生态资产的价值不等同于生态系统服务价值，其包括物质资产和生态系统服务价值。一方面生态系统与生态景观实体是生态资产的基础，另一方面生态系统提供的间接贡献和由此增加的福祉是生态资产的核心（邢一明等，2020；舒航等，2020）。量化生态资产价值可以明确保护地的价值，可以更好地发挥其生态系统服务功能，为生态保护、生态补偿提供科学依据，为保护地的高效管理提供数据支撑，提升管理的有效性（He *et al.*，2018）。习近平总书记多次强调生态环境本身就是一种生产力，保护生态环境就是保护生产力，破坏生态环境就是破坏生产力。生态产品对维持人类生存发展、自然生态平衡、促进人与自然和谐共处具有难以估量的价值。生态产品价值的实现有望成为促进经济高质量发展新动力、塑造城乡区域协调发展新格局、引领保护修复生态环境新风尚、打造人与自然和谐共生新方案的重要力量（王金南等，2021）。生态产品也是生态系统服务的重要部分，生态产品的定义是生态系统通过生物生产和与人类生产共同作用为人类福祉提供的最终产品或服务，是与农产品和工业产品并列的、满足人类美好生活需求的生活必需品。生态产品就是可利用的生态资产，将生态资产转化为生态产品并通过市场销售的手段，最终给人类带来经济效益，增加人类福祉。党的十八大提出要"增强生态产品生产能力"，通过生态产品实现"绿水青山就是金山银山"的两山转化，生态产品所具有的价值就是绿水青山的价值，生态产品就是绿水青山在市场中的产品形式。生态产品为"两山"理论提供实践抓手和物质载体（张林波等，2019）。

二、生态资产评估方法

考虑到神农架自然保护区森林面积达 70 465.1hm^2，森林覆盖率达 95.29%，所以本研究通过计算森林生态系统服务功能价值来表示自然保护区的生态服务价值，其中对生态效益的评估采用《森林生态系统服务功能评估规范》（LY/T 1721—2008）中的评估方法，对林产品价值的评估采用市场价值法，最后对各项指标的价值进行加和得到神农架自然保护区的总生态服务价值。所有评估方法均属于单项服务评价法，该方法针对各项生态系统服务的特征，选择了差异化评估方法，所以结果更为可靠且误差较小，尤其是在较小的空间尺度中，该方法的评估过程更为精细，结果相比其他方法如当量修正法更全面、更科学。

（一）涵养水源价值

森林涵养水源的能力可以通过计算森林土壤的蓄水能力、森林区域的年径流量、森林区域的水量平衡 3 种方法来计算，本研究采用森林土壤的蓄水能力来计算涵养水源量，分别从调节水量和净化水质 2 个指标来反映神农架自然保护区森林涵养水源功能，进一步得到涵养水源价值。

1. 调节水量

通过降水量减去林分蒸散量、地表径流量的差与林分面积相乘得到涵养水源量，再用涵养水源量乘以水库建设单位库容投资得到神农架自然保护区调节水量价值。

$$U_{调} = 10C_{库}A(P-E-C) \tag{3-1}$$

2. 净化水质

通过涵养水源量和水的净化费用相乘得到神农架自然保护区的净化水质价值。

$$U_{水质} = 10KA(P-E-C) \tag{3-2}$$

式中，$U_{调}$ 为林分年调节水量价值（元/a）；$U_{水质}$ 为林分年净化水质价值（元/a）；P 为降水量（mm/a）；E 为林分蒸散量（mm/a）；C 为地表径流量（mm/a）；$C_{库}$ 为水库建设单位库容投资（元/m^3）；K 为水的净化费用（元/t）；A 为林分面积（hm^2）。

（二）保育土壤价值

由于森林中活地被物和凋落物层层截留降水，从而降低了水滴对表土的冲击、减少地表径流带来的侵蚀作用，达到保育土壤的目的。减少土壤侵蚀量=无林地土壤侵蚀模数（X_2）-林地土壤侵蚀模数（X_1）。森林资源二类调查结果显示，神农架自然保护区森林覆盖率达95.29%，对当地土壤保育起到了重要作用，主要表现在固土和保肥两个方面。

1. 固土价值

$$U_{固土} = \frac{AC \pm (X_2 - X_1)}{\rho} \tag{3-3}$$

2. 保肥价值

$$U_{肥} = A(X_2 - X_1)\left(\frac{NC_1}{R_1} + \frac{PC_1}{R_2} + \frac{KC_2}{R_3} + MC_3\right) \tag{3-4}$$

式中，$U_{固土}$ 为林分年固土价值（元/a）；$U_{肥}$ 为林分年保肥价值（元/a）；X_1 为林地土壤侵蚀模数[t/（hm^2·a）]；X_2 为无林地土壤侵蚀模数[t/（hm^2·a）]；C 为挖取和运输单位体积土方所需费用（元/m^3）；A 为林分面积（hm^2）；ρ 为林地土壤容重（t/m^3）；N 为林分土壤平均含氮量（%）；P 为林分土壤平均含磷量（%）；K 为林分土壤平均含钾量（%）；M 为林分土壤有机质含量（%）；R_1 为磷酸二铵化肥含氮量（%）；R_2 为磷酸二铵化肥含磷量（%）；R_3 为氯化钾化肥含钾量（%）；C_1 为磷酸二铵化肥价格（元/t）；C_2 为氯化钾化肥价格（元/t）；C_3 为有机质价格（元/t）。

（三）固碳释氧价值

固碳释氧指森林生态系统通过森林植被、土壤动物和微生物固定碳素、释放氧气的功能，其中主要通过植物的光合作用和呼吸作用进行森林与大气的气体交换，森林生态系统对维持地球大气 CO_2 和 O_2 的动态平衡、减缓温室效应、提供人类生存必要气体条件有着无法替代的重要作用。根据光合作用方程式，每形成 1g 干物质，植物会固定 1.63g CO_2；根据呼吸作用方程式，每形成 1g 干物质，植物会释放 1.19g O_2。根据造林成本法计算分别获得碳、氧价格，再根据神农架地区森林年均净初级生产力获得神农架自然保护区固碳释氧价值。

1. 固碳价值

$$U_{碳} = AC_{碳} \left(1.63 R_{碳} B_{年} + F_{土壤碳} \right) \tag{3-5}$$

2. 释氧价值

$$U_{氧} = 1.19 C_{氧} A B_{年} \tag{3-6}$$

式中，$U_{碳}$ 为林分年固碳价值（元/a）；$U_{氧}$ 为林分年释氧价值（元/a）；$B_{年}$ 为林分净生产力[t/（$hm^2 \cdot a$）]；$C_{碳}$ 为固碳价格（元/t）；$R_{碳}$ 为 CO_2 中碳的含量，为 27.27%；$F_{土壤碳}$ 为单位面积林分土壤年固碳量[t/（$hm^2 \cdot a$）]；A 为林分面积（hm^2）；$C_{氧}$ 为氧气价格（元/t）。

（四）积累营养物质价值

积累营养物质指森林植物通过生化反应在大气、土壤和降水中吸收 N、P、K 等营养物质，并将其贮存在体内各器官中的功能，该功能对降低森林下游面域污染和水体富营养化有着重要作用。评价神农架自然保护区在养分循环中提供的价值时，可通过森林生态系统对营养物质的固定量乘以全国化肥平均价格得到结果。

$$U_{营养} = AB_{年} \left(\frac{N_{营养} C_1}{R_1} + \frac{P_{营养} C_1}{R_2} + \frac{K_{营养} C_2}{R_3} \right) \tag{3-7}$$

式中，$U_{营养}$ 为林分年营养物质积累价值（元/a）；$N_{营养}$ 为林木含氮量（%）；$P_{营养}$ 为林木含磷量（%）；$K_{营养}$ 为林木含钾量（%）；R_1 为磷酸二铵化肥含氮量（%）；R_2 为磷酸二铵化肥含磷量（%）；R_3 为氯化钾化肥含钾量（%）；C_1 为磷酸二铵化肥价格（元/t）；C_2 为氯化钾化肥价格（元/t）；$B_{年}$ 为林分净生产力[t/（$hm^2 \cdot a$）]；A 为林分面积（hm^2）。

（五）净化大气价值

净化大气指森林生态系统对 SO_2、N_xO_y、粉尘等大气污染物的吸收、过滤、阻隔和分解，以及降低噪声、提供负离子等功能。本研究主要研究神农架自然保护区森林生态系统对 SO_2 的吸收和阻滞粉尘所带来的价值量，通过市场价值法进行估算。

1. 吸收 SO_2 价值

$$U_{SO_2} = K_{SO_2} Q_{SO_2} A \qquad (3\text{-}8)$$

2. 滞尘价值

$$U_{滞尘} = K_{滞尘} Q_{滞尘} A \qquad (3\text{-}9)$$

式中，U_{SO_2} 为森林年吸收 SO_2 价值（元/a）；K_{SO_2} 为二氧化硫治理费用（元/kg）；Q_{SO_2} 为单位面积森林年吸收二氧化硫量[kg/（$hm^2 \cdot a$）]；$U_{滞尘}$ 为森林年滞尘价值（元/a）；$K_{滞尘}$ 为清理滞尘费用（元/kg）；$Q_{滞尘}$ 为单位面积森林年滞尘量[kg/（$hm^2 \cdot a$）]；A 为林分面积（hm^2）。

（六）生物多样性保护价值

森林生态系统为生物物种提供了生态和繁衍的场所，所以森林生态系统自然保护区是保护生物多样性的主要区域。本研究采用机会成本法对神农架自然保护区生物多样性保护价值进行估算。根据《森林生态系统服务功能评估规范》（LY/T 1721—2008），该指标通过香农-维纳（Shannon-Wiener）指数 H' 来确定单位面积年物种损失的机会成本，共划分为 7 级，具体参数如表 3-5 所示。

$$U_{生物} = S_{生} A \qquad (3\text{-}10)$$

式中，$U_{生物}$ 为林分年物种保育价值（元/a）；$S_{生}$ 为单位面积年物种损失的机会成本[元/（$hm^2 \cdot a$）]；A 为林分面积（hm^2）。

表 3-5 Shannon-Wiener 指数等级划分及其价值量

H'	$S_{生}$ /[元/（$hm^2 \cdot a$）]
$H'<1$	3 000
$1 \leqslant H'<2$	5 000
$2 \leqslant H'<3$	10 000
$3 \leqslant H'<4$	20 000
$4 \leqslant H'<5$	30 000
$5 \leqslant H'<6$	40 000
$H' \geqslant 6$	50 000

三、生态资产评估结果与分析

根据森林资源二类调查，神农架自然保护区内主要林种为生态公益林，面积为 70 465.10hm^2，其中乔木林为 65 927.98hm^2，灌木林为 2979.5hm^2，竹林为 0.82hm^2，乔木林面积占全区森林面积的 93.56%，本研究对神农架自然保护区生态系统服务功能评估所用林分类型为乔木林中的针叶林、阔叶林和针阔混交林。神农架自然保护区各类土地面积和生态系统服务价值评估结果如表 3-6 和表 3-7 所示。

表 3-6 神农架自然保护区各类土地面积

类型	林地类型	林地面积/hm^2
林地	乔木林地	65 928.8
	灌木林地	2 979.5
	未成林地	54.01
	无立木林地	1 363.21
	宜林地	78.96
	林业辅助生产用地	60.62
	小计	70 465.1
非林地		1 850.27
合计		72 315.37

表 3-7 神农架自然保护区生态系统服务价值评估结果

林分类型		针叶林					
		幼龄林	中龄林	近熟林	成熟林	过熟林	小计
林分面积/hm^2		806.66	843.08	1 089.98	2 340.24	99.40	5 179.36
涵养水源价值/（亿元/a）	调节水量	0.37	0.39	0.50	1.07	0.05	2.38
	净化水质	0.07	0.07	0.10	0.20	0.01	0.45
	小计	0.44	0.46	0.60	1.27	0.06	2.83
保育土壤价值/（亿元/a）	固土	0.28	0.29	0.38	0.81	0.03	1.79
	保肥	5.78	6.04	7.81	16.76	0.71	37.10
	小计	6.06	6.33	8.19	17.57	0.74	38.89
固碳释氧价值/（亿元/a）	固碳	0.01	0.01	0.01	0.02	0.0010	0.05
	释氧	0.02	0.03	0.03	0.07	0.0030	0.153
	小计	0.03	0.04	0.04	0.09	0.0030	0.203
积累营养物质价值/（亿元/a）		0.50	0.52	0.67	1.44	0.06	3.19

续表

林分类型		针叶林					
		幼龄林	中龄林	近熟林	成熟林	过熟林	小计
净化大气价值/（亿元/a）	吸收 SO_2	0.0021	0.0022	0.0028	0.0061	0.0003	0.0135
	滞尘	0.0402	0.0420	0.0543	0.1165	0.0050	0.2580
	小计	0.0423	0.0442	0.0571	0.1226	0.0053	0.2715
生物多样性保护价值/（亿元/a）		0.04	0.04	0.05	0.12	0.0050	0.26
合计/（亿元/a）		7.1123	7.4342	9.6071	20.6126	0.8733	45.6445

林分类型		阔叶林					
		幼龄林	中龄林	近熟林	成熟林	过熟林	小计
林分面积/hm²		16 848.37	18 944.31	5 023.09	4 183.79	184.08	45 183.64
涵养水源价值/（亿元/a）	调节水量	7.80	8.77	2.33	1.94	0.09	20.93
	净化水质	1.49	1.67	0.44	0.37	0.02	3.99
	小计	9.29	10.44	2.77	2.31	0.11	24.92
保育土壤价值/（亿元/a）	固土	6.28	7.06	1.87	1.56	0.07	16.84
	保肥	97.14	109.22	28.96	24.12	1.06	260.50
	小计	103.42	116.28	30.83	25.68	1.13	277.34
固碳释氧价值/（亿元/a）	固碳	0.40	0.45	0.12	0.10	0.004 4	1.07
	释氧	1.19	1.34	0.35	0.30	0.01	3.19
	小计	1.59	1.79	0.47	0.40	0.01	4.26
积累营养物质价值/（亿元/a）		24.16	27.17	7.20	6.00	0.26	64.79
净化大气价值/（亿元/a）	吸收 SO_2	0.0179	0.0202	0.0053	0.0045	0.0002	0.048 1
	滞尘	0.2555	0.2873	0.0762	0.0634	0.0028	0.685 2
	小计	0.2734	0.3075	0.0815	0.0679	0.003	0.733 3
生物多样性保护价值/（亿元/a）		6.74	7.58	2.01	1.67	0.07	18.07
合计/（亿元/a）		145.4734	163.5675	43.3615	36.1279	1.583	390.1133

林分类型		针阔混交林						针叶林、阔叶林、针阔混交林合计
		幼龄林	中龄林	近熟林	成熟林	过熟林	小计	
林分面积/hm²		1 612.46	3 234.98	2 650.46	7 996.18	70.9	15 564.98	65 927.98
涵养水源价值/（亿元/a）	调节水量	0.73	1.46	1.2	3.62	0.03	7.04	30.35
	净化水质	0.14	0.28	0.23	0.69	0.01	1.35	5.79
	小计	0.87	1.74	1.43	4.31	0.04	8.39	36.14
保育土壤价值/（亿元/a）	固土	0.58	1.17	0.96	2.89	0.03	5.63	24.26
	保肥	10.48	21.02	17.22	51.96	0.46	101.14	398.74
	小计	11.06	22.19	18.18	54.85	0.49	106.77	423
固碳释氧价值/（亿元/a）	固碳	0.02	0.04	0.03	0.1	0.0009	0.1909	1.31
	释氧	0.06	0.12	0.1	0.3	0.0027	0.5827	3.93
	小计	0.08	0.16	0.13	0.4	0.0036	0.736	5.24
积累营养物质价值/（亿元/a）		1.19	2.39	1.96	5.91	0.05	11.50	79.48

续表

林分类型		针阔混交林						针叶林、阔叶林、针阔混交林合计
		幼龄林	中龄林	近熟林	成熟林	过熟林	小计	
净化大气价值/（亿元/a）	吸收SO₂	0.0029	0.0059	0.0048	0.0146	0.0001	0.0283	0.09
	滞尘	0.0524	0.1051	0.0861	0.2597	0.0023	0.5056	1.45
	小计	0.0553	0.1110	0.0909	0.2743	0.0024	0.5339	1.54
生物多样性保护价值/（亿元/a）		0.32	0.65	0.53	1.6	0.01	3.11	21.44
合计/（亿元/a）		13.5753	27.2410	22.3209	67.3443	0.5924	131.0775	566.84

1. 涵养水源价值

神农架地区气候受亚热带季风气候影响强烈，降水充沛，多年平均降水量为1170.20mm/a。各林分年蒸发量为：针叶林567.2mm/a，阔叶林581.6mm/a，针阔混交林585.1mm/a。各林分地表径流量为：针叶林28.05mm/a，阔叶林7.50mm/a，针阔混交林17.78mm/a。根据1993～1999年《中国水利年鉴》平均水库库容造价2.17元/t，国家统计局发布的2018年定基（1990=100）工业生产者购进价格指数（自2011年起，原材料、燃料、动力购进价格指数改为工业生产者购进价格指数）369.8，2019年工业生产者购进价格指数（上年=100）99.3，计算得到2019年定基价格指数为367.2，即得到2019年单位库容造价为7.97元/t。水的净化费用采用2019年武汉市居民用水价格，为1.52元/t。最终求得神农架自然保护区生态系统涵养水源价值约为36.14亿元/a，其中调节水量价值为30.35亿元/a，净化水质价值为5.79亿元/a。

2. 保育土壤价值

根据我国土壤研究成果，无林地土壤中等程度的侵蚀深度为15～35mm/a，无林地土壤侵蚀模数为150.00～350.00m³/（hm²·a），取平均值319.80m³/（hm²·a）进行计算；有林地土壤侵蚀模数分别为针叶林7.80m³/（hm²·a），阔叶林0.50m³/（hm²·a），针阔混交林4.15m³/（hm²·a）（刘永杰等，2014）。根据中国化肥网2019年化肥价格市场报告，磷酸二铵报价为2150～2200元/t，取平均值2175元/t。根据中国农资网2019年化肥价格市场报告，氯化钾价格为2200～2250元/t，取平均值2225元/t。根据土流网统计，2019年我国鸡粪有机肥市场价格为290～310元/t，取平均值300元/t。查阅产品说明可知，磷酸二铵化肥含氮量为14.0%，磷酸二铵化肥含磷量为15.01%，氯化钾化肥含钾量为50%。根据神农架森林生态系统长期连续定位观测，得到各林分的土壤容重ρ及土壤营养成分含量（N、P、K、有机质）（表3-8）。计算得到神农架自然保护区保育土壤价值为423.00亿元/a，其中固土价值约为24.26亿元/a，保肥价值约为398.74亿元/a。

表 3-8   各林分土壤容重及土壤养分含量

林分类型	针叶林	阔叶林	针阔混交林
土壤容重 ρ/（t/m³）	1.14	1.08	1.10
土壤有机质含量/（mg/g）	14.93	12.74	0.49
土壤平均含 N 量/（mg/g）	0.62	0.49	0.56
土壤平均含 P 量/（mg/g）	0.11	0.11	0.11
土壤平均含 K 量/（mg/g）	1.63	1.13	1.38

3. 固碳释氧价值

根据李高飞等（2004）对中国不同气候带各类型森林净初级生产力的研究结果，寒温带针叶林的平均净初级生产力为 7.20t/（hm²·a），温带针阔混交林净初级生产力为 8.99t/（hm²·a），暖温带落叶阔叶林净初级生产力为 9.54t/（hm²·a），亚热带常绿阔叶林净初级生产力为 16.81t/（hm²·a），因为神农架自然保护区属于亚热带森林生态系统，所以采用 16.81t/（hm²·a）作为阔叶林净初级生产力进行计算。李晓曼等（2008）研究表明不同森林类型土壤的固碳能力不同，其中针叶林的土壤年固碳量为 0.6727t/（hm²·a），阔叶林为 1.647t/（hm²·a），针阔混交林为 0.7371t/（hm²·a）。根据造林成本法，中国杉木、马尾松、泡桐 3 种树木的平均造林成本为 240.03 元/m³，折合固碳价格为 260.9 元/t，制造氧气价格为 352.93 元/t。最终得到神农架自然保护区固碳释氧总价值达 5.24 亿元/a，其中固碳价值约为 1.31 亿元/a，释氧价值约为 3.93 亿元/a。

4. 积累营养物质价值

考虑到神农架自然保护区属于亚热带气候，根据赵同谦等（2004）对中国主要森林生态系统类型植物体内各营养元素含量的研究，得到针叶林植物体内含 N 量为 4.20mg/g，含 P 量为 0.75mg/g，含 K 量为 2.13mg/g；阔叶林植物体内含 N 量为 4.56mg/g，含 P 量为 0.32mg/g，含 K 量为 2.21mg/g；针阔混交林则根据已有研究，取针叶林与亚热带落叶阔叶林植物体内养分含量的平均值，即含 N 量为 4.31mg/g，含 P 量为 0.39mg/g，含 K 量为 2.16mg/g。最终得到神农架自然保护区积累营养物质价值为 79.48 亿元/a。

5. 净化大气价值

根据湖北省森林资源二类调查（湖北省林业厅，2012）和林地落界数据（马明哲等，2017），神农架自然保护区有针叶林 5179.36hm²，阔叶林 45 183.64hm²，针阔混交林 15 564.98hm²。由《中国生物多样性国情研究报告》（中华人民共和国环境保护局，1998）的相关资料可得，针叶林、阔叶林对 SO_2 的吸收能力分别是

215.60kg/（hm²·a）、88.65kg/（hm²·a），针阔混交林取二者平均值 152.13kg/（hm²·a），据研究，针叶林的滞尘能力为 33 200kg/（hm²·a），阔叶林的滞尘能力为 10 110kg/（hm²·a），针阔混交林的滞尘能力取针叶林和阔叶林平均值 21 655kg/（hm²·a），参考《森林生态系统服务功能评估规范》（LY/T 1721—2008），吸收 SO_2 治理费用为 1.20 元/kg，降尘清理费用为 0.15 元/kg。计算得出神农架自然保护区吸收 SO_2 带来的价值为 0.09 亿元/a，神农架自然保护区滞尘带来的价值为 1.45 亿元/a。最终得到神农架自然保护区净化大气价值为 1.54 亿元/a。

6. 生物多样性保护价值

根据森林资源二类调查（湖北省林业厅，2012）和林地落界数据（马明哲等，2017），由于神农架自然保护区内针叶林以冷杉和松类为主，阔叶林以常绿、落叶阔叶混交林为主，参照王兵等（2008）对中国森林物种多样性保育的研究成果，得到针叶林 Shannon-Wiener 多样性指数等级为Ⅵ，即 $1 \leqslant H' < 2$；阔叶林 Shannon-Wiener 多样性指数等级为Ⅱ，即 $5 \leqslant H' < 6$；针阔混交林 Shannon-Wiener 多样性指数等级为Ⅳ，即 $3 \leqslant H' < 4$，计算得出神农架自然保护区生物多样性保护价值为 21.44 亿元/a。

7. 神农架自然保护区生态系统服务总价值

神农架自然保护区生态系统服务总价值为 566.84 亿元/a，各单项生态系统服务价值从高到低排序为：保育土壤价值（74.63%）＞积累营养物质价值（14.02%）＞涵养水源价值（6.37%）＞生物多样性保护价值（3.78%）＞固碳释氧价值（0.92%）＞净化大气价值（0.27%），保育土壤价值超过了总价值的 50%，为贡献率最大的指标，其中保肥价值达到了保育土壤价值的 94.26%，说明神农架自然保护区对土壤的保育功能尤其是土壤肥力的保持较好，与程畅等（2015）对神农架森林生态系统服务价值研究的结果一致。其次为积累营养物质价值，占总价值的 14.02%，剩余 4 项贡献率总共占 11.35%。根据计算结果，生物多样性保护价值仅占总价值的 3.78%，位于各项生态系统服务功能贡献率的第 4 位。神农架自然保护区生态系统服务价值的构成及其贡献率如图 3-11 所示。

不同植被类型的生态系统服务价值大小顺序为：阔叶林＞针阔混交林＞针叶林，其中阔叶林的中龄林和幼龄林价值量明显高于其他林龄和植被类型，而针阔混交林生态系统服务价值的主要贡献者为成熟林。根据本研究结果计算可得，神农架自然保护区生态系统服务价值约为神农架林区近几年国内生产总值（GDP）的 20～30 倍，这一差距反映了神农架地区生态资源丰富但经济落后的矛盾，也映射出我国部分地区生态良好与经济落后共存的现状。对此，我们更需要倡导社会提高对生态价值的认识与了解，通过政府加大财政转移支付力度，制定完善相关政策等措施来更加充分地发挥生态效益，促进人与自然和谐发展。

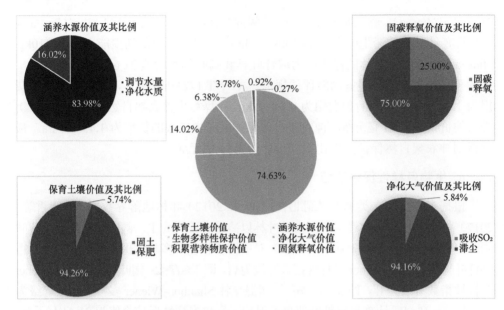

图 3-11　神农架自然保护区生态系统服务价值构成及其比例

对神农架国家公园体制试点区进行生态功能分区，将其分为 3 个区域，包括高海拔流域源头的水源涵养区、中低海拔的溪流区、低海拔河流区域，对不同区域进行相应的开发利用，同时兼顾保护和发展。对该区域生态资产价值的评估，表明生态系统服务价值远大于神农架林区 GDP，生态资产的保护价值极大。根据神农架国家公园体制试点区的资源分布及保护需求，制定科学、合理的管理措施，对神农架国家公园体制试点区自然资源进行保护，国家公园的建设和保护任重道远，合理开发和利用具有重大的意义。

第四章　神农架国家公园体制试点区 关键生态过程识别及修复[*]

本章针对神农架国家公园体制试点区的现状，开展关键生态过程辨识研究。对公园内受水电开发、旅游开发，以及川金丝猴的觅食和社交等活动影响的区域进行长期的逐月监测，包括水质监测、底栖动物的生物多样性监测和底栖动物的生活史过程辨析及其在不同生境中的关联性等。通过提出具体的修复措施，如通过生态放流来满足河流最小生态流量，搭建人工生态廊道从而保护川金丝猴的迁移等。在不影响经济建设的前提下，达到对神农架国家公园体制试点区进行生态系统功能提升的目的，为试点区内物种及其生境保护管理提供理论依据。

第一节　人类活动对野生动物栖息地的影响

神农架地区共有兽类、鸟类、两栖类和爬行类动物544种，国家重点保护野生兽类16种。其中川金丝猴是神农架的旗舰保护物种，被列为国家一级重点保护野生动物。神农架川金丝猴的研究保护对区域生物多样性的维护有着不可替代的重要科学价值。因此本部分研究主要选取川金丝猴为对象，探讨人类活动对野生动物栖息地的影响。目前川金丝猴仅分布于四川北部及甘肃南部、陕西秦岭和湖北神农架4个孤立的地区，其中湖北神农架是我国川金丝猴种群分布最东端的种群，与其他地区的种群呈隔离状态，且该种群一直处在极度濒危状态。但在川金丝猴进化史上占有重要地位（杜永林等，2021）。

神农架川金丝猴的研究起步较早，所涉及内容广，但利用保护生物学手段进行系统性的研究在近年来才逐渐迈上正轨。由于其分布地域特殊、相对数量较少、生境破碎化程度高，利用综合多学科的保护生物学研究方法正是开展川金丝猴的保护与管理工作的迫切需求。

一、神农架川金丝猴活动规律、迁徙行为研究

生境是生物赖以生存和繁衍的环境空间。适宜的生境使生物在该区域生存和繁衍，并展现出一定的群落结构特征。然而，在自然或人为干扰下，部分适宜生

---

[*] 本章作者：罗情怡，谭路，李先福，杨敬元，杨万吉、吴乃成。

境会退化并表现出物种在组成与结构上的变化、生态系统恢复能力降低等特征，从而使生境逐渐偏离自然状态并失去保育生物的功能（杨敬元和杨万吉，2018）。

神农架国家公园体制试点区是川金丝猴的重要分布区域，主要在观音洞、大小千家坪、官门山、大小龙潭、神农顶等区域。自 20 世纪 60 年代以来，神农架超过 80%的川金丝猴分布区受到了人工砍伐的影响，被保护的适宜生境不足分布区的 5%，生境的过度破坏一度致使川金丝猴种群数量骤降到 500 只以下（杨敬元和杨万吉，2018）。1982 年神农架自然保护区（现神农架国家公园体制试点区）建立后，川金丝猴种群才逐渐恢复，种群数量从保护区建立前的 500 余只增加到目前的 1400 余只（杜永林等，2021），保护地的建立对其种群的繁衍和增长起到了积极作用。然而，目前川金丝猴的生境仍存在高度破碎化的问题，栖息地破碎化阻隔了猴群的游走范围、采食和繁殖，阻碍了大猴群的形成；各个川金丝猴小种群存在区域隔离，近亲繁殖增加和近交衰退的压力增加，将损害种群的长期进化潜力和生存力。

通过对神农架川金丝猴行为学的研究，研究人员了解到川金丝猴是典型的林栖动物，其生存和繁殖与当地的生态系统密切相关、紧密联系。因此，评价神农架不同区域的生境质量和识别影响川金丝猴的关键生境选择因素（人为干扰、生境破碎化、食物种类与分布、气候变化）至关重要。神农架国家公园体制试点区针对以上干扰因素的影响应加强对川金丝猴及其生境的保护和管理。上述这些问题都需要相应的监测和评估手段（杨敬元和杨万吉，2018）。

神农架川金丝猴研究团队针对神农架川金丝猴生境破碎化、生境退化等现状，通过解译与分析遥感数据、实地调查和野外监测，研究神农架川金丝猴生境退化机制及制约生境恢复的关键因素，集成了生境恢复技术，明确了导致川金丝猴生境破碎化的关键因素，提出了川金丝猴生境廊道构建技术，优化了川金丝猴生境格局，从而有效地保护和扩大了川金丝猴的适宜生境。

（一）研究方法

对神农架千家坪、金猴岭和大龙潭 3 个区域的野生川金丝猴种群进行定位跟踪，在生境调查与红外相机监测的基础上，进行川金丝猴生境调查与行为平台规划建设研究，具体方法如下。

在充分了解神农架川金丝猴分布及其活动规律的基础上，选择川金丝猴的主要活动区域，建立基于物联网技术的川金丝猴生境与行为研究数字化信息平台。在神农架川金丝猴集中分布区 $25km^2$ 内展开物联网部署，集成多类型的传感器技术、远距离低能耗通信技术和大规模数据分析技术，通过自组织网络技术，所有无线节点可以自动形成一个汇集数据的网络，建立数据网络平台。构建数据收集与管理的数字化信息平台，进行实时网络监测和数据分析，反映这一片区域川金丝猴与生境的关系。

在川金丝猴野生种群活动范围内，将研究区划分为 2km×2km 的网格，在每个网格内放置 1 台红外相机，每个地点上放置 3 个月，3 个月后移动相机到网格内的下一个地点。通过收集、整理野生动物照片数据，分析川金丝猴日活动规律、季节性活动规律以及空间分布的变化，充分了解不同季节川金丝猴的生境需求，为生物气候分室模型（Maxent）提供川金丝猴空间分布数据及生境需求信息。

通过对 3 个不同时期（1980～1990 年、1991～2000 年、2001～2010 年）神农架林区的卫星遥感影像进行解译，获取神农架林区景观及植被类型的动态变化，结合气候数据以及公路、居民点等人为干扰的变化，利用生物气候分室模型研究川金丝猴生境的历史变化，鉴别造成川金丝猴分布区变化的关键因素。将采用区域气候模拟系统（Providing Regional Climates for Impacts Studies，PRECIS）模拟的 2020～2100 年高分辨率气候数据置入 Maxent 模型中，模拟不同气候变化情景下川金丝猴空间分布的潜在变化，寻找川金丝猴在气候变化下的避难所，提出适应性的管理对策。

（二）神农架川金丝猴生境及行为监测平台建设

依托监测平台，结合野外实地调查，进行川金丝猴生境利用调查和诊断研究，监测川金丝猴的采食偏好及树种利用偏好、川金丝猴的行为特征及活动对其生境的影响程度，指导退化生境的恢复和人工补食种群生境的管理与恢复工作。

2019 年，神农架国家公园体制试点区联合了巴东川金丝猴保护区、兴山万朝山省级自然保护区，组织队伍分成 8 个专班，对桥洞沟及豹子洞区域、大小千家坪区域、金猴岭区域 3 个区域开展了川金丝猴跨地区种群及数量的联合调查，调查范围达 500m^2 以上，完成了神农架川金丝猴种群数量调查报告。关于川金丝猴的最新调查显示：神农架川金丝猴种群数量从 2005 年的 8 个增至 10 个，数量从 1282 只增至 1471 只，栖息地面积从 210km^2 增至 354km^2（杜永林等，2021）。

二、神农架川金丝猴生境潜在变化研究

（一）研究方法

利用神农架林区 1987 年、2000 年、2013 年 Landsat（陆地卫星）卫星遥感影像，结合地面调查信息，运用 ERDAS 软件分别解译出 3 个时期地表覆盖类型，同时对比 3 个时期地表覆盖类型的变化，统计分析出 3 个时期神农架林区森林变化面积和来源。

环境因子选取气候因子、地形因子、人为因子、地表覆盖 4 种类型，由相应的数据经过处理获得。利用 ArcGIS 10.2 将所有环境因子栅格数据统一到相同坐

标系、相同范围、1km×1km 分辨率下，并转换为 asc 格式数据。

其中，2000～2013 年的数据为红外相机和日常巡护共同得到，环境变量主要包括：植被、海拔、坡度、坡向、河流密度、公路密度、居民点密度、生物气候数据、川金丝猴分布点位等。将野外调查得到的川金丝猴分布点数据和环境变量数据（主要包括气候、地形、地表覆盖等）导入 Maxent 中，随机选取 75%的分布点用于构建模型，剩余 25%用于验证模型。选择 jackknife（刀切法）来检测变量的重要性，并对各生境因子进行敏感性分析，其他参数均为模型的默认值。

（二）研究结果

模型预测结果以特征曲线的形式进行展现，并以曲线面积设定评价标准：不及格为 0.5～0.6，较差为 0.6～0.7，一般为 0.7～0.8，良好为 0.8～0.9，优秀为 0.9～1。最后将结果导入 ArcGIS 中进行相关空间展示及分析，得到神农架川金丝猴栖息地的适宜性变化。

从 WorldClim 网站（https://www.Worldclim.org）下载了 IPCC5 的气候变化情景数据，分辨率为 30s（约 900m），包括当前气候数据（1950～2000 年）、2050 年和 2070 年气候数据。根据气候变化分别模拟出至 2050 年和 2070 年神农架川金丝猴适宜生境潜在变化情况（表 4-1）。

表 4-1　气候变化下川金丝猴生境的潜在变化（杨敬元和杨万吉，2018）

情境模式	变化		
	不适宜生境/%	潜在生境/%	适宜生境/%
RCP2026 模式下 2050 年生境预测	21.92	−24.01	−33.05
RCP2045 模式下 2050 年生境预测	42.95	−47.60	−63.84
RCP2060 模式下 2050 年生境预测	30.71	−28.19	−55.19
RCP2026 模式下 2070 年生境预测	43.30	−43.23	−72.14
RCP2045 模式下 2070 年生境预测	54.86	−57.46	−87.00
RCP2060 模式下 2070 年生境预测	78.18	−96.57	−100.00

注：RCP 表示基于气候变化模式

基于 IPCC5 三种气候变化情景数据（2026、2045 和 2060）模拟的结果显示：至 2050 年，三种气候变化情景下神农架川金丝猴潜在生境和适宜生境均在减少，其中基于 2045 气候变化情景下的神农架川金丝猴潜在生境和适宜生境下降最多，分别为 47.60%和 63.84%。至 2070 年，三种气候变化情景下神农架川金丝猴潜在生境和适宜生境均呈现下降趋势，与 2050 年的模拟结果不同，2070 年基于 2060 气候变化情景下的神农架川金丝猴潜在生境和适宜生境下降值最大，适宜生境下降 100%。模型预测结果表明气候变化显著减少了神农架地区川金丝猴的适宜生境。

三、神农架川金丝猴退化生境诊断与恢复及生态廊道构建

（一）研究方法

1. 资料获取及处理

由前期数据处理结果可知，神农架自然保护区川金丝猴主要分布在观音洞、大小千家坪、官门山、大小龙潭、神农顶附近等区域，将研究区分为川金丝猴活动适宜生境区和非活动适宜生境区，其活动区的分布比例大于非活动区。活动适宜生境区主要包括大小千家坪、金猴岭等；非活动适宜生境区包括大小龙潭、大小神农架等。其地理因素主要包括海拔、河流、道路、坡度、坡向、植被信息及干扰等相关信息。根据研究团队在神农架国家公园体制试点区的前期实地调查数据和保护区工作人员提供的相关数据，整理提取所需要的数据信息。以下为所需具体数据来源。

植被数据：2010 年森林资源二类清查数据，结合研究团队野外实地调查数据，整理修改，以提高精度，得到基本植被信息。

边界：在 2010 年森林资源二类清查数据的基础上，采用 ArcGIS 10.2 软件，根据地类对小班进行融合（dissolve）运算，得到合并后的小班。然后通过 ArcGIS 10.2 软件中矢量栅格转换、栅格计算和重分类提取出边界信息。

地理因子：从国际科学数据服务平台网站（https://datamirror.csdb.cn）下载 30m 分辨率的数字高程模型（digital elevation model，DEM），利用 ArcGIS 的空间分析工具提取出较为理想的地理因子（坡度、坡向以及海拔等）信息。

道路：1:50 000 原神农架自然保护区管理局地形图，利用 ArcGIS 10.2 软件的空间分析工具进行直线距离分析，得到距道路和河流距离的数据信息。

2. 生境调查

川金丝猴的地理分布点数据主要通过野外样线调查和查阅保护区监测资料来获取。按照目前神农架川金丝猴各种群的分布情况，结合各片区不同的考察条件，分组对猴群进行全天候野外实地跟踪观察，依据猴群移动和移动停止将川金丝猴活动点范围绘在 1:50 000 的地形图上，每月至少全天跟踪记录 10 天，每天至少在地图上标注川金丝猴群体位点 3 个。在经过一年的持续跟踪记录的基础上，按照所记录猴群活动位点在空间的分布情况（分布密度）设置植物样方点和所需样方数，以此调查川金丝猴栖息地类型、特征及利用情况。调查时详细记录样地地理坐标、海拔、坡位、坡向和坡度、植被类型、郁闭度等信息，随后调查乔木和灌木物种组成、乔木平均胸径和平均高、灌木物种盖度和高度，并详细记录样地

及周边森林采伐以及病虫害状况。

3. 生境分类

生态系统退化程度诊断是进行生态恢复和重建的重要前提，通常从生物、功能、景观等途径比较退化生态系统和原生生态系统在组成、结构、功能等方面的差异以确定退化程度，从而将退化生境分为适宜生境、轻度退化生境、中度退化生境、重度退化生境和不适宜生境五大类（赵晓英等，2001；杜晓军等，2003）。①适宜生境：该类生境为川金丝猴主要利用生境，一年内多次利用，年利用频次超过50次，每次利用时间长，且利用方式多样，如取食、睡觉、嬉戏等。②轻度退化生境：该类生境中能够经常发现川金丝猴的活动痕迹，但活动频率稍低，年活动频次为15～50次，特点为利用时间较短。③中度退化生境：此类生境中发现少量川金丝猴的活动痕迹，活动频率极低，年活动频次低于15次，时间很短，利用方式单一，仅作为川金丝猴迁徙时的过境生境。④重度退化生境：该类生境原来为川金丝猴生境，现基本被川金丝猴弃用，基本不能发现川金丝猴的活动痕迹。⑤不适宜生境：该类生境位于川金丝猴活动区域内，但始终没有被川金丝猴利用，没有发现川金丝猴的活动痕迹（杜晓军等，2003；张宇，2015）。

根据川金丝猴2012年全年跟踪数据及对保护区技术人员访谈的数据，将2012～2014年调查的218个样地分为适宜生境（77个）、轻度退化生境（20个）、中度退化生境（18个）、重度退化生境（17个）和不适宜生境（86个）。

4. 生境退化原因分析

生境退化主要来源于外部干扰（包维楷和王春明，2000）。研究通过调查退化生境的伐桩数量、病虫害危害程度、树冠受损状况、样地到最近道路距离和样地坡度等，比较不同退化等级生境采伐、病虫害、生境利用强度和人类干扰强度的差异。样地到最近道路距离的计算方法为：将样地经度、纬度、神农架国家公园体制试点区内1:50 000道路分布图导入ArcGIS 10.2平台，利用ArcToolbox分析工具进行计算。

5. 生境恢复技术设计

（1）生境恢复模式设计

根据川金丝猴生境退化程度及退化原因，确定生境恢复模式。

（2）生境模式群落设计

以适宜生境调查数据计算各物种在群落中对应层的重要值，剔除所有样方中出现次数低于3次以下的偶见种（149种），构建适宜生境样地（82个）×物种（482个）的矩阵，利用PC-ORD 5.0中的TWINSPAN模块对适宜生境的群落进行分类，并采用中国植被分类学的命名方法对群落进行命名，最后根据退化生境所处海拔、原始植被类型推荐用于植被恢复和重建的模式群落。

（3）生境恢复技术

根据生境恢复模式、生境模式群落优势物种组成、建设地点立地条件，结合森林抚育和人工造林相关技术，提出川金丝猴生境恢复技术。

6. 最小费用路径模型

最小费用路径模型是一个基于像元尺度的空间分析模型，在模拟不同景观要素间的连接度或识别动物迁移路径中受到广泛重视。识别野生动物潜在生境廊道的方法有很多，主要有最小费用距离模型、回路理论、图论、网络流模型（Kindlmann and Baurel，2008）。基于地理信息系统（GIS）的最小费用距离模型是目前识别野生动物保护生态廊道时最常用的方法（Pinto and Keitt，2009）。

1）最小费用距离（the least-cost distance，LCD），又称为最小累积阻力。LCD是指在"源""汇"之间通过异质性景观阻力所需要耗费的费用或者克服阻力所做的功（ESRI，1991）。最小费用距离从欧几里得距离，即欧氏距离（Euclidean distance）演化而来，实际上反映的是一种加权运算后得到的距离。最小费用距离类似于空间距离但计算的又并非实际上的空间距离，而是从目标斑块到达离其最近源斑块的最小累积费用距离或者最小累积阻力，表示在其穿越过程中克服阻力所要做功的大小。在生物保护方面，生物穿过不同景观类型需要克服的累积阻力即为最小费用距离中的阻力值，基于这一考虑，可以在生境廊道构建时利用最小费用距离模型，为实际规划设计工作者提供科学的决策依据（吴昌广等，2009）。

2）最小费用路径（the least-cost path，LCP）是通过阻力栅格的组合选择，模拟出野生动物两个适宜生境间阻力最小、距离最短、最可能的迁移扩散路线（Larkin *et al.*，2004）。最小费用路径在许多野生动物生境廊道规划设计的实际案例中已被证实具有一定的可行性（Larkin *et al.*，2004）。

利用最小费用距离模型进行计算分析的过程需要确定 3 个要素："源"的选取、阻力层构建和阻力值的确定。"源"是物种实际存在或扩散的原点，具有内部同质性和向周边扩张或向"源"本身汇集的能力。物种在运动过程中需要克服不同的景观阻力来完成其运动过程，不同研究区以及目标物种的阻力层构成是存在差异的。阻力系数表示生物物种通过不同景观要素单元时的难易程度，不同的景观要素对经过其中的物种所造成的阻力作用存在差异，这种差异体现在物种对不同景观要素的适应程度，根据适应程度的不同，对景观要素赋予不同的阻力系数，然后进行相关计算。最小费用距离的计算公式如下。

$$\text{MCR} = f_{\min} \sum_{j=n}^{i=m} \left(D_{ij} \times R_i \right)$$

式中，f 是一个单调递增函数，反映在相应的空间特征下，生物物种从空间中任一点到景观中所有"源"的距离关系；D_{ij} 代表生物物种从源 j 到景观单元 i 的空间距离；R_i 是景观要素单元 i 对该物种在空间运动中的阻力系数。

7. 不考虑边缘效应的川金丝猴潜在生境廊道识别

识别生境廊道时首先需要确定川金丝猴适宜生境的"源"和"汇"。"源"和"汇"在野生动物的迁移扩散中是相对概念，当迁移扩散方向相反时，"源"和"汇"就需要互换。"源""汇"确定以后在其基础上构建阻力层，最后才是生境廊道的识别（王丽，2015）。

（1）"源"的确定

本研究在研究区内利用 ArcGIS 软件数据管理中的创建随机点模型，分别在活动区和非活动区适宜生境内创建 10 个随机点，将在川金丝猴活动适宜生境区创建的随机点当作"源"，在非活动适宜生境区创建的随机点当作"汇"，选取"源""汇"点后识别潜在生境廊道。

（2）阻力因子的选取

影响神农架川金丝猴物种迁徙的环境因子多种多样，根据神农架川金丝猴先前的相关研究，在此基础上筛选具有代表性的 4 个因子，即植被类型、海拔、坡向、距道路距离，作为构建阻力面的因子。由于景观要素类型不同，其对物种运动产生的阻力不同，根据现有研究，确定各个阻力因子（王丽，2015）。

（3）阻力系数的确定

由于不同阻力因子对川金丝猴的运动迁移扩散影响不同。本研究在现有研究基础上得知各阻力因子的重要性等级和各阻力因子在阻力面构建中的相对权重（王丽，2015）。其中，土地覆盖类型以 0.5579 的权重值对影响川金丝猴迁移扩散过程起着决定作用，其次是距道路距离的 0.2633 和海拔的 0.1219（表 4-2），分别代表了人为干扰和地理环境对川金丝猴迁移扩散过程的制约作用，最后是坡向 0.0569 的权重值，表明坡向虽然影响神农架川金丝猴的迁移扩散过程，但是这种影响作用不具有绝对性。

表 4-2　影响川金丝猴迁移扩散的各因子的相对重要性判断矩阵（杨敬元和杨万吉，2018）

影响因子	土地覆盖类型	海拔	坡向	距道路距离	权重
土地覆盖类型	1	5	7	3	0.5579
海拔	1/5	1	3	3/5	0.1219
坡向	1/7	1/3	1	5/7	0.0569
距道路距离	1/3	5/3	7/5	1	0.2633

注：一致性检验 RI=0.0444<0.1。数字代表横向因子与纵向因子比较的重要性程度，1 表示同样重要，3 表示重要一点，5 表示较大，7 表示绝对重要，分数表示重要性相反

（4）生境廊道识别

本研究基于活动区适宜生境的"源"、阻力面及非活动区适宜生境的"汇"，利用 ArcGIS 软件空间分析工具中的费用距离模块，获得最小费用路径。

（二）研究结果

围绕神农架川金丝猴分布、生境选择、食性、生境群落特征等开展的研究基本明确了神农架川金丝猴适宜的生境特征及适宜生境的分布动态。要保护好神农架川金丝猴等珍稀野生动物，首先要明确它们对生境的要求。通常，野生动物个体既能有针对性地利用生境资源，也能针对生存环境变化而进行自身调整。然而这种"调整"有一定限度，当生境变化的程度超过了动物能够调整的幅度时，动物在该种生境中的生存就受到了威胁。

1. 不同退化等级生境群落的植被类型

神农架川金丝猴分布区的针叶林、落叶阔叶林和针阔混交林等植被类型均存在川金丝猴未退化生境，同时各种植被类型也均存在不同退化程度生境。轻度退化生境主要分布于针叶林、针阔混交林和落叶阔叶林，中度退化生境主要分布于针阔混交林、针叶林、落叶阔叶林和灌木林，而重度退化生境主要分布在落叶阔叶林以外的其他森林类型或森林遭受采伐形成的灌木林和草甸。由此可以看出，神农架川金丝猴生境中针阔混交林和针叶林退化程度较为严重，而落叶阔叶林退化程度相对较轻。

（1）华山松落叶阔叶林亚带（海拔 1700～2400m）

海拔 1700～2400m 是华山松落叶阔叶林亚带。针叶林以华山松、冷杉林为主，占有较大的分布面积，多为纯林。本亚带内为落叶阔叶林的集中分布区，如锐齿槲栎林、亮叶水青冈林、米心水青冈林、山杨林和红桦林等。林下食物种类多，有许多果实、种子、树叶等，为川金丝猴提供了丰富的食物。本亚带是川金丝猴的主要活动区（龚苗，2015；杨敬元和杨万吉，2018）。

（2）巴山冷杉针阔混交林亚带（2400～2600m）

海拔 2400～2600m 是巴山冷杉针阔混交林亚带，以巴山冷杉、华山松、山杨、红桦、槭类等共同构成针阔混交林。在林缘或森林群落之间的开阔地带，有中国黄花柳、华中山楂灌丛和箭竹林（龚苗，2015；杨敬元和杨万吉，2018）。本亚带是川金丝猴夏季的主要活动区。该区域溪流较多，水量充沛，能很好地满足川金丝猴在夏季对水的需求。研究人员曾经看到 22 只猴子同时在一条溪流中饮水的情景。

（3）寒温性常绿针叶林带（2600～3100m）

海拔 2600～3100m 是寒温性常绿针叶林带，以巴山冷杉组成的寒温性常绿针叶林原始森林为主。常年多风，夏秋季雾雨连绵，形成阴湿生境。苔藓植物广泛覆盖于地表、树干和树枝上。冬季，这里的树生地衣便成为川金丝猴的主要食物，有多种树生地衣可供川金丝猴食用（龚苗，2015；杨敬元和杨万吉，2018）。林下灌木层以箭竹、杜鹃占优势。川金丝猴经常在该带活动，特别是夜宿时。

2. 生境特征

调查显示，神农架川金丝猴主要活动在 5 种植被类型中，依次是以华山松为主的针阔混交林，林内有多种阔叶树种，林下有小灌木，食物丰富，特别是秋季，华山松松子是川金丝猴喜食的食物；以桦木为主的落叶阔叶林，该类型是 20 世纪 70 年代采伐后恢复的次生林，林内成分复杂；以巴山冷杉为主的针叶林，该类型在神农架地区多为原始林，树木高大，为川金丝猴提供了良好的隐蔽场所，巴山冷杉的种子也是川金丝猴的食物；生长有大量柳树的灌丛，有多种川金丝猴的食用植物；以杨树为主的阔叶林，该类型也是 70 年代采伐后恢复的次生林，川金丝猴的食物丰富（张宇，2015；杨敬元和杨万吉，2018）。

神农架川金丝猴分布区各森林类型未退化生境和不同等级退化生境乔木层优势种基本相同。在针叶林中，未退化生境、轻度退化生境样地的乔木层优势种以华山松、巴山冷杉为主，而中度和重度退化生境的优势种除华山松、巴山冷杉外，还有部分样地为柳杉、日本落叶松等。在落叶阔叶林中，未退化生境、轻度和中度退化生境的乔木层优势种种类较复杂，主要包括红桦、山杨、锐齿槲栎、华中樱桃、华西枫杨、四蕊槭、领春木、漆树、青冈、米心水青冈、紫枝柳、湖北花楸、绣线菊、华中山楂、亮叶桦等。各植被类型川金丝猴未退化生境的灌木种数和食源灌木植物种数都高于退化生境，并随退化程度加重而下降。在针叶林类型中，川金丝猴未退化生境样地平均灌木种数和食源灌木种数分别达 18.5 种、14.4 种，与轻度退化生境之间无显著差异，但都显著高于中度和重度退化生境。在落叶阔叶林类型中，未退化生境样地平均灌木种数和食源灌木种数分别为 20.3 种、16.4 种，都显著高于中度退化生境。在针阔混交林中，未退化生境样地平均灌木种数和食源灌木种数分别达 19.5 种、16.3 种，灌木种数显著高于中度、重度退化生境，食源灌木植物种数显著高于重度退化生境（张宇，2015；杨敬元和杨万吉，2018）。

3. 不同退化等级生境群落数量特征

群落数量特征指标的正态分布检验表明，乔木平均胸径、乔木平均高度、灌木平均高度、灌木盖度等 4 种生境因子数据符合正态分布（$P>0.05$）；郁闭度、草本平均高度、草本盖度、食源灌木盖度等 4 种生境因子数据不符合正态分布（$P<0.05$）。t 检验或 U 检验的结果表明，不同退化等级生境群落之间乔木平均高度、灌木平均高度、灌木盖度、郁闭度、食源灌木盖度等 5 个指标差异显著（$P<0.05$）；

而乔木平均胸径、草本平均高度、草本盖度等 3 个指标差异不显著（$P>0.05$）。

表 4-3 为川金丝猴不同退化等级生境群落数量特征指标的比较结果，可以看出，川金丝猴适宜生境郁闭度为 0.74，显著高于轻度退化（0.58）、中度退化（0.54）和重度退化生境（0.43），生境群落的郁闭度随退化等级的加重而逐渐降低。适宜生境和轻度退化生境之间的乔木平均高度无显著差异，分别为 11.82m 和 11.60m，显著高于中度退化生境（9.75m）和重度退化生境（8.26m）。重度退化生境群落的灌木盖度最高（66.42%），但与适宜生境（58.27%）之间无显著差异；轻度和中度退化生境的灌木盖度分别为 46.39%和 37.36%，显著低于重度退化生境和适宜生境。食源灌木盖度最高的为重度退化生境（49.56%），其次适宜生境（48.34%），这两类之间无显著差异，但都显著高于中度退化生境（31.14%）；轻度退化生境的食源灌木盖度为 42.58%，与适宜生境、中度退化生境之间无显著差异，但显著低于重度退化生境。重度退化生境的灌木平均高度最高（3.18m），其次为中度退化生境（2.26m），这两类生境之间无显著差异，但都显著高于轻度退化生境的灌木高度（1.73m），适宜生境的灌木高度为 1.85m，显著低于重度退化生境，与其他等级生境间无显著差异。

表 4-3　不同退化等级生境群落数量特征（杨敬元和杨万吉，2018）

样地	郁闭度	乔木平均高度/m	灌木盖度/%	食源灌木盖度/%	灌木平均高度/m
适宜生境	0.74±0.21a	11.82±1.43a	58.27±18.41a	48.34±16.23ab	1.85±0.80bc
轻度退化生境	0.58±0.13b	11.60±2.22a	46.39±19.40b	42.58±17.48bc	1.73±1.22c
中度退化生境	0.54±0.18b	9.75±2.36b	37.36±18.66b	31.14±17.52c	2.26±1.67ab
重度退化生境	0.43±0.23c	8.26±2.54c	66.42±31.25a	49.56±28.50a	3.18±2.62a

注：数据为平均值±标准差，同列中不同字母表示在 $P=0.05$ 水平上差异显著

神农架林区在 20 世纪七八十年代曾经大规模地砍伐原始森林，造成川金丝猴生境破碎化程度高，种群数量也大幅骤减。有学者研究了砍伐方式对神农架川金丝猴生境利用情况的影响（杨敬元和杨万吉，2018）。研究发现，在相同的季节，数量多的川金丝猴种群比数量少的川金丝猴种群具有更大的活动范围，并且不管数量多少，川金丝猴种群在夏季或秋季的种群密度都要大于冬季或春季。川金丝猴主要在原始森林和次生林中活动，很少去灌木林，基本不利用草地。在每一个季节，猴群对生境的利用都不是随机的，它们更愿意待在原始森林。对各类生境的偏好顺序是：原始森林>次生林>灌木林≥草地，这种对生境类型的偏好不随季节不同而变化（龚苗，2015；杨敬元和杨万吉，2018），表明川金丝猴种群的高质量生境是森林，应该优先予以保护。

4. 生境退化机制

表 4-4 为川金丝猴各退化等级生境受到干扰的状况，可以看出病虫害、森林

采伐、生境过度利用和人为干扰是导致生境退化的主要原因。一般来讲，适宜生境主要分布在离道路较远、坡度较大的区域，这些区域交通不便，坡度大，不利于人类活动，但坡度超过 35°的区域也不利于川金丝猴到达地面觅食和嬉戏；随坡度减小、离道路的距离变近，林内的伐桩数目逐渐增多，郁闭度降低，不利于川金丝猴的隐蔽和觅食；在川金丝猴活动频繁的区域，乔木树冠受损严重，树冠之间交错很少，树皮剥落情况较为严重，林下灌木覆盖程度也很低，川金丝猴利用频率下降甚至弃用。在华山松林和以华山松为针叶优势种的针阔混交林中，有80%的样地遭受不同程度的华山松大小蠹虫危害。轻度和中度危害表现为华山松树冠变小，生境郁闭度降低，树干、树枝容易被折断，无法为川金丝猴提供栖息的条件，重度危害表现为大面积华山松死亡。

表4-4 不同退化等级生境群落扰动状况（杨敬元和杨万吉，2018）

样地等级	病虫害发生率	采伐状况	乔木树冠受损状况	离道路距离/m	坡度/(°)
适宜生境	基本没有	基本没有	基本没有	>2000	20～35
轻度退化生境	针叶树有少量	极少	偶尔存在	1000～2000	35 以上
中度退化生境	针叶树较普遍	较多	较普遍	500～1000	10～20
重度退化生境	针叶树大面积死亡	大部分乔木被采伐	严重	<500	<10

5. 退化生境恢复技术

（1）生境恢复模式选择

不同退化等级既能体现生境群落现状与未退化生境群落结构的差异，又能反映恢复的难易程度。本研究提出轻度退化生境采用自然恢复模式、中度退化生境采用人工促进自然恢复模式、重度退化生境采用生境重建模式。

（2）模板生境群落的构建

本研究根据海拔和优势植被类群将 82 个样地划分为 8 个群落类型。8 个群落包含针叶林（2 个）、阔叶林（2 个）和针阔混交林（4 个），海拔为 1600～3100m，覆盖川金丝猴分布海拔和适宜植被类型。可以根据生境所处海拔和原始植被类型选择对应模板生境，用于生境恢复与重建。

（3）退化生境恢复模式与技术

不同退化等级不仅能体现生境群落现状与适宜生境群落结构的差异，还能反映恢复的难易程度。

1）轻度退化生境采用自然恢复技术。轻度退化生境中有少量采伐或针叶树有少量病虫害且树冠存在一定程度的受损情况，但群落物种组成和结构与未退化生境基本一致，表明轻度退化生境存在轻度的病虫害、人为和川金丝猴等的干扰，但群落结构保持完好，处于可快速自然恢复阶段。因此，通过加强病虫害防治、及时处理遭遇病虫危害的树木，加强林区的巡护、防止出现盗伐和林地除灌现象，加强对生境利用的调控、适当降低生境利用频度和强度等手段来消除干扰，实现轻度退化生境的自然恢复。

2）中度退化生境采用人工促进自然恢复技术。中度退化生境中存在较为普遍的采伐、病虫害和树冠受损的现象，群落物种组成和结构与适宜生境有一定的差别。因此，必须采用人工促进自然恢复技术，主要措施包括禁止森林采伐和周边开发活动、砍伐并处理遭受病虫害的树木、按所处海拔及原始植被类型选择模板生境补植乔木树种和食源灌木种，实现生境恢复，保证森林郁闭度达 0.7 以上，食源灌木盖度为 45%以上。补植前采用穴状整地，乔木栽植穴规格为 60cm×60cm×40cm，灌木为 40cm×40cm×30cm，苗木均为 2 年生以上的壮苗，补植后乔木树种每公顷株数为 1667～2500 株，食源灌木补植于行间，补植季节在秋季或春季。

3）重度退化生境采用生境重建技术。因过度采伐或盗伐造成树冠严重受损、病虫害严重，群落物种组成和结构与未退化生境差别很大，表明各种强干扰因素导致生境群落结构严重破坏，无法通过自然恢复达到初始状态。因此，必须采用重建技术实现生境恢复，主要措施包括禁止森林采伐、伐去并处理病虫树、按所处海拔及原始植被类型选择模板生境造林，并补植食源灌木种，保证成林后森林郁闭度达 0.7 以上，食源灌木盖度为 45%以上。具体造林方法与中度退化生境苗木补植方法相同。

不同植被类型提供的食物资源、栖息与逃避环境不同，被川金丝猴利用的强度和频度也会存在差异；不同植物物种组成使得生态系统的恢复力和抵抗力存在差异，还会影响人类开发利用的习惯等，这些都会导致生境退化程度不同。本研究发现，神农架自然保护区针叶林和针阔混交林均存在不同退化等级的退化生境，落叶阔叶林仅有轻度退化和中度退化生境，这与该区域人类采伐习惯、病虫害发生规律有关。神农架地区居民喜欢选用针叶树种作为主要用材，因此，在保护区成立之前，采伐和盗伐针叶型大树的现象较为普遍，特别是在坡度小、离道路距离近的生境因森林盗伐和采收中草药、割漆和砍柴等活动，提供食源和隐蔽条件的功能逐渐降低。除各种植被类型的适宜生境遭受强度采伐而退化成灌木林或高山草甸外，本研究发现各等级的退化生境与相应植被类型的适宜生境在乔木层的优势种上差别并不大，而灌木种数特别是食源灌木种数随退化程度的加重而减少，这可能与川金丝猴的过度利用有关。灌木是川金丝猴的主要食物来源，一些川金丝猴极喜食的物种在大量取食后不能及时恢复而导致在群落中消失，而其他物种种群数量和盖度会快速增加，导致喜食物种比例减少。

神农架川金丝猴的保护目前存在以下几个问题：①栖息地生境需要进一步拓展。随着保护工作的顺利进行，川金丝猴数量逐渐增加，原本有限的栖息地遭受过度利用。由于旅游开发、公路建设等造成的生境破碎化也使该物种步入近交衰退的边缘。②综合多学科的保护性研究工作（如遗传多样性、食物营养）等薄弱的基础生物学研究需进一步加强。③跨区域保护协调需加紧推进，围绕国家公园和生态系统原真性、完整性的原则，亟待加强相邻地区的合作（杨敬元和杨万吉，2018）。针对以上问题，提出的建议为：①积极推进神农架国家公园体制试点区生境廊道建设工程，保障物种基因交流与永续繁衍，维护公园内生态系统的稳定性和完整性，并通过行政区划的调整，构建生境廊道综合管理系统，实现神农架国家公园体制试点区及周边区域生物多样性"大保护"格局。②加强监测体系的建设。建立以国家公园为主体、各级保护区为枢纽、基层保护站点为基础的监测网络。③对川金丝猴退化生境除了自然恢复还要进行人工恢复。④全面开展川金丝猴本底调查，多学科交融，掌握川金丝猴生物资源和栖息地状况。⑤强化宣传教育和依法保护工作。通过多种形式和强有力的宣传教育手段，促进社区能力建设，强化公众的保护意识，形成有利于川金丝猴及其他野生动物保护的社会风气和文化氛围。

生境退化机制是阐述生境质量变差、恢复功能削弱或者丧失的原因或者驱动力（张宇，2015）。本研究发现神农架国家公园体制试点区川金丝猴生境退化的原因主要包括森林采伐、病虫害、生境过度利用及人为干扰等。在退化程度越重的生境中滥砍滥伐使生境失去提供食源和隐蔽条件的功能。针叶树的病虫害大面积发生，降低了生境质量，也是生境退化的主要原因。川金丝猴种群的增长导致其对部分生境过度利用，造成活动区树冠受损、植被退化。此外，道路建设，当地居民的生产、生活，如采收中草药、割漆和砍柴等，都会导致生境遭受一定程度破坏而退化。

本研究通过分析不同植被类型的适宜生境特征提出 8 种模板生境，并推荐生境恢复模式和技术，对神农架川金丝猴生境恢复具有一定的指导意义，但在具体实施过程中要综合除海拔、原有植被外的坡向、坡位、土壤等因素，才能做到因地制宜、适地适树。另外，生境恢复是一个复杂而漫长的过程，从修复生境到生境恢复演替成为川金丝猴所能利用的生境，其中恢复机制、干扰控制、恢复监测、恢复标准等问题都还需要深入研究。同时，应减少保护区开发力度并构建生态廊道连接原本破碎化的生境。扩大川金丝猴适宜的生境面积，也是川金丝猴保护亟待解决的问题。神农架保护区川金丝猴生境中针阔混交林和针叶林退化较为严重，阔叶林退化程度较轻；各种植被类型中川金丝猴退化生境和适宜生境的乔木物种组成基本相同，但灌木物种组成存在差异，退化生境的灌木种数和食源灌木种数均少于适宜生境，但大体上看，川金丝猴退化生境的灌木种类基本与适宜生境的相同。

在生境恢复与重建中可以根据生境所处海拔和原始植被类型选择对应模板，并根据生境退化特征和退化程度，总结并提出轻度退化生境的自然恢复、中度退化生境的人工促进自然恢复和重度退化生境的生境重建模式与技术。

6. 不考虑边缘效应的川金丝猴生境廊道

通过对"源""汇"的确定，在川金丝猴活动适宜生境区和非活动适宜生境区分别选取 10 个随机点构建潜在生境廊道，在"源""汇"之间利用 ArcGIS 软件中空间分析工具来识别生境斑块间的潜在生境廊道。利用成本距离栅格进行"源""汇"间的最小费用廊道分析，得到"源""汇"间的总成本费用栅格数据，然后利用 GIS 栅格提取工具来提取总成本费最小的像元区域，提取出的条带状像元就是"源""汇"间的潜在生境廊道，川金丝猴通过这些区域来迁移扩散所耗费的成本是最低的。

研究区阻力值为 1～89.451，其中阻力值大多集中在 3 左右，少部分为 15～30，极少部分为 50～89；而适宜生境区的阻力值主要集中在 3。在活动区和非活动区进行生境潜在廊道的构建，根据最小费用距离模型可知，潜在廊道的走向主要依据阻力值而定，其分布地区主要集中在阻力值较低的红色区域，廊道阻力值集中在 1～3，且廊道较多集中在 3，只有极少部分集中在 1。位于非活动区最北端的随机点到活动区最南端的随机点的阻力距离约为 45km，实际距离约为 37km，较近的非活动区和活动区随机点的阻力距离约为 1.9km，实际距离约为 1.8km。由此可见，潜在廊道的阻力距离大于实际距离。从同一"源"到同一"汇"之间可能存在多条潜在生境廊道，同一"源"到不同"汇"之间的潜在廊道存在着重叠区域，这些区域承载着更多物种的迁徙功能，在构建潜在生境廊道时需着重考虑。

潜在生境廊道可以将神农架保护区现有的川金丝猴活动区的适宜生境和非活动区适宜生境系统地联系在一起，且潜在廊道网络系统是在现实基础上相对有利于川金丝猴在不同的栖息地生境斑块间迁移的区域，在此区域间选择合适的廊道植物，利用合理的植物配置方式，进行川金丝猴生境廊道的构建，可以促进神农架川金丝猴向非活动适宜生境的迁徙扩散。

7. 考虑边缘效应的川金丝猴潜在生境廊道

边缘权重和非边界区域阻力赋值组合经过 ArcGIS 10.2 软件中的空间距离分析后最终得到 100 条最小费用路径和 100 个最小费用距离，对不同边缘权重和非边界区域阻力赋值组合得到的最小费用距离进行统计（表 4-5）。

通过表 4-5 可以看出，在边界权重和非边界阻力赋值的变化下，最小费用距离值为 49 704～312 816。

为便于观察最小费用距离与非边界阻力值和边界权重的关系，将表 4-5 中的数据进行以下处理，同一边界权重下，分别用非边界阻力值为 1、10、20、30、40、50、60、70、80、90 时得到的最小费用距离与非边界阻力值为 1 时得到的最小费用距离的比值，得到相应 p1、p10、p20、p30、p40、p50、p60、p70、p80、p90 的比值，如表 4-6 所示。

表 4-5　最小费用距离（杨敬元和杨万吉，2018）

阻力值\权重	1	10	20	30	40	50	60	70	80	90
0.05	73 808	71 585	69 210	66 494	63 696	60 897	58 099	55 301	52 502	49 704
0.10	76 547	77 099	77 468	77 395	77 284	77 160	77 033	76 906	76 778	76 651
0.15	79 588	83 162	86 494	89 366	92 227	95 087	97 948	100 784	103 550	106 286
0.20	82 540	89 189	95 449	101 318	107 166	112 994	118 732	124 418	130 105	135 791
0.25	85 440	95 217	104 403	113 263	122 075	130 749	139 386	148 023	156 660	165 297
0.30	88 317	101 198	113 357	125 185	136 865	148 452	160 040	171 628	183 215	194 803
0.35	91 126	107 038	122 246	137 064	151 618	166 156	180 694	195 232	209 770	224 308
0.40	93 912	112 733	130 850	148 669	166 356	183 858	201 348	218 837	236 325	253 814
0.45	96 670	118 343	139 411	160 134	180 818	201 476	221 993	242 441	262 880	283 320
0.50	99 342	123 869	147 770	171 467	195 100	218 700	242 251	265 802	289 344	312 816

表 4-6　不同边界阻力与边界阻力 1 的最小费用距离比值（杨敬元和杨万吉，2018）

修改后	pl	p10	p20	p30	p40	p50	p60	p70	p80	p90
0.05 w	1	0.9699	0.9377	0.9009	0.8630	0.8251	0.7872	0.7492	0.7113	0.6734
0.10 w	1	1.0072	1.0120	1.0111	1.0096	1.0080	1.0063	1.0047	1.0030	1.0014
0.15 w	1	1.0449	1.0868	1.1229	1.1588	1.1947	1.2307	1.2663	1.3011	1.3354
0.20 w	1	1.0806	1.1564	1.2275	1.2984	1.3690	1.4385	1.5074	1.5763	1.6452
0.25 w	1	1.1144	1.2219	1.3256	1.4288	1.5303	1.6314	1.7325	1.8336	1.9347
0.30 w	1	1.1458	1.2835	1.4175	1.5497	1.6809	1.8121	1.9433	2.0745	2.2057
0.35 w	1	1.1746	1.3415	1.5041	1.6638	1.8234	1.9829	2.1424	2.3020	2.4615
0.40 w	1	1.2004	1.3933	1.5831	1.7714	1.9578	2.1440	2.3302	2.5164	2.7027
0.45 w	1	1.2242	1.4421	1.6565	1.8705	2.0842	2.2964	2.5079	2.7194	2.9308
0.50 w	1	1.2469	1.4875	1.7260	1.9639	2.2015	2.4386	2.6756	2.9126	3.1489

注：w 表示转化处理

　　类似的，同一非边界阻力值下进行同样的处理得到表 4-7，观察和分析每条折线的趋势及不同折线之间的关系，得出：①最小费用距离与边界权重存在线性的正相关关系；②当边界权重为 0.075 左右时，边缘效应对非边界阻力的变化并不敏感。

　　选择几个具有代表性的权重和非边界赋值组合（权重为 0.05，非边界阻力为 1；权重为 0.50，非边界阻力为 90；权重为 0，非边界阻力为 0；权重为 0~25，非边界阻力为 40）绘制相应的神农架川金丝猴的潜在生境廊道。当权重和非边界阻力值组合发生变化时，川金丝猴潜在生境廊道的路径也发生了一定的变化，即边缘效应权重和非边界阻力值会对川金丝猴潜在生境廊道识别的实际路线产生影响。

表 4-7 不同边界权重与边界权重 0.05 的最小费用距离比值（杨敬元和杨万吉，2018）

修改后	0.05 w	0.10 w	0.15 w	0.20 w	0.25 w	0.30 w	0.35 w	0.40 w	0.45 w	0.50 w
pl	1	1.0371	1.0783	1.1183	1.1576	1.1966	1.2346	1.2724	1.3097	1.3459
p10	1	1.0770	1.1617	1.2459	1.3301	1.4137	1.4953	1.5748	1.6532	1.7304
p20	1	1.1193	1.2497	1.3791	1.5085	1.6379	1.7663	1.8906	2.0143	2.1351
p30	1	1.1639	1.3440	1.5237	1.7034	1.8827	2.0613	2.2358	2.4082	2.5787
p40	1	1.2133	1.4479	1.6825	1.9165	2.1487	2.3803	2.6117	2.8388	3.0630
p50	1	1.2671	1.5614	1.8555	2.1470	2.4377	2.7285	3.0191	3.3084	3.5913
p60	1	1.3259	1.6859	2.0436	2.3991	2.7546	3.1101	3.4656	3.8209	4.1696
p70	1	1.3907	1.8225	2.2498	2.6767	3.1035	3.5304	3.9572	4.3840	4.8065
p80	1	1.4624	1.9723	2.4781	2.9839	3.4896	3.9954	4.5012	5.0070	5.5111
p90	1	1.5421	2.1384	2.7320	3.3256	3.9192	4.5129	5.1065	5.7001	6.2935

注：w 表示转化处理

8. 川金丝猴潜在生境廊道构建

（1）生境廊道植物筛选

生境廊道植物配置需要从适宜生境的植物群落中筛选，即根据各植物物种在群落中对应层的重要值进行筛选后得到适合构建生境廊道的植物。根据研究人员先前的研究得到的适宜生境群落的主要优势树种（表 4-8），结合具体的实际地理环境和川金丝猴的生态习性等多因素进行考虑，选择适宜植物，进而配置出吸引和适合川金丝猴迁徙的植物配置方案。

表 4-8 适宜生境群落中乔木主要优势种的重要值（杨敬元和杨万吉，2018）

乔木层			灌木层		
种名	重要值	利用频度	种名	重要值	利用频度
华山松	0.368	高	箭竹	0.079	高
红桦	0.155	高	粉花绣线菊	0.064	高
巴山冷杉	0.072	高	华中山楂	0.053	高
米心水青冈	0.050	高	灰毛栒子	0.043	高
漆树	0.041	高	鄂西绣线菊	0.040	高
藏刺榛	0.034	高	木姜子	0.039	中
五尖槭	0.027	中	箬竹	0.038	中
灯台树	0.027	中	尾萼蔷薇	0.033	中
刺叶栎	0.024	中	湖北海棠	0.031	中
三桠乌药	0.023	中	藤山柳	0.029	中
小叶杨	0.020	中	湖北花楸	0.021	中
紫枝柳	0.020	中	—	—	—

（2）生境廊道植物配置模式筛选

对川金丝猴适宜生境植被的利用频度进行调查统计，根据表4-9所示的川金丝猴适宜生境廊道的植物生态习性和实地调查统计分析，并且结合现有的植被类型和植被群落结构，以及实际的自然地理条件来进行神农架川金丝猴生境廊道植物配置。

表4-9　适合生境廊道的植物生态习性（杨敬元和杨万吉，2018）

中文名	拉丁名	适宜海拔/m	生态习性1	生态习性2	高度/m
华山松	*Pinus armandii*	2000～2700	阳生、半阴半阳	稍耐干燥，耐瘠薄	35
红桦	*Betula albosinensis*	1600～3000	阳生、半阴半阳	喜湿润	30
巴山冷杉	*Abies fargesii*	2600～3100	阳生、半阴半阳	喜湿润	40
米心水青冈	*Fagus engleriana*	1800～2500	阳生、半阴半阳	耐干燥	25
荚蒾	*Viburnum dilatatum*	100～1000	阳生	喜湿润	1.5～3.0
漆树	*Toxicodendron verniciiluum*	1800～2400	阳生	喜湿润	20
藏刺榛	*Corylus ferox* var. *thibetica*	1600～3000	阳生	喜湿润	5～12
五尖槭	*Acer maximowiczii*	1600～2600	阳生	喜湿润	5
灯台树	*Cornus controversa*	1600～2600	半阴半阳	不耐水湿	6～15
刺叶高山栎	*Quercus spinosa*	1600～2600	阳生	耐旱	3～6
三桠乌药	*Lindera obtusiloba*	1800～2000	阳生、半阴半阳	稍耐干燥	3～10
小叶杨	*Populus simonii*	1800～3000	阳生	耐寒，耐瘠薄	20
紫枝柳	*Salix heterochroma*	1400～2100	阳生	稍耐干燥	10
箭竹	*Fargesia spathacea*	1300～2400	阳生	喜湿润	1.5～4.0
粉花绣线菊	*Spiraea japonica*	2000～2400	阳生	耐干旱，不耐涝	1.5
华中山楂	*Crataegus wilsonii*	1000～2500	半阴半阳	不耐涝	7
鄂西绣线菊	*Spiraea veitchii*	2000～3600	阳生、半阴半阳	耐旱，不耐涝	4
箬竹	*Indocalamus tessellatus*	300～1400	阳生	不耐涝	0.7～2.0
湖北海棠	*Malus hupehensis*	50～2900	阳生	耐涝抗旱	8
湖北花楸	*Sorbus hupehensis*	1500～3500	高山阴坡、山坡密林	喜湿润	5～10

川金丝猴是典型的林栖动物。随着季节的变化，它们不向水平方向迁移，只在栖息的生境中进行垂直移动。而且川金丝猴的食性很杂，但以植物性食物为主，所食的主要植物多达118种，主要采食花楸、海棠、松栎种子等。根据川金丝猴的生态习性和实地调研，依据海拔、距道路距离、坡向的不同进行生境廊道的植物配置如表4-10所示。

在神农架川金丝猴生境廊道植物配置的筛选中，一般在超过2600m的高海拔区域选择以巴山冷杉和红桦为主的针阔混交模式的植物配置模式。这种配置既兼顾了高海拔环境特征，又考虑了川金丝猴对植被的喜好。在海拔2000～2600m，由于植被类型丰富多样，且多为川金丝猴偏爱的植被类型，适合构建生境廊道的植被配置模式多种多样，包括以华山松和红桦、华山松和漆树等模式为主的混交

表 4-10 神农架川金丝猴生境廊道植物配置模式（杨敬元和杨万吉，2018）

海拔/m	生境廊道植物配置模式	
	阳坡	阴坡
1600～2000	红桦-荚蒾（小叶杨、紫枝柳）	红桦-湖北花楸
2000～2600	华山松（红桦）-华中山楂-箭竹	华山松（红桦）-华中山楂-箭竹
	华山松-紫枝柳（小叶杨）-箭竹（粉花绣线菊、华中山楂）	华山松-紫枝柳、华中山楂
	华山松-华中山楂-箬竹（箭竹）	华山松-华中山楂（湖北花楸）-箭竹
	华山松（红桦）-五尖槭（荚蒾）	华山松（红桦）-湖北花楸
	红桦（漆树）-三桠乌药（鄂西绣线菊、桦叶荚蒾）	红桦（漆树）-三桠乌药（鄂西绣线菊）
2600～2700	巴山冷杉（红桦）-箭竹	红桦-湖北花楸

林，华山松纯林以及以红桦为主的阔叶林，具体实施方式可以参考生境廊道规划路径附近的植被类型进行相应选择。而在海拔 2000m，生境廊道植物配置模式则是以红桦、小叶杨、紫枝柳等为主的阔叶林。

本研究在先前研究的基础上，利用 ArcGIS 软件的最小费用距离模型对川金丝猴活动区的适宜生境和非适宜生境进行潜在生境廊道的识别，根据地理环境以及相应植物物种的生态习性，并结合川金丝猴的生活习性，选择合适的生境廊道植物配置方式，进行神农架川金丝猴生境廊道的构建。在国家公园内 347 国道沿线和川金丝猴分布的重要核心区域神农顶公路沿线，修建了上跨式、下涵式、缓坡式 3 类 25 处野生动物通道，配套了一批标识警示牌、解说牌和野生动物通道减速提示标线建设。红外相机和野外巡护等监测资料表明，川金丝猴等野生动物通过生境廊道进行活动，生境廊道为川金丝猴等野生动物活动提供了有效的通道。生境廊道的建设，实现了国家公园东西两片区域间野生动植物的交流和生态系统功能的连通，有效缓解了公路对野生动植物和生态系统功能隔离与阻碍的影响。

野生动物通道建设只是神农架国家公园体制试点区生态廊道建设的一期工程。未来，神农架国家公园体制试点区还将陆续实施包括生物廊道空间结构组建、生物廊道功能完善、生物廊道体系建设和生态廊道系统构建等措施，保障物种基因交流与永续繁衍，维护国家公园生态系统的稳定性和完整性，实现神农架国家公园体制试点区及周边区域生物多样性"大保护"格局。

四、道路建设对野生动物栖息地的影响

（一）道路对野生动物的影响

国家公园可以为公众提供环境与文化兼容的精神放松、科学研究、自然教育、游憩和参观的机会。神农架国家公园体制试点区是我国旅游的热点区域，神农架旅游集团提供的数据显示，试点区内各景区接待的旅游人数逐年增多，旅游压力

也逐年增加。5~10月为旅游高峰期，其中8月旅游人数最多，达全年高峰。2019年，神农架林区接待国内外游客1828.5万人次，同比增长15.2%。其中，海外游客4.7万人次，同比增长3.4%。实现区内旅游经济收入677 671万元，其中，景区门票收入26 674万元，客房收入144 944万元，餐饮收入147 673万元，旅行社收入10 970万元，旅游商品收入139 983万元。交通的便利给旅游业带来了发展，也贯穿于各类生态景观中。道路的修建加强了地区间的联系，推动了经济的发展，但同时也造成了环境的污染、破坏了生物的栖息地，产生了一系列的生态环境问题（Saunders *et al.*，2002），尤其对野生动物的迁移和扩散造成了一定程度的影响。

神农架国家公园体制试点区因其丰富的旅游资源，每年都吸引各地大量游客。为推动旅游业等附带产业的发展，神农架公园内通往各景点都建有旅游专线公路。为评估神农架道路对野生动物种群产生的影响，本部分利用神农架国家公园体制试点区内安插的红外相机所拍摄的监测数据，探讨了公路对野生动物的影响，主要分析公路两侧动物类群、公路对动物的影响域、公路对动物白天和夜间活动分布的影响。

在视野比较开阔的区域，采用远距离架设，结合自动控制云台、镜头、红外传感热点及运动识别系统等功能，实现当有动物出没时自动追踪拍摄珍稀野生动物的活动和分布情况。也可以通过中心机房的遥控实现人为控制，防止人为的破坏、捕杀和骚扰，同时记录各生物群落的变化情况和野生动物的生活习性，为保护和研究提供有效的手段。有些野生动物经常出没的地方，由于树木的遮挡，视野距离有限，无法采用高清摄像机自动追踪拍摄。因此，采用传统的红外相机定点拍摄的方式，拍摄野生动物的活动时间、范围以及分布规律。当有动物通过相机附近时，红外传感器接收动物的红外辐射，启动相机进行拍照。

利用红外相机技术探讨道路对野生动物的影响，其优点在于拍摄到的照片具有极强的说服力，可以得到某种动物在该区域的分布情况（李佳等，2015）；尤其是在车流量较少的夜间，红外相机技术是调查道路对野生动物影响最有效的方法之一。

道路对野生动物的影响主要表现在野生动物会回避道路，因此导致野生动物生境的破碎化，其回避距离由于野生动物物种的差别而有所不同（Shanley and Pyare，2011）。随着回避距离的增加，道路对野生动物的影响主要呈现两种变化：①野生动物的种群密度会增加，呈现出一个明显的变化阈值；②野生动物的种群密度变化不明显，没有呈现明显的阈值（Felix *et al.*，2009）。神农架国家公园体制试点区的实际情况呈现第一种变化，即距道路300m前后，红外相机拍摄率发生了显著性的变化，即道路对动物的影响域为300m。出现这样的结果笔者认为可能有多方面的原因：①对动物而言，在距道路越近的区域进行活动，其暴露自身的风险越高；②公路所带来的如噪声、灯光等干扰因子迫使动物改变其活动范围；

③公路极大地增加了人类进入野生动物栖息地的机会，旅游、偷猎、土地利用等人为干扰因子迫使野生动物回避。

道路对野生动物的活动时间和范围也会产生影响，虽然有些野生动物会回避道路，但是道路也会为一些野生动物种群的迁移和扩散提供通道（丁宏等，2008）。即道路对野生动物的迁移扩散起到一定的促进作用，如大型哺乳动物会趁夜间车辆较少时沿道路移动。通过分析神农架国家公园体制试点区内道路对野生动物昼夜活动分布的影响，发现旅游公路对斑羚和毛冠鹿的昼夜活动分布影响较大。白天是人类进行旅游活动的主要时期，道路上车辆较多造成的噪声等人为干扰较大，导致斑羚和毛冠鹿主动回避道路，撤退到距公路较远的隐蔽处进行日常活动；而夜间车辆较少，斑羚和毛冠鹿在道路两侧活动较多，借助公路边缘向外扩散。道路对梅花鹿和野猪的昼夜活动分布无明显影响，这可能与梅花鹿是人工圈养的有关，已适应了人类活动的影响；而野猪对环境的适应能力极强，整个神农架地区几乎都能看到野猪活动的痕迹，活动范围较大，公路对其影响几乎可以忽略。因此，部分野生动物可能存在通过学习并调节自身的行为，对旅游公路的影响正逐步适应的现象。

（二）生态廊道修建缓解道路对野生动物的影响

为降低生境破碎化对野生动物的影响，应结合不同野生动物的生活习性，选择合适的廊道植物配置方式，进行神农架野生动物生态廊道的构建。通过构建野生动物潜在的生境廊道，将有利于修复生境的破碎化，促进物种的基因交流和迁徙扩散，有利于保护物种的多样性。在进行潜在廊道构建时，过窄的廊道宽度会产生边缘效应，导致物种穿越廊道时易受到天敌等其他生物的威胁。增加生境廊道的宽度有利于增加其生态系统的景观连接度和维持神农架国家公园体制试点区内的生物多样性，但是无限制地增加生态廊道的宽度可能会导致野生动物降低穿越廊道的速度，增加修建的费用。在生态廊道设施中针对不同物种的保护所设计的廊道的宽度也不尽相同，如几米或数十米的宽度也可满足无脊椎动物和鸟类的迁徙运动，30m 左右的生态廊道宽度即可满足一些爬行动物和两栖类动物的迁徙，而某些大型的哺乳动物为完成其迁徙活动可能需要以千米计的廊道宽度。总结相关研究文献可知：12～200m 是小型哺乳动物最适宜的迁移通道的宽度，200～600m 是大型哺乳动物最适宜的迁移通道的宽度。在构建野生动物廊道过程中，如果生态廊道占用当地农牧民土地，应按照相关的标准对占用的土地进行补偿。

第二节　小水电建设对水生生物栖息地的影响

随着全球人口的增长，人类对于水资源的需求不断上升，在满足自身各种需求的同时，却大大忽略了淡水物种和生态系统的需求，造成了不良的生态后果。水电站、引水工程和其他基础设施建设，不仅可以通过改变河道水位的高低，降低洪水和干旱等灾害发生的概率，也让淡水生态系统正在以比任何其他类型生态系统更快的速度丧失物种及其栖息地，进而危及人类自身的可持续发展。环境流量的计算和使用让管理者在河流水资源的管理上有据可依。这样就不会破坏当地物种的多样性，保持生态系统为社会提供宝贵的自然产品和服务的能力。本节以香溪河为例，基于长期监测数据计算不同季节的最小生态需水量和最佳环境流量，为管理部门提供理论依据，有利于防止水资源的过度开发，促进水资源的合理利用。

一、区域选择和样点设置

在神农架四大水系中，中国科学院/中国长江三峡集团三峡水库香溪河生态系统实验站（简称香溪河站）对香溪河进行了 20 多年的长期监测。因此本研究选取香溪河作为研究区域，探讨小水电建设对水生生物栖息地的影响。香溪河发源于有"华中屋脊"之称的神农架。在香溪河流域，为满足经济的发展，小水电得到了大力的发展。1981 年，该区域第一座水电站猴子包水电站建成投产，截至 2019 年，在兴山县内的香溪河段已建成 84 座水电站，兴山县也因此被誉为"全国水电明星县"（湖北省人民政府门户网站，2019）。

（一）样点设置

香溪河流域的研究始于 1999 年，从 2000 年开始进行季节性常规监测，自 2001 年 8 月起参照中国生态系统研究网络（CERN）技术规范开展逐月监测。根据香溪河流域的自然地理特征和采样的可执行性，研究人员在此区域共设置 154 个采样监测点，其中，逐月监测的样点为 13 个，对各样点进行底栖生物的采集工作及分析水体理化因子、测定水深和流速。用于构建栖息地模型数据的样点为逐月和 3 次全流域采样点。用于计算香溪河流域环境流量和生态需水量的样点（样点编号为 JC09）设置在香溪河干流上的一个典型引水式电站的上游，此样点所在区域为自然河道，未曾受到明显的人为干扰（图 4-1）。样点设置依据"建设前一建设后一参照一受损（BACI）"的设计方法以评价小水电建设所带来的影响（Bushaw-Newton et al.，2002）。在上游选取 3 个样点作为参照点（S1～S3），在下游选取 2 个样点作为受损点（S4、S5），尽量使参照点的生境特征、土地利用和受损点相似。

（二）数据获取

环境流量研究分析所用的数据来源于香溪河站自 1999 年以来对香溪河生态

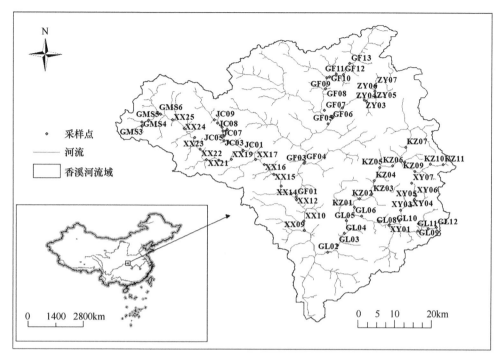

图 4-1　香溪河采样点分布图

系统的长期监测资料，其中，大型底栖动物的采集工具采用索伯网采样器（筛网孔径为 250μm，采样面积为 0.09m²）进行定量采集，并用 10% 的甲醛溶液或 75% 的乙醇溶液进行保存。底栖动物的鉴定参照相关文献资料（Soldan，1997）。断面河宽的测量使用皮尺，依据河道宽度，每隔 0.2~2m 设置一个样点，测量每个样点的水深及 0.6 倍水深处的流速。蒋万祥（2008）研究发现香溪河流域最优势物种为四节蜉，本节以该流域最优势物种四节蜉来构建栖息地适合度模型，用于环境流量分析的数据选取自 2017~2019 年对 JC09 样点的逐月断面流量测定数据。

二、生态模型构建

目前国内外计算生态需水量的方法可分为以下四大类（Tharme，2003；Ahmadi-Nedushan et al.，2006；Halleraker et al.，2007）：①水文指标法（hydrological index method）；②水力学法（hydraulic method）；③栖息地法（habitat method）；④整体分析法（holistic method）。其中水文指标法又包括流量历时曲线法等，水力学法包括 R2 CROSS 法、湿周法等，栖息地法包括有效宽度法、加权有效宽度法、河道内流量增加法（instream flow incremental methodology，IFIM）等，整体

分析法建立在尽量维持河流生态系统原始功能的原则上，对整个生态系统的需水量，包括发源地、河道、河岸地带等区域进行评价。国内关于河道内生态需水量的系统研究还处于起步探索阶段，运用较多的是水文指标法和水力学法，其中栖息地法是较为可信的分析方法（Wang *et al.*，2013；洪思扬等，2018），该方法基于生物所偏好的栖息地条件与河流水文特性两者之间的关系，基于大量的野外采样监测数据，将生态需水量与适宜栖息地的关系转换为特定指示物种（如鱼类、大型底栖动物）与适宜栖息地的关系（洪思扬等，2018；Alsterberg *et al.*，2017）。

（一）栖息地适合度模型

经典的栖息地适合度定量法是指示生物对栖息地环境因子的适宜范围。基于对香溪河流域的长期监测，选定该流域底栖动物最优势类群四节蜉（*Baetis* spp.）为指示生物来构建栖息地适合度模型（physical habitat simulation，PHABSIM）。选定水深和流速作为生境因子来分别构建该指示生物的适合度模型。栖息地的适合度模型分别以水深和流速的数值作为横坐标，以适合度作为纵坐标来绘制指示物种对单个生境因子的连续偏好曲线。适合度是反映指示物种对生境因子偏好程度的一个指标（Bovee，1982）。本研究选定广义可加模型（generalized additive model，GAM）用于栖息地适合度模型的构建（详见下述说明）。

（二）河道内流量增加法

河道内流量增加法（IFIM）是定量预测流量变化对生物有效栖息地影响的一种方法（Premalatha *et al.*，2014），该方法根据大量水文实测数据（如水深、流速等）和指示生物的数据，建立指示生物的栖息地环境因子适合度模型，进而采用加权可利用宽度法（weighted useable width，WUW）模拟流量对水生生物有效栖息地的影响。构成水生生物栖息地的环境因子主要有水深、流速、底质、水质、水温等，当前多数研究者考虑的重要栖息地因子是水深、流速、底质（Wellnitz，2014）。

（三）广义可加模型

在本研究中，指示生物四节蜉受到水深、流速、水体理化因子等的综合作用，它们之间的动态关系具有复杂性、非线性和不确定性等特征。因此本研究选用具有较高灵活性的广义可加模型来对响应变量与解释变量的函数关系进行推算。广义可加模型（GAM）体现的是反应变量与解释变量之间的本质联系而不是参数形式，其适用于解释非线性或非单调的数据分析（欧阳芳和戈峰，2013）。在本研究中使用 R 语言平台的 mgcv 软件包（Anderson-Cook，2007）来进行广义可加模型的分析。

（四）加权可利用宽度法

加权可利用宽度法（WUW）（杨志峰和张远，2003；Ahmadi-Nedushan *et al.*，2006；Midcontinent Ecological Science Center，2001）是将河道断面均分成 n 个部分，通过指示物种的栖息地适合度模型，分别找出各部分的环境因子所对应的适合度，最后利用公式（4-1）计算出断面中各部分的加权可利用宽度。

$$\text{WUW}=\sum F\big[f(D_i),f(V_i)\big]W_i \qquad (4\text{-}1)$$

式中，WUW 表示断面 i 分区的加权可利用宽度；$f(D_i)$ 为断面 i 分区的水深适合度；$f(V_i)$ 为断面 i 分区的流速适合度；W_i 为断面 i 分区的水域宽度；$F[\cdot]$ 为断面 i 分区的栖息地组合适合度因子。

（五）加权可利用面积与环境流量的关系及生态需水量和最佳环境流量的推算

使用广义可加模型来进行数据分析，重复计算各河道断面在不同时间下的流量及加权可利用宽度，最后绘制成不同时间下的加权可利用宽度与流量（以自然对数 e 作为底数）的回归曲线。基于湿周法的原理（钟华平等，2006），以曲线图上与斜率 45°相交的点为最大转折点，作为最小生态需水量，该点表示流量在低于此点后，其加权可利用宽度将显著降低，无法满足指示生物正常生长繁殖所需。

三、小水电对河流生态系统的影响

（一）对水体理化特征的影响

河宽上下游之间和建坝前后的差异显著。建坝前，水深和流速上下游的差异不显著，建设后水深和流速上下游的差异显著（表4-11）。

表4-11　水深、河宽、流速等生境参数在不同位置、时期的方差分析结果

采样信息	df	水深			河宽			流速		
		SS	*F*	*P*	SS	*F*	*P*	SS	*F*	*P*
位置	1	0.063	2.045	0.158	145.491	22.481	<0.001	0.495	3.156	0.081
时期	1	0.217	7.065	<0.001	115.351	17.824	<0.001	1.426	9.094	0.004
位置×时期	1	0.466	15.196	<0.001	8.981	1.388	0.244	0.381	2.430	0.125

对所测理化指标进行双因素（时期和样点位置）方差分析。对于所有样点来说，电站建设后（2004 年 2～8 月）的平均河宽[平均河宽±标准误差：

上游=（9.02±0.53）m，下游=（5.05±0.37）m]均显著低于建设前（2003 年 2～7 月）[（平均河宽±标准误差：上游=（11.06±0.80）m，下游=（8.67±0.70）m]，但是，下游的降低幅度明显大于上游；其他水文因子如水深、流速等，上游样点在建设前后没有明显差异（$P>0.05$），而下游受影响样点在建设后有显著下降（$P<0.05$）。

理化指标如总磷（TP）、溶解氧（DO）、浊度（TURB）、颗粒物（TDS）等受水电站建设的影响很小，理论上讲，小水电建设阻断了河流物质传递，这可能会引起受影响河段某些营养盐及颗粒物（如 TP、TDS 等）浓度的降低，但是受损河段的流速下降，会导致沉积物增加，加上周期性的降雨，使得受损河段并未一直处于断流状态，因此营养盐浓度并未受到严重影响，而最显著、最直接的影响就是水文因子。

单因素方差（one-way ANOVA）表明，流速、河宽与水深在小水电上下游采集的 5 个样点间差异极显著（F 分别为 22.91、3.26、16.61；$P<0.05$），而其他理化指标差异不显著（$P>0.05$）。pH、COND、TURB、TDS 等因素主要反映了该地区的地质特征（Tang *et al.*，2002；Qu *et al.*，2005），受小水电站的开发影响不大（表 4-12）。所以与 Parasiewicz 等（1998）的研究一样，流速等物理因素是小水电开发对河流生态系统的主要影响。

表 4-12　香溪河主要理化指标的变化

理化因子	最小值	最大值	平均值	标准差
PO_4-P/（mg/L）	0.0004	0.0423	0.0088	0.0072
TP/（mg/L）	0.0080	0.0760	0.0258	0.0130
pH	6.41	8.90	7.88	0.59
COND/（mS/m）	6.40	39.80	27.01	8.12
TURB/NTU	6.10	61.20	39.45	12.48
DO/（mg/L）	7.53	16.31	10.01	1.06
WT/℃	8.85	19.77	14.11	1.97
Sal（mg/L）	0.00	0.02	0.01	0.00
TDS/（g/L）	0.04	0.26	0.18	0.05
ORP/mV	−243	−135	−205	23
Cl^-/（mg/L）	5.01	32.80	11.86	4.82
Ca^{2+}/（mg/L）	2.29	3.64	2.95	0.22
流速/（m/s）	0.00	1.80	0.42	0.36
河宽/m	1.75	45.00	16.72	9.19
水深/m	0.10	1.16	0.47	0.24

注：PO_4-P. 正磷酸盐；TP. 总磷；COND. 电导率；TURB. 浊度；DO. 溶解氧；WT. 水温；Sal. 盐度；TDS. 总溶解颗粒物；ORP. 氧化还原电位

表 4-13 展示的是各月份香溪河受小水电影响河段的理化因子。单因素方法分析结果表明各理化因子在不同季节差异显著（$P<0.05$）；对 5 个样点进行非参数分析，结果表明各理化因子在 5 个样点间差异亦显著[费里德曼检验（Friedman test），$P<0.05$]。水温和溶解氧在 S1 与 S3、S2 与 S3 间差异显著[威尔科克森符号秩检验

表 4-13　香溪河受小水电影响的河段环境因子时间动态

理化因子	样点	11月	12月	1月	2月	3月	4月	5月	6月
WT/℃	S1	9.78	9.12	8.09	9.55	11.4	13.4	12.78	17.2
	S2	9.81	9.22	8.14	9.65	11.24	13.57	13.98	17.21
	S3	10.89	9.05	8.46	9.87	12.95	14.11	19.1	18.87
	S4	11	9.38	7.6	10.73	11.92	13.51	20.99	22.24
	S5	10.32	9.28	8.59	10.06	11.06	12.25	14.01	17.84
COND/ （mS/m）	S1	20.5	25.9	17.9	21.1	28.6	20.4	39.6	17.3
	S2	20.47	24.78	18.4	21.1	20.1	18.7	22.7	16.9
	S3	21.07	25	18.6	21.4	21.6	17.6	26.6	17.6
	S4	26.13	30	22.2	24.8	25.4	17.9	37.4	20.6
	S5	20.97	24.8	19	21.2	20.6	19.1	25.7	17
TURB/NTU	S1	17.97	16.2	10.7	31.3	86.6	171	170	136
	S2	17.33	15.5	11.3	27	76.5	160	114	45.6
	S3	16.97	17.7	10	27.6	94.7	57.9	54.6	54.7
	S4	16.17	17.9	—	25.1	10.4	74.3	0	15.9
	S5	16.93	14	9.6	27.6	—	219	14.5	89.3
DO/（mg/L）	S1	11.94	11.28	9.51	11.64	10.11	9.09	11.16	10.48
	S2	12.06	11.27	9.83	10.8	10.33	9.08	10.28	10.11
	S3	11.63	10.86	9.3	10.38	10.08	8.62	10.25	8.59
	S4	11.89	11.88	9.33	11.65	9.47	9.47	8.95	7.42
	S5	11.97	11.1	9.27	11.35	9.92	10.04	9.8	9.27
TDS/（g/L）	S1	0.13	0.17	0.12	0.14	0.19	0.13	0.26	0.11
	S2	0.13	0.16	0.12	0.14	0.13	0.12	0.15	0.11
	S3	0.14	0.16	0.12	0.14	0.14	0.11	0.18	0.11
	S4	0.17	0.2	0.15	0.16	0.17	0.12	0.24	0.13
	S5	0.14	0.16	0.12	0.14	0.13	0.12	0.17	0.11
流速/（m/s）	S1	0.62	0.34	0.43	0.44	0.52	0.64	0.54	0.35
	S2	0.51	0.31	0.68	1.05	0.87	1.47	0.82	0.8
	S3	0	0	0	0	0	1.01	0	0
	S4	0.22	0.15	0.3	0.47	0.39	0.73	0.56	0.15
	S5	0.58	0.42	0.45	0.79	0.61	0.89	0.65	0.69

注：WT. 水温；COND. 电导率；DO. 溶解氧；TDS. 总溶解颗粒物

（Wilcoxon's Signed Ranks test），$P<0.05$]，在其他样点间差异不显著（威尔科克森符号秩检验，$P>0.05$）。相邻样点间流速差异均显著（威尔科克森符号秩检验，$P<0.05$）。

不同月份间浮游植物叶绿素 a 浓度差异显著（df=7，$P<0.05$），月平均值最大为 0.7046μg/L，月平均值最小为 0.1767μg/L。11 月、2 月、3 月和 5 月不同样点浮游植物叶绿素 a 浓度差异很大（df=4，$P<0.05$），12 月、1 月、4 月和 6 月 5 个样点间差异不显著（df=4，$P>0.05$）。最小显著差异法验后多重比较分析（LSD）表明在 2 月和 5 月，S1、S2 与 S3 的浮游植物叶绿素 a 浓度差异均显著（$P<0.05$），2 月 S3 与 S4、S5 叶绿素 a 浓度差异也显著（$P<0.05$）。

（二）对底栖动物的影响

在小水电干扰下，对应采样点共鉴定出底栖动物 164 个分类单元，分属于昆虫纲、腹足纲、寡毛纲、涡虫纲和甲壳纲，其中昆虫纲数量占物种数的 93%，包括鞘翅目、双翅目、蜉蝣目、半翅目、广翅目、蜻蜓目和毛翅目。4 个时期的优势类群分别为蚋属（Simulium）（40.6%；建小水电前），蚋属（Simulium）（29.6%；建小水电后第一年），锐利蜉属（Ephacerella）（18.1%；建小水电后第二年），短角水虻属（Odontomyia）（22.3%；建小水电后第三年）。蚋属的相对丰度从 40.6%降低到 0。短角水虻属的相对丰度从 0 升高到 22.3%。底栖动物平均密度为 1129.82ind./m^2（260.19～1855.09ind./m^2）（表4-14）。

表4-14　建小水电前后相对丰富度>2%的属

建小水电前（6～8 月）	建小水电后第一年	建小水电后第二年	建小水电后第三年
四节蜉属 Baetis（20.7）	四节蜉属 Baetis（13.4）	四节蜉属 Baetis（8.4）	四节蜉属 Baetis（12.1）
小蜉属 Ephemerella（2.5）	直突摇蚊属 Orthocladius（2.1）	Macronychus（7.7）	狭溪泥甲属 Stenelmis（8.2）
锯形蜉属 Serratella（2.6）	小蜉属 Ephemerella（6.5）	锐利蜉属 Ephacerella（18.1）	小蜉属 Ephemerella（4.3）
高翔蜉属 Epeorus（9.2）	锯形蜉属 Serratella（4.3）	小蜉属 Ephemerella（6.5）	Lithax（2.9）
蚋属 Simulium（40.6）	高翔蜉属 Epeorus（10.0）	蜉蝣属 Ephemera（2.7）	高翔蜉属 Epeorus（10.7）
朝大蚊属 Antocha（3.5）	扁蜉属 Heptagenia（5.8）	微动蜉属 Cinygmula（9.7）	扁蜉属 Heptagenia（6.2）
三角涡虫属 Dugesia（2.1）	等蜉属 Isonychia（3.3）	高翔蜉属 Epeorus（4.3）	绒弓石蛾属 Parapsyche（2.7）
	细裳蜉属 Leptophlebia（2.1）	扁蜉属 Heptagenia（3.8）	柔裳蜉属 Habrophlebiodes（2.2）
	蚋属 Simulium（29.6）	Goerodes（2.2）	同襀属 Isoperla（4.5）
		Tetropina（5.3）	短角水虻属 Odontomyia（22.3）
			朝大蚊属 Antocha（2.4）

注：括号内数字代表相对丰富度（%）

去除中位数为 0 的参数后，剩下 74 个底栖动物群落特征参数进行双因素方差分析。杂食者百分含量、摇蚊科密度、攀爬者密度 3 个参数受小水电站坝建设显著影响。其中杂食者密度在小水电站坝建设前后上游差异显著（$P<0.05$），而下游差异不显著（表 4-15）。摇蚊科密度和攀爬者密度在小水电站坝建设前后上游差异不显著，而下游差异显著（$P<0.05$）（表 4-15）。

表 4-15　研究期间底栖动物群落特征参数在小水电站坝建设前后及上下游样点的平均值（±标准差）

响应变量	位置	建坝前	建坝后		
			第一年	第二年	第三年
杂食者百分含量/%	上游	0.12±0.17	0.004±0.01	0.05±0.07	0.02±0.02
	下游	0.01±0.01	0.01±0.01	0.02±0.03	0.0004±0.001
攀爬者密度/（ind./m²）	上游	62.50±61.20	6.48±8.90	23.56±41.77	88.89±108.34
	下游	400.00±602.18	83.33±152.21	7.72±10.89	61.11±49.44
摇蚊科密度/（ind./m²）	上游	77.50±87.57	3.70±5.74	13.13±21.39	67.28±53.32
	下游	433.33±646.80	86.11±157.76	2.93±5.57	58.33±51.97

多响应置换过程（multi response permutatio procedure, MRPP）分析显示上、下游底栖动物群落组成有显著性差异（$P<0.05$）。在拦水坝建成后第三年，使用非度量多维标度排序（non-metric multidimensional scaling, NMS）分析对各样点进行排序，各样点可被不同的指示种按照其特征进行对应分组。其中的鹬虻属（*Atherix*）、*Cyphon*、绒弓石蛾属（*Ceratopsyche*）、合脉石蛾属（*Cheumatopsyche*）、长绿襀属（*Sweltsa*）、*Lithax*、贝蠓属（*Bezzia*）、*Paranemoura* 和柔裳蜉属（*Habrophlebiodes*）指示性显著（$P<0.05$）。

（三）对底栖藻类的影响

在小水电干扰下，对应采样点共鉴定出底栖藻类 150 种，分属硅藻（133 种）、绿藻（8 种）和蓝藻（9 种）三门，总计 38 属。硅藻为绝对优势类群，其中，线形曲壳藻（*Achnanthes linearis*）和扁圆卵形藻（*Cocconeis placentula*）为绝对优势种，平均相对丰富度（占硅藻总数目的比例）分别为 60.82% 和 10.22%。平均相对丰富度大于 1%的还有：近缘曲壳藻（*Achnanthes affinis*）4.06%、小形异极藻（*Gomphonema parvulum*）3.58%、披针曲壳藻（*Achnanthes lanceolata*）2.50%、披针曲壳藻椭圆变种（*Achnanthes lanceolata* var. *elloptica*）2.10%、窄异极藻（*Gomphonema angustatum*）1.51%、短小曲壳藻（*Achnanthes exigua*）1.23%、*Achnanthes deflexa* 1.02% 和近缘桥弯藻（*Cymbella affinis*）1.01%。所有 94 个样点的平均藻类密度是 $7.05×10^9$ind./m²，最高密度为 $3.34×10^{10}$ind./m²（ZJ3），最低密度为 $4.03×10^8$ind./m²（MEB1）；平均底栖藻类叶绿素 a 浓度为 15.65mg/m²。皮尔逊（Pearson）相关性分

析表明底栖藻类密度与叶绿素 a 浓度显著相关（$r=0.774$，$P<0.001$）。

对于所有样点的桥弯藻属密度来说，建设前上下游的平均密度均大于建设后，但是，电站下游样点的下降幅度明显大于上游直立型相对含量也表现出了类似趋势（表4-16）。对于硅藻总密度（TD）、物种丰富度及马加莱夫（Margalef）多样性指数，上游样点在电站建设前后无显著变化，而下游样点则差异显著（$P<0.05$）（表4-16）。

表 4-16 水电站上下游的底栖藻类评价参数在不同时期的比较

响应变量	位置	时期		方差分析结果
		建坝前	建坝后	
桥弯藻属密度/（ind./m^2）				时期影响
	上游	$(1.07\pm0.61)\times10^7$	$(0.56\pm0.19)\times10^7$	建坝前>建坝后
	下游	$(4.71\pm2.42)\times10^7$	$(0.40\pm0.29)\times10^7$	
直立型相对含量/%				时期影响
	上游	2.50 ± 1.20	0.78 ± 0.34	建坝前>建坝后
	下游	3.21 ± 1.82	0.11 ± 0.08	
硅藻总密度/（ind./m^2）				位置和时期交互影响
	上游	$(3.61\pm1.40)\times10^8$	$(6.14\pm2.17)\times10^8$	建坝前=建坝后
	下游	$(16.52\pm5.24)\times10^8$	$(5.62\pm4.10)\times10^8$	
物种丰富度				位置和时期交互影响
	上游	17.93 ± 1.30	16.28 ± 1.08	建坝前=建坝后
	下游	23.40 ± 2.00	13.08 ± 1.71	
Margalef 多样性指数				位置和时期交互影响
	上游	0.62 ± 0.04	0.55 ± 0.04	建坝前=建坝后
	下游	0.74 ± 0.06	0.45 ± 0.05	

注：方差分析（ANOVA）结果说明哪个因素（位置、时期、位置和时期交互作用）对参数影响显著，并比较了参数的平均值。当交互作用不显著时列出主要影响因素

（四）对浮游动物的影响

在小水电干扰下，对应采样点共鉴定出 56 种浮游动物。轮虫是物种最丰富的群落，大约95%的种类是轮虫，其余的则为无节幼体和桡足类幼体。尽管无节幼体占总密度的比例不到9%，但它经常出现在不同样点，而桡足类幼体很少出现。大部分轮虫是底栖种类，它们分属于 14 科 21 属，优势种有 8 个，分别为懒轮虫（*Rotaria tardigrada*）、红眼旋轮虫（*Phiodina erythrophthalma*）、不安巨头轮虫（*Cephalodella intuta*）、爱德里亚狭甲轮虫（*Colurella adriatica*）、螺形龟甲轮虫（*Keratella cochlearis*）、广布多肢轮虫（*Polyarthra vulgaris*）、小链巨头轮虫（*Cephalodella catellina*）和大肚须足轮虫（*Euchlanis dilatata*）。不同优势种在各样点间分布不一样，红眼旋轮虫在所有样点均有分布，懒轮虫主要分布在有流速

的样点中（如 S1、S2、S4 和 S5）；螺形龟甲轮虫、不安巨头轮虫和广布多肢轮虫主要分布在无流速的 S3 中（表 4-17）。S3 样点的物种丰富度比其他样点高许多，相关样本非参数检验表明 S3 样点的物种丰富度显著高于其他 4 个样点（费里德曼检验，$P<0.05$），而其他 4 个样点间差异不显著（费里德曼检验，$P<0.05$）。

表 4-17　香溪河不同样点优势种分布及其物种丰富度

优势种	S1	S2	S3	S4	S5
红眼旋轮虫 *Phiodina erythrophthalma*	+	+	+	+	+
懒轮虫 *Rotaria tardigrada*	+	+		+	+
艾德里亚狭甲轮虫 *Colurella adriatica*		+	+	+	
大肚须足轮虫 *Euchlanus dilatata*	+	+			+
小链巨头轮虫 *Cephalodella catellina*		+	+		
不安巨头轮虫 *Cephalodella intuta*			+		
广布多肢轮虫 *Polyarthra vulgaris*			+		
螺形龟甲轮虫 *Keratella cochlearis*			+		
平均物种丰富度	13.13	12.38	15.63	11.63	10.50

注："＋"表示出现

大约有 11 个浮游性种类出现在 S3 中，分别为广布多肢轮虫、螺形龟甲轮虫、不安巨头轮虫、角突臂尾轮虫、萼花臂尾轮虫、壶状臂尾轮虫、方块臂尾轮虫、裂痕龟纹轮虫、微小三肢轮虫、暗小异尾轮虫和尖尾疣毛轮虫。在其他样点中该类轮虫几乎不出现，即使出现密度也很低。当 S3 变成静水生境时，这些浮游种类就能繁殖并迅速成为优势种类，然而在其他样点仍然是河流底栖种类占优势地位。

S1、S2 和 S5 之间的相似性指数较高，因此把它们定为组 1；S3 与 S1、S2 和 S5 间浮游动物群落差异很大，相似性指数很低，因此把 S3 定为组 2。S4 处于组 1（S1、S2 和 S5）与组 2（S3）之间，S4 与其他任何一个样点的相似性指数差别不大（表 4-18）。

表 4-18　香溪河受小水电影响河段不同样点间百分比相似性指数分布情况

样点 vs. 样点	11 月	12 月	1 月	2 月	3 月	4 月	5 月	6 月
S1 vs. S2	76.66	81.20	84.86	88.40	68.56	90.48	91.96	71.54
S1 vs. S3	51.71	28.69	51.16	6.66	15.61	85.17	17.06	38.07
S1 vs. S4	61.37	45.73	69.96	57.45	51.17	77.33	50.99	36.33
S1 vs. S5	83.15	75.72	83.58	60.36	65.77	83.92	54.41	81.40
S2 vs. S3	51.67	26.71	61.24	7.01	1.72	86.90	18.27	54.53
S2 vs. S4	63.89	42.86	76.92	54.03	79.55	74.76	57.24	47.27
S2 vs. S5	72.33	86.41	72.91	68.06	89.05	88.59	59.68	72.72
S3 vs. S4	55.77	48.31	74.49	12.68	1.84	78.93	21.24	49.65
S3 vs. S5	56.32	29.64	50.00	6.50	1.72	83.18	16.05	41.88
S4 vs. S5	63.86	43.90	68.05	44.22	74.74	79.73	81.23	37.28

不同月份浮游动物在不同样点间分布情况差异显著。就时间动态而言，不同月份浮游动物密度差异显著（df=7，$P<0.05$），最小显著差异法（LSD）验后多重比较分析表明 11 月至 5 月浮游动物平均密度差异不显著，6 月平均密度显著高于其他月份。11 月和 6 月样点 S3 密度低于其他样点，其他月份 S3 密度均高于另外 4 个样点。方差分析表明，除 1 月 5 个样点间浮游动物密度差异不显著（ANOVA，df=4，$P>0.05$）外，其他月份 5 个样点间密度差异显著（ANOVA，df=4，$P<0.05$）。基于图凯法的多重比较结果表明 S1 与 S2 差异不显著；11 月和 6 月 S3 与 S2 差异显著；S3 与 S1 差异不显著；12 月、2 月、3 月、5 月 S3 与 S1、S2 差异均显著；1 月和 4 月 S3 与 S1、S2 差异均不显著。因此 5 个样点基于浮游动物密度大小可分为 3 个组：组 1，S1、S2 和 S5；组 2，S3；组 3，S4，位于组 1 和组 2 中间。对分组样点进行分析，结果表明 1 月、4 月和 6 月浮游动物在组 1（S1 和 S2）和组 2（S3）之间差异不显著（表 4-19），其他月份则差异显著；S4 与 S5 在 3 月和 4 月差异不显著，在其他月份则差异显著（表 4-20）。

表 4-19　香溪河示例电站取水口上游、取水口下游浮游动物密度独立样本 t 检验结果

月份	取水口上游	取水口下游	t 值	自由度 df	显著性 P
11	2 758.33	1 366.67	2.71	7.00	0.03
12	2 740.00	5 520.00	−10.97	7.00	0.00
1	1 883.33	4 416.67	−1.91	7.00	0.10
2	1 908.33	19 550.00	−25.68	7.00	0.00
3	1 133.33	24 533.33	−6.67	7.00	0.00
4	1 208.33	1 550.00	−2.05	7.00	0.08
5	2 475.00	6 633.33	−7.34	7.00	0.00
6	12 500.00	7 977.78	2.27	7.00	0.06

注：取水口上游包括 S1 和 S2，取水口下游包括 S3

表 4-20　香溪河示例电站出水口上游、出水口下游浮游动物密度独立样本 t 检验结果

月份	出水口上游	出水口下游	t 值	自由度 df	显著性 P
11	583.33	2 166.67	−3.38	4.00	0.03
12	986.67	3 000.00	−4.45	4.00	0.01
1	916.67	2 100.00	−3.87	4.00	0.02
2	1 200.00	4 416.67	−3.33	4.00	0.03
3	650.00	1 233.33	−1.74	4.00	0.16
4	1 083.33	766.67	1.54	4.00	0.20
5	1 100.00	2 333.33	−3.42	4.00	0.03
6	11 850.00	16 711.11	−2.84	4.00	0.05

注：出水口上游包括 S4，出水口下游包括 S5

　　研究结果证明：水电站的建设能够对水生生物产生重大影响，这种影响在长

期干旱或者枯水季节尤为明显,但是大雨事件则能降低这种影响。经常保持河道连通有利于水生生物的均匀分布,从而能够减少电站建设对河流生物的负面影响。

四、环境适应性分析

(一)栖息地适合度模型

使用广义可加模型对香溪河流域的采样数据进行栖息地适合度模型计算,绘制出指示生物四节蜉分别在旱季和雨季以流速与水深为解释变量情况下的栖息地适合度模型,如图4-2所示。

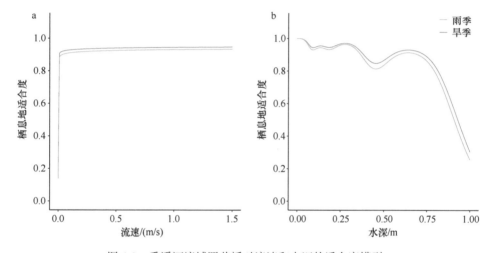

图4-2　香溪河流域四节蜉对流速和水深的适合度模型

图4-2a为四节蜉的流速栖息地适合度模型。从曲线上可看出在旱季和雨季,四节蜉在各流速区间的适合度都较高,为0.9~1.0,但在流速为0的静水区域适合度有降低的趋势。

图4-2b为四节蜉的水深栖息地适合度模型。从图中可看出四节蜉栖息地适合度与水深的关系呈现非线性的负相关关系。在水深超过0.7m的溪流河段,四节蜉适合度显现下降模式。从分曲线阶段来看,在水深0~0.3m,四节蜉的适合度较高,稳定在0.9~1.0。在水深0.3~0.5m,四节蜉适合度随着水深增加而下降,为0.8~1.0,为较大适合度值。在水深0.5~0.7m,四节蜉的适合度随着水深的增加而增大,为0.8~1.0。

(二)环境流量模型的模拟计算

根据上述研究方法使用广义可加模型绘制四节蜉的加权可利用宽度与流量的

回归曲线，如图 4-3 所示。曲线显示，在旱季和雨季，随着流量的增加，四节蜉的加权可利用宽度都呈现先上升后下降的趋势，且都有一个加权可利用宽度最高点，在达到最高点的上升阶段都有一个明显转折点。根据湿周法，曲线在上升阶段的最大转折点确定为香溪河河道内最优势类群四节蜉的最小生态需水量，其中旱季为 $1.3m^3/s$，雨季为 $2.5m^3/s$。曲线最高点所对应的流量为最佳生态流量（流量超过此点，则指示生物的加权可利用宽度随着流量的增加而下降），其中旱季为 $1.6m^3/s$，雨季为 $2.6m^3/s$。

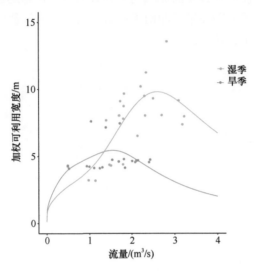

图 4-3　香溪河流域四节蜉的加权可利用宽度与流量的回归曲线图

利用广义可加模型，本研究选用了水深和流速作为生境因子构建指示生物四节蜉的适合度模型，结果显示本研究最低水深为 0.1m 时，四节蜉有很高的适合度，但水深为 0 时（即无水环境下）四节蜉为水生生物，应该不能生存，适合度为 0，在水深超过 0.75m 时，四节蜉的适合度随着深度的增加而大幅度下降并趋向于 0。

（三）三层次的河道内环境流量

为保护香溪河生态系统结构和功能的完整性，将河道内环境流量分为 3 个层次，即河道最小需水量、最小环境流量和适宜环境流量。

第一个层次，即水文层次，是确保河道不断流所必需泄流的水量，此时的流量称为河道最小需水量。

第二个层次，即物种层次，是保证河流生态系统中优势类群的正常生存和繁衍所必需泄流的水量，此时的水量称为河流最小环境流量。

第三个层次，即生态系统层次，是保证河流生态系统特有的服务功能的正常和完全发挥所必需泄流的水量，此时的流量称为适宜环境流量。

在使用加权可利用宽度法的同时，又分别采用蒙大拿法（Tennant）、连续最枯 7 日平均流量法和保证率 90%最枯月平均流量法计算了香溪河河道内环境流量（表 4-21）。

表 4-21　基于水文法和加权可利用宽度法的河道内环境流量的计算表

	方法	环境流量/（m³/s）	与年平均流量百分比/%
水文层次	现行生态放流标准	0.675	10.00
	连续最枯 7 日平均流量法	0.884	13.10
物种层次	保证率 90%最枯月平均流量法	1.384	20.50
	河道内最小环境流量-旱季	1.3	19.20
	河道内最小环境流量-旱季	2.5	37.04
生态系统层次	河道内适宜环境流量-雨季	1.6	23.70
	河道内适宜环境流量-雨季	2.6	38.52

对比水文法和加权可利用宽度法的计算结果，最终确定三层次的河道内环境流量分别为：香溪河最小需水量，将计算结果中蒙大拿法所得最小的流量作为香溪河最小需水量，即 0.675m³/s；香溪河最小环境流量，其中旱季为 1.3m³/s，雨季为 2.5m³/s，该流量分别占多年平均流量的 19.20%、37.40%，接近蒙大拿法枯水期的"一般"流量的标准；香溪河适宜环境流量，旱季为 1.6m³/s，湿季为 2.6m³/s，该流量分别占多年平均流量的 23.70%、38.52%，接近蒙大拿法枯水期"很好"流量的标准。

（四）确定环境流量的阈值问题

本节在香溪河流域按照降水量等因素将时间分为旱季和雨季，分别计算不同时期的环境流量。河道内的生态需水量与河流水文时间波动一样，并不是一个固定常量，环境流量科学研究和国家公园对水资源利用的管理指导都应建立在自然流量变化和历史流量变化的生态响应之间的关系上。同样，不同生物适宜的生态需水量也大不相同，现今环境流量评估方法和模型逐渐从关注少数物种（通常具有商业价值或濒临灭绝的水生生物）转向生物群落结构层面（无脊椎动物）、生态系统过程（如生产力）和更大的调查范围（多个流域）（Arthington et al.，2018）。不论是同一流域的不同物种还是不同流域的相同物种以及物种所处的不同生长繁殖时间段，它们的栖息地适宜性和生态需水量都不同（Poff，1997，2017）。这给利用 IFIM 法计算环境流量一个启示，即选用具有相同生物属性或特征（如相同功能性状、相同形态、相同生理需求）的物种作为指示生物进行栖息地适合度模型的构建，进一步计算对应最小生态需水量（Poff，1997，2017；Arthington et al.，2018），这需要进一步的实验探索。

五、基于环境流量的小水电生态修复机制

本节在加权可利用宽度与环境流量曲线图中显示了最佳环境流量，这在以往对神农架国家公园体制试点区的流域乃至我国国内所做的环境流量研究中未见报道，毕竟生态需水量也有最大适宜值，过大的流量也不利于生态系统的正常运转和社会发展。水资源短缺和因水电站建设暴露的问题越来越多，在不断变化的社会经济、气候和环境条件下，水环境保护战略必须优化传统的水供应和需求方式（Bond *et al.*，2008；Rockström *et al.*，2015）。管理人员在确定环境流量的阈值时，应综合考虑维持生态系统价值，满足人类生产、生活和社会发展需要等多方面因素。（蔡庆华等，2021）。

神农架国家公园体制试点区范围内，为保证河流的连续性，执行的生态放流标准为年平均流量的 10%，而根据本研究构建的环境流量模型，旱季和雨季最小生态需水量及最佳环境流量存在明显的差异，且均高于现在执行的生态放流标准。政府部门在进行生态补偿时，应根据不同的管理需求和季节差异，要求企业对生态放流量进行调整，并对生态补偿的金额做出相应调整。

第三节　人类活动对河流底栖动物生活史过程的影响

一、生活史策略

在神农架地区，海拔落差对陆地生态系统中的物种丰富度和生物群落、功能性状多样性的形成具有主导作用，但在河流生态系统中，关于海拔落差对水生生物的多样性服务价值尚缺乏了解。本节以一种广布性水生昆虫三脊弯握蜉（*Drunella submontana*）为例，在神农架国家公园体制试点区内 4 个不同海拔样点（图 4-4）进行了为期 2 周年的逐月监测，通过头宽频率法对该种的生活史完成过程进行分析。

神农架海拔梯度在较小的空间范围内汇集了不同的生态系统和环境类型，使得神农架成为研究生物对全球气候变化响应的理想区域（潘红丽等，2009）。与其他生态系统相比，河流生态系统具有 5 个独特的自然属性，即等级结构、网络结构、树枝状的干支流、单一方向性、水文节律，这些自然属性决定着水生生物的分布格局（Altermatt *et al.*，2013；Dong *et al.*，2016）。生活史性状的研究是生物对环境响应的基础，主要用于进化生态和物种种群动态的研究（Ma *et al.*，2017）。对水生昆虫的生活史研究，除了获得以上信息外，还能结合该水生昆虫的生活史完成过程及完成状况来评价相应的河流生态环境的服务功能。

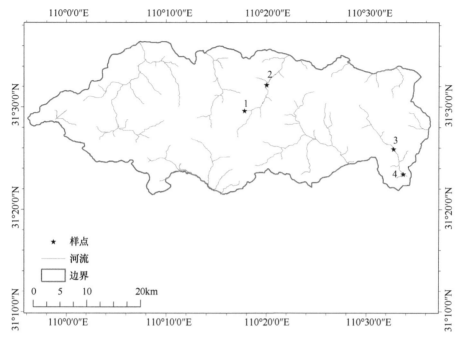

图 4-4　神农架国家公园体制试点区采样点分布

（一）研究方法

三脊弯握蜉是亚洲中部地区的常见种（在中国中南部地区均有分布），是清洁水体的指示种，对水流状态无偏好（Jacobus and McCafferty，2004），非常适合用于揭示神农架国家公园体制试点区河流生态系统特征。此外，当前对弯握蜉属种类的生活史性状研究不够明确，同时缺乏其应对环境变化的响应研究。从神农架国家公园体制试点区不同海拔形成的气候环境基础上明确三脊弯握蜉具有的生活史类型，分析其应对气候变化的生活史策略，进而通过三脊弯握蜉的生活史完成过程探讨神农架国家公园体制试点区内水生生态系统的特征，最终为制定相关保护管理政策提供科学依据。

（二）研究结果

通过对三脊弯握蜉在 4 个不同海拔样点 2015 年 5 月至 2017 年 4 月为期两年的头宽频率（图 4-5）进行综合分析，可区分出该种具有 3 种生活史类型："非滞育卵孵化一化性型"、"滞育卵孵化一化性型"和"滞育卵孵化半化性型"。其中"非滞育卵孵化一化性型"个体（图 4-5 中虚线箭头附近），低龄幼虫首次出现在 8 月或 9 月，以体型较大的个体越冬，次年春季羽化；该生活史类型的个体主要出现在样点 2 和样点 3，高海拔样点（样点 1）完全无该生活史类型的个体分布。"滞育卵孵化—化性型"个体（图 4-5 中实线箭头附近），低龄幼虫首次出现在 11 月，以体型较小的个体或卵越冬，次年 5～9 月羽化；该生活史类型的个体为各个样点的主要组成个体，低龄幼虫首次出现的时间在不同海拔样点、各年份间存在差异。"滞育卵孵化半化性型"个体（图 4-5 中点箭头附近），低龄幼虫首次出现在夏季，当年不能羽化，以体型较大的个体越冬，次年春季羽化；该生活史类型的个体可清晰见于样点 1，在样点 2 中该生活史类型的个体与"非滞育卵孵化—化性型"的个体头宽出现严重重叠。对不同海拔样点间的幼虫密度进行比较发现，各样点间存在显著差异，样点 2、样点 3 显著高于样点 1、样点 4。

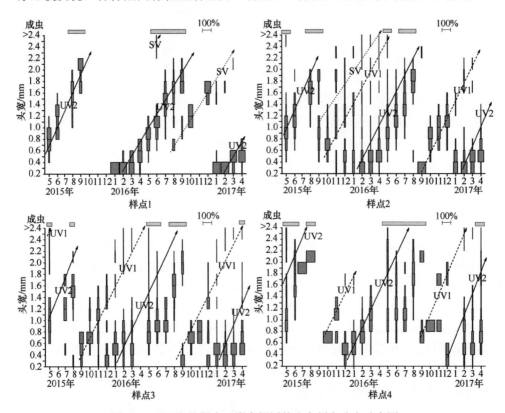

图 4-5　不同海拔样点三脊弯握蜉的头宽频率分布动态图

UV1 表示非滞育卵—化性，UV2 表示滞育卵—化性；SV 表示滞育卵孵化半化性型；矩形框指有成虫出现；100%及下面的尺度表示 100%个体的宽度

三脊弯握蜉的幼虫密度，样点 1 为（99.0±102.9）ind./m^2、样点 2 为（395±616.8）ind./m^2、样点 3 为（500.5±742.6）ind./m^2、样点 4 为（155.3±155.3）ind./m^2，对不同海拔样点间的幼虫密度进行比较得到：各样点间存在显著差异，样点 2、样点 3 显著高于样点 1、样点 4[数据经 $\lg(x+1)$]，转换后再进行曼-惠特尼 U 检验（Mann-Whitney U test）比较（$P<0.05$），如图 4-6 所示。

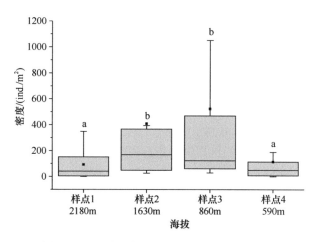

图 4-6　不同海拔样点三脊弯握蜉的密度分布

二、生活史对环境条件的响应

生活史性状对了解水生昆虫及水生生物的生物学特性，物种与物种之间、环境与物种之间的相互关系具有重要意义（Waters，1979a；Resh and Rosenberg，2010），被广泛应用于相关研究中（Waters，1979b）。

淡水生态系统中的水温会影响水生生物的度分布（Mccafferty and Pereira，1984）和生长速（Caissie，2010）。总积温使用温度和时间描述生物体发育，有助于理解昆虫和植物物候学（Higley *et al.*，1986）。积温对于水生昆虫生活史的研究同样有着重要意义。例如，解释不同群体中昆虫体型大小不一的形成机制（Hwang *et al.*，2009；Lee *et al.*，2013），预测出苗时间（Watanabe *et al.*，2010），量化幼虫发育过程的温度条件（Mckie *et al.*，2004）。缺乏长期水温数据是河流研究中的普遍现象。一般而言，河流水温数据是通过原位测量得到的，这些数据通常来自较大的空间尺度，在时间连续性上更是如此。即使在现阶段，连续监测河水温度经常会遇到突发状况，导致数据缺失。此外，现场测量无法弥补历史水温数据的不足。尽管现在已经建立了许多溪流水温模型（Sohrabi *et al.*，2017），但这些水温和气温之间的相关模型并没有很好地解决河流生态学的研究中历史水温缺乏的问题。这一问题导致目前许多关于水生昆虫生活史的研究没有积温信息。因此，本研究预期可以使用水温和气温之间的相关模型从研究期间的历史日气温估算历史溪流水温。同时，根据气温估算水温数据，计算梧州蜉（*Ephemera wuchowensis*）和光滑细蜉（*Caenis lubrica*）两种水生昆虫幼虫发育的积温。

（一）研究方法

本研究选择神农架地区的香溪河支流——螃蟹溪为研究对象，在溪流的上、中、下游各布设一个样点（图 4-7），所有样点海拔均不高于 600m。使用索伯网（采样面积 0.09m²，网孔 250µm）逐月对各样点的大型底栖动物进行为期一周年（2017 年 1～12 月）随机采集，至少 4 个重复，其中至少有 1 个样本采自基质主要为沙的小生境（细蜉科及蜉蝣科喜好的生境类型）。研究期间该溪流的河宽、流速和水深数据均很低，维持着稳定的基质组成结构，激流区、缓流区的基质结构主要由鹅卵石和沙组成。分别于夏季（7 月 24 日）、秋季（9 月 21 日）和冬季（12 月 26 日）对各个样点的水质理化指标进行了测量，在现场用 YSI 便携式多参数水质分析仪（YSI Pro Plus）测量溶解氧、电导率、pH、水温、浊度和盐度等理化指标。

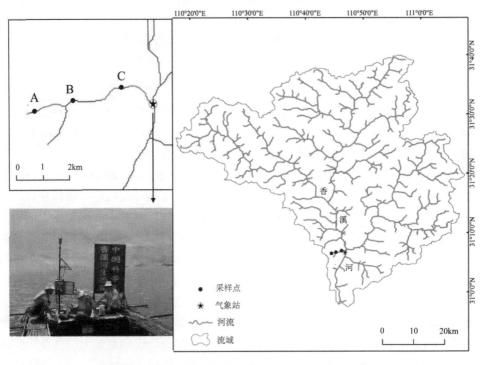

图 4-7　采样点设置图

采用改进后的爱普生扫描仪（Epson Perfection V700 Photo）获取数值图像，然后使用蔡司的图像处理软件 ZEN 对个体头宽进行测量。通过构建幼虫头宽大小结构的逐月动态图来分析生活史性状（Hamilton，1969；Waters，1979a），用翅牙变黑的老熟幼虫代替成虫，同生种群的幼虫发育历期（CPI）为幼虫首次出现时间到成虫首次出现时间。

为了建立水温和气温之间的关系模型，使用自动温度记录仪（HOBO Pendant UA-002-08），每小时监测螃蟹溪下游地区的水温数据。同时使用附近的小型气象站每小时监测一次空气温度。使用 OriginPro 8.0 软件创建气温-水温关系的线性回归模型，公式如下。

$$y = bx + a \qquad (4\text{-}2)$$

式中，x 为气温，y 为水温。根据螃蟹溪每日空气和水流温度之间关系的最佳拟合模型，估算 2017 年全年的气流水温。

CPI 是水生昆虫最大体型类群从孵化到死亡的主要发育时间，其估计方法是从第一次孵化到成虫第一次出现的时间（Benke，1979）。通过公式（4-3）的方法将水温转换为积温（Lee *et al.*，1999），公式如下。

$$DD = (T_{max} + T_{min})/2 - T_b \qquad (4\text{-}3)$$

式中，DD 是积温（℃）；T_{max} 是每日最高温度（℃）；T_{min} 是每日最低温度（℃）；T_b 是卵和幼虫发育的基础温度（℃）。在研究中，估计梧州蜉的 T_b 值为 8.5℃，光滑细蜉的 T_b 值为 0。梧州蜉的发育起点温度直接应用了北亚热带蜉蝣属（*Ephemera*）发育起点温度的研究结果。基础温度对光滑细蜉的影响没有被考虑，因为细蜉属物种的热阈值尚不清楚。在螃蟹溪之前的研究中，1 月 15 日是梧州蜉最小个体最后一次出现的时间。3 月 18 日是越冬代光滑细蜉的最小个体最后一次出现的时间，并且 9 月 23 日出现了夏季第二代。本研究将用积温预测对应个体出现的时间。

（二）研究结果

调查期间各样点水温、电导率、溶解氧和氧化还原电位均存在季节性变动，而 pH、总溶解固体和盐度相对稳定，溶解氧饱和度均在 80%以上（表 4-22）。螃蟹溪中各样点呈现出的逐月头宽频率分布动态，各样点间梧州蜉相同月份的头宽大小结构基本一致（除 7 月和 9 月），但成虫出现的月份和连续性在样点间出现了差异。综合各样点的逐月头宽频率分布特征得到：梧州蜉在华中地区为一化性水生昆虫；低龄幼虫有两次增补高峰期，首高峰从 6 月开始，次高峰从 8 月或 9 月开始；同样，幼虫的羽化期为 4～9 月，也呈现出两次高峰期，首高峰在 4～6 月，会出现个体较大的老熟幼虫，次高峰出现在 8～9 月，无法明确第二次增补高峰期的个体是否能在第一个羽化期高峰期羽化；CPI 为 11 个月。各样点间光滑细蜉相同月份的龄期结构和成虫出现的时间基本一致（除 6 月外）。综合各样点的逐月头宽频率分布特征得到：光滑细蜉在亚热带地区低龄幼虫有 3 次增补高峰期，夏季两次，第一次出现在 6～7 月，第二次出现在 8～9 月；第三次从 11 月到次年 3 月；同样，成虫（翅牙黑色的老熟幼虫）也有 3 次羽化高峰期，首次出现在 4～5 月，第二次出现在 7～8 月；第三次主要出现在 9～10 月。根据龄期幼虫的增补和成虫羽化规律结合头宽频率动态过程，确定光滑细蜉呈现三化性，一个冬季世代和两个夏季世代，冬季世代的 CPI 为 6 个月（11 月到次年 4 月），两个夏季世代的 CPI 均为 2 个月（分别是 6～7 月和 8～9 月），两个夏季世代呈现严重的世代重叠（图 4-8）。

表 4-22　样点水质理化参数

时间及样点	W/℃	COND./（μS/cm）	DO/（mg/L）	DO/%	pH	Sal/（mg/L）	TDS/ppm
			夏季				
样点 A	26.5	383.0	6.0	80	8.2	0.2	265
样点 B	30.1	387.0	6.0	84	8.2	0.2	263
样点 C	27.2	380.0	6.2	82	8.5	0.2	274
			秋季				
样点 A	20.2	368.0	8.7	105	8.3	0.2	268
样点 B	21.1	361.7	9.6	111	8.4	0.2	259
样点 C	20.7	368	8.7	103	8.3	0.2	261
			冬季				
样点 A	7.5	265.7	10.4	91	8.5	0.2	259
样点 B	7.7	254.4	10.1	88	8.7	0.2	247
样点 C	8.0	284.2	10.7	92	8.5	0.2	274

注：W. 水温；COND. 电导率；DO. 溶解氧；DO%. 溶解氧百分比；Sal. 盐度；TDS. 总溶解颗粒物

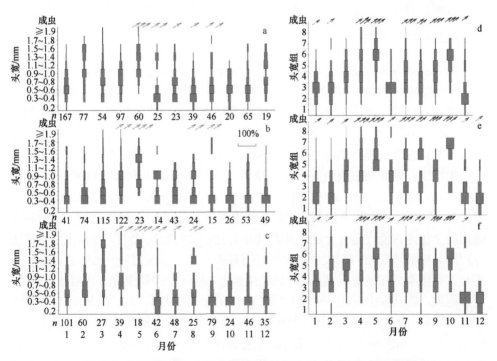

图 4-8　梧州蜉（a～c）与光滑细蜉（d～f）头宽频率逐月动态图

n 为个体数；箭头表示成虫出现时间

图 4-9 显示中国中部螃蟹溪的线性模型示例，包括一年的温度观测结果中每小时气温和溪流水温的成对数据。R^2 值为 0.884。

图 4-10 显示根据螃蟹溪每日气温和水温关系的最佳拟合模型估算的螃蟹溪 2017 年日最低温、日最高温和日均温的变化曲线。

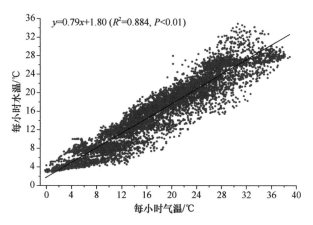

图 4-9　螃蟹溪中每小时气温和水温之间的线性模型

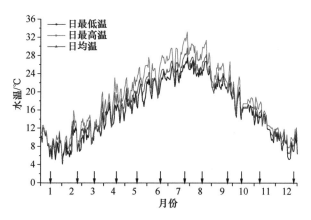

图 4-10　2017 年全年螃蟹溪气温和水温的估计结果

箭头处为采集成虫时间

在发育期（6 月 20 日至次年 4 月 18 日），梧州蜉幼虫发育的积温（ADD）为 2526.67℃。1 月出现的最小个体将在 9 月完成所需 ADD 要求（图 4-11）。

基于先前研究生活史周期模型的假设，光滑细蜉越冬世代和第二代夏季世代幼虫发育期的 ADD 分别为 1829.24℃和 859.83℃（第一代夏季世代幼虫与第二代夏季世代幼虫发育期高度重叠）。1 月出现的最小个体将在 6 月完成所需积温要求。9 月 23 日出现的最小个体将在 11 月完成所需积温要求（图 4-12）。

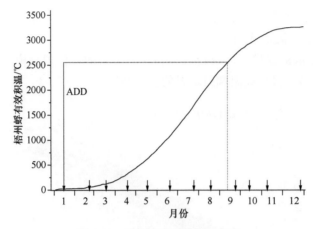

图 4-11 梧州蜉幼虫发育的积温

ADD 为幼虫发育的积温；箭头处为采集成虫时间

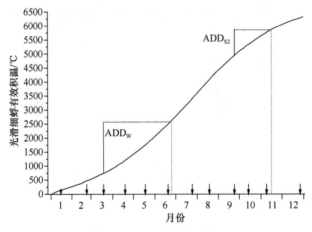

图 4-12 光滑细蜉幼虫发育的积温

ADD$_W$ 为越冬代幼虫发育的积温；ADD$_{S2}$ 为第二代夏季幼虫发育的积温，为图中 ADD$_W$ 形状的纵坐标差值，1829.24℃，ADD$_{S2}$ 为第二代夏季幼虫发育的积温，为图中 ADD$_{S2}$ 形状的纵坐标差值，859.83℃；箭头处为采集成虫时间

　　对于大多数溪流，非线性模型比简单的线性模型具有更好的效果（Morrill *et al.*，2005）。然而，在这项研究中，水温和空气温度之间的线性相关性可以达 95% 以上。主要原因可能是在该研究区域中温度低于 0℃ 的天数非常少。Dong 等（2011）发现线性模型适用于拟合日水温和气温。此外，由气温驱动的水温具有滞后效应（Dong *et al.*，2011），并且水温与每小时温度之间的相关性不好，R^2 值仅为 0.884，因而本研究中利用温度特征值和平均属性数据建立水温与温度的关系模型。根据估算的水温数据，本研究计算了中国中部地区梧州蜉和光滑细蜉幼虫发育的 ADD。梧州蜉幼虫发育的 ADD 与韩国南部 *Ephemera orientalis* 的 ADD 非常接近（Hwang *et al.*，2009）。光滑细蜉的 ADD 丰富了细蜉科物种的 ADD 值。

此外，用于分析水生昆虫生活史的体型-频率图的构建在以往难以实现，目前缺乏验证生活史判断结果的方法。1 月梧州蜉最小个体出现时间，以及 1 月和 9 月出现的最小的光滑细蜉个体的预测结果与其观察结果非常相似。因此，研究认为 ADD 值可以解释水生昆虫大小频率图构建的合理性。

三、基于生活史完整性的生态修复机制

生活史性状是物种功能性状信息库中的重要组成部分（Resh and Rosenberg，2010；Poff *et al.*，2006），是分析生物与环境关系的基础信息（Resh and Rosenberg，2010）。本研究通过对神农架国家公园体制试点区不同海拔样点的三脊弯握蜉的头宽频率逐月动态分析发现，该种在神农架国家公园体制试点区具有 3 种生活史类型，即"非滞育卵孵化一化性型"、"滞育卵孵化一化性型"和"滞育卵孵化半化性型"（研究中未对卵是否滞育及其滞育条件进行实验，为了便于描述和理解，因此用了"非滞育卵"和"滞育卵"来描述），按照 Clifford（1982）对蜉蝣目生活史类型及生长发育过程的分类描述，三脊弯握蜉的生活史性状由其中的"幼虫越冬的一化性（Uw）"、"幼虫越冬和幼虫越夏组合的一化性（Uw-Us）"、"半化性（2Y）"等 3 种类型组成。本研究首次揭示三脊弯握蜉的生活史性状，同时也是弯握蜉属中最完整的生活史类型记录。

"非滞育卵"孵化的个体生长形成了"Uw"型生活史，"滞育卵"冬春季孵化的个体生长形成"Uw-Us"型生活史，高海拔（大于 2180m）地区晚孵化的"滞育卵"个体生长形成"2Y"型生活史。因此，海拔因子导致低龄幼虫的异步出现和老熟幼虫的形成需要一定的温度条件，是造成不同海拔样点和同一海拔样点的不同年份三脊弯握蜉生活史性状差异的原因，同时也暗示气候变化主要影响三脊弯握蜉低龄幼虫的出现时间和成虫羽化。因此，生活史的完成过程由环境条件和物种自身的遗传特性共同决定（Corbet *et al.*，2006）。

国家公园建设已被作为国家战略加以推进。而作为国家公园，明确其国家或国际重要意义的典型性和生态系统完整性是一项必要的科研内容。神农架国家公园体制试点区山体具有明显的垂直气候带，从低海拔到高海拔依次呈现出北亚热带、暖温带、温带、寒温带的气候特点（谢宗强和申国珍，2021），在陆地生态系统中形成了不同的植被垂直带谱、植物种域分布特征（卢绮妍和沈泽昊，2009）、乔木叶片功能性状特征（罗璐等，2011）、凋落物的分解特征（潘冬荣等，2013）。本节研究中，河流生态系统中水生昆虫三脊弯握蜉种群覆盖了神农架国家公园体制试点区垂直气候带形成的多种生境类型，完整地呈现出了三脊弯握蜉多样的生活史过程及其对气候环境变化的响应方式：随着海拔由低到高的变化，三脊弯握蜉的生活史类型能呈现出"滞育卵孵化一化性型"—"非滞育卵孵化一化性型+滞育卵孵化一化性型"—"滞育卵孵化一化性型+滞育卵孵化半化性型"的变化模式，密度

能呈现低—高—低的变化模式，这些变化模式体现了神农架国家公园体制试点区河流生态系统的典型性和完整性及相应的生物多样性维持价值和科研服务价值。在对河流生态系统的典型性和完整性进行保护中，需要重新划定保护区域，重新划定保护区域的过程中如果占用了当地农牧民土地，需要对占用的土地进行现金补偿。

本研究首次描述了梧州蜉和光滑细蜉的生活史性状，在华中地区的梧州蜉生活史与 Hwang 等（2009）研究 *Ephemera orientalis* 在韩国的生活史的结果相似，均为一化性水生昆虫，幼虫的生长发育过程分为两个组。通过构建头宽频率动态图分析水生昆虫的生活史需要具有适合的样点、长期持续的野外调查（至少一周年）和充足的个体，因此此前绝大部分研究没有设置重复样点或未能对重复样点进行单独分析。神农架地区的螃蟹溪为梧州蜉幼虫提供了稳定的栖息生境，为本研究分别对各样点梧州蜉的头宽频率逐月动态进行分析提供了足够的个体数量。光滑细蜉在华中地区的生活史为三化性，属于 Clifford（1982）对蜉蝣生活史类型描述中的"MP"型，具有两个夏季世代和一个越冬季世代，同时也明确了细蜉科种类在亚热带地区的生活史特征。正如 Clifford（1982）所分析的，细蜉科无固定的生活史类型，本研究结果与之前其他细蜉科种类的生活史研究结果进行比较，发现整体而言该类群随着纬度降低，世代数呈现逐渐增加的趋势。

纬度梯度造成的温差为研究物种对温度响应的天然的实验条件（Frenne *et al.*，2013），与水生昆虫的化性呈负相关关系（Corbet *et al.*，2006）。在蜉蝣目中，有的分类系统中相近的种类，在低纬度地区羽化期较长，如扁蜉科中的种类（Dudgeon，1996a）。而蜉蝣属种类在亚热带及热带地区出现，纬度越低蜉蝣属种类的羽化期越短，蜉蝣属种类在香港地区（纬度）的羽化期仅持续到 7 月（Dudgeon，1996b），本研究中在华中地区羽化期延续到 9 月，在韩国羽化期延续到 10 月（Lee *et al.*，2008）。这可能是由于蜉蝣属种类幼虫需要达到一定营养积累后才具有对升温做出应急响应的能力，即在春节温度回升时，达到了这个营养积累界限的个体能直接进入性成熟发育阶段，而未达到的个体仍需要进行一段时间的营养积累后再进入性成熟发育阶段，这可能是蜉蝣属种类纬度越低羽化期越短和梧州蜉在华中地区羽化高峰期分离的原因。羽化时间对保证种群的传播、觅食和生殖的最佳条件具有非常重要的价值（Butler，1984），也对躲避干扰胁迫具有非常重要的意义（Dudgeon，1989）。螃蟹溪海拔较低，流量较小，7 月的日平均气温达到全年最高峰，水温也能达到 30℃以上，而梧州蜉的羽化规律确保了高龄幼虫和成虫避开了这个时期，以卵和低龄幼虫度过高温期。本研究表明在对华中地区特有水生昆虫及其他大型底栖动物的特有生活史性状保护中，需要重新划定保护区域，在重新划定保护区域的过程中如果占用了当地农牧民土地，需要对占用的土地进行现金补偿。

第五章　神农架国家公园体制试点区 社会经济与生态功能协同提升[*]

　　社会经济与生态功能是紧密联系的，自然资源的生态功能是社会经济发展的基础和制约条件（Pérez-Soba et al.，2008）。社会经济是人类发展的动力（Fan et al.，2018），追求更高的物质水平、过上更好的生活，是人类发展社会经济的目的（苑韶峰等，2019）。良好的生态功能为社会经济发展提供资源和空间，人类整合资源并加以利用以满足社会经济发展的需要。同时，社会经济活动中生产和消费过程产生的废弃物排入周边环境，储存、同化这些废弃物是生态系统的主要功能之一。随着社会经济的发展，人类对生态环境的干预逐渐增强（Maxwell and Randall，1989），可以投入更多的资金用于生态环境建设，如对河道疏通，对废污水进行治理，用低污染的生产方式取代粗放的、高污染的生产方式等。同时，随着生活水平的提高，人们对良好生态环境条件的需求越来越强，会主动地保护和改良生态环境（袁继翠等，2021）。社会经济发展对生态环境的变化起主导作用（Zhang et al.，2019），合理利用和改善生态环境，就可能使生态环境质量不断提高（刘超等，2021）。神农架国家公园体制试点区及其周边地区社会经济与生态功能协同提升办法便是以此理念为基础，遵循国家公园体制试点区的基本要求，构建保护典型和稀缺资源的管控体系，从而给人民群众带来福祉，更为子孙后代留下宝贵的生态财富，也与神农架国家公园体制试点区居民点调控的总体目标相符。因此，在国家公园总体规划的指导下，通过制定村镇规划，实施社区发展项目，合理配置资源，协调好居民生产、生活和资源保护的关系，建立"布局合理、规模适度、减量聚居、环境友好"的新型国家公园居民点体系，将保护与利用相结合，最终实现社区生态经济的可持续发展。

第一节　社会经济与生态功能协同提升管控办法

一、创新产业引导机制

创新产业引导机制作为神农架国家公园体制试点区土地利用空间规划布局的

---

[*] 本章作者：陈克峰，桑翀，谭路，何逢志，赵本元。

主要形式，在神农架国家公园体制试点过程中，神农架国家公园管理局与林区各级政府及有关单位建立社区共管委员会，形成梯级管理。基于乡镇产业发展规划、土地组织利用形式、生产经营管理方式和土地利用管理模式，结合乡镇间相关规划以及现有基础设施等，引入"土地利用片"作为土地管理单元，对乡镇范围进行产业布局分析（陈娜等，2018）。针对不同乡镇的资源优势、发展现状和政策导向，通过政策及资金的支持，引导社区产业发展，增加当地百姓收入，实现乡村振兴。

着力培育产业发展新增长点。坚持"旅游+""+旅游"的思维，做强旅游主导产业，加快大农林产业特色发展，推动大健康产业跨越式发展，实施现代服务业提速升级行动，推进服务业标准化、品牌化建设，构建现代绿色产业体系。

推动世界著名生态旅游目的地建设取得新进展。按照"提升西南一线、打造东北一片"的思路，实现平衡发展。按照"观光旅游精致化、休闲度假品质化、专项旅游特色化"的思路，提升旅游品质。强化"一江两山"区域联动，推动内外联动与国际化。

推动农业农村工作取得新发展。按照"四退四优四化"思路，以市场化、组织化和品牌化为向导，加快推进"六种四养"优势特色产业集聚发展，夯实农林产业基础，深化农业农村改革。统筹推进脱贫攻坚成果与乡村振兴有效衔接，实现脱贫攻坚和乡村振兴组织衔接、政策衔接、产业衔接、规划衔接。

推动基础设施建设取得新突破。完善综合交通体系，实施区内公路"四百三线"建设专项行动，加强数字化建设，强化能源供给能力，推进城镇配套建设，实施一批交通、水利、信息、能源、市政等基础设施重大工程，为神农架林区的高质量发展提供基础保障和支撑力量。

二、共建生态苗木基地

以习近平总书记关于生态文明建设与民生建设的系列理念为指导，"绿水青山就是金山银山"，"牢固树立保护生态环境就是保护生产力、改善生态环境就是发展生产力的理念"。

紧紧抓住国家全域旅游政策机遇，发挥神农架国家公园体制试点区旅游资源优势，建设以植被恢复、造林绿化、珍稀植物种群恢复为主，同时以景观苗木作为旅游资源的生态苗木基地。积极鼓励居民参与，共同打造神农架国家公园体制试点区老君山优势苗木发展基地，促进农村产业转型，农业结构调整，农民增收。开发集游览、观光、休闲、度假、娱乐为一体的生态旅游观光型苗圃。为发展地方经济，促进乡镇建设多元化的综合发展模式。

本着国家公园投入、群众自愿、受益归户、共同推进、规范有序、和谐发展的原则，在老君山建设苗圃 100 亩，苗木培育基地 2000 亩，生产造林绿化苗 2000

万株，可恢复神农架当地植被及造林绿化 10 万亩，撂荒地造林 500 亩，同时培育珍稀苗木 100 万株用于恢复、扩大珍稀植物种群，生产 100 万株园林景观用苗。

精心组织林业站人员支持林业专业合作社发展，搞好林下经济的宣传和技术指导工作。做大做强林下中药材产业，种植黄连、柴胡等中药材 1370 多亩，种植户年均可实现户均增收 1700 余元。扩大下谷坪土家族乡炕房规模，保障下谷坪土家族乡片区老百姓药材烘炕需求，同时要建设好苗圃基地，为下谷坪土家族乡的药材种植、加工和销售提供保障和服务。项目的苗田补贴投入让社区居民有直接的经济收入，生产苗木的经济价值也给村民带来可观的收入。种苗基地建设引领带动老君山当地村民发展绿色产业，带来绿色财富与经济财富的增长，同时对促进社区和谐发展、增强自然保护合力具有良好的示范带动作用。项目的实施真正践行"绿水青山就是金山银山"的理念，将对神农架国家公园体制试点区自然资源保护与管理产生示范效应，促进特色鲜明、美丽文明、生态优良的神农架国家公园体制试点区建设。

三、鼓励居民参与保护管理

社会运动和动员公众是变革的关键驱动力（孙芬和刘秀华，2010；Armstrong，2021）。居民作为利益相关者，以人为本是神农架国家公园体制试点区生态功能保护工作追求的价值标准和基本原则。完善居民参与保护管理机制能有效促进居民参与、居民管理，最后实现居民受益。

（一）吸纳居民参与保护管理

首先应在社区开展环境教育，强化社区居民的保护主体意识。只有社区居民自己认识到保护好森林，受益的是自己，才能主动参与到保护决策和行动实施中，从根本上更持续地保护好这片资源。同时，环境教育也是一种有效的宣传形式，有助于增强社区居民的环保意识。

（二）帮助社区发展替代能源

大力推广太阳能等替代能源，减少村民对薪柴的消耗，解放更多的劳动力。村民可投入更多的时间和精力在种植、养殖经营方面，淘汰或者改良经济效益较低的药材、林果品种，引进更适宜当地种植的品种，进一步提高村民收入。

（三）实行有机食品或绿色食品认证

提高资源管理能力和增加林下产品单位产量，结合社区地理优势发展"原生态、无污染"特色生态产品。对采集活动进行科学培训，包括采集产品的尺寸、采集频率、采集周期内的人数控制、采集时应该采取的保护措施等内容，实现林下产品的合理和可持续采集。

（四）强化社区能力建设

生态产品的经营和可持续采集的管理都离不开外部的技术支持和社区自身能力的建设。不仅依靠保护组织或者政府进行"输血"式扶贫，而且力争在外部组织撤出后，社区居民仍能借助自己的力量进行"造血"，实现可持续发展。

四、推行特许经营

特许经营最早起源于 1851 年的美国，根据商务部的定义，特许经营是指通过签订合同，特许人将有权授予被特许人按照合同约定在统一经营体系下从事经营活动，并向特许人支付特许经营费。国家公园实行特许经营主要面临的问题有：公园管理部门与地方政府职责界定不清晰；公园管理部门与地方政府配合不到位；对国家公园的认识提升难（王倩雯和贾卫国，2021b）。

在神农架国家公园体制试点区推行特许经营应充分吸取过往经验，做到国家公园管理部门与地方政府职责与功能划分明确，深化国家公园概念及意义并充分理解（方玮蓉和马成俊，2021）。以特许经营制度实施为导向，整合神农架国家公园体制试点区旅游资源及相关产业，促使神农架国家公园体制试点区全域旅游政策与生态保护协同推进。

（一）特许经营的项目范围

神农架国家公园体制试点区的特许经营是为了加强国家公园的管理、保护国家公园的资源，依照相关法律、法规对在试点区范围内必须提供的公共产品或服务引入竞争机制、选择合适经营者、明确责权并对其进行监督管理。国家公园体制试点区公共产品或服务主要面向各类旅游者，因此特许经营项目主要包括在试点区内向游客提供的旅游设施、旅游活动和服务，此外还包括其他商业活动以及必要的设施建设等。旅游项目特许经营的范围仅限于提供不属于基本公益服务并与消耗性地利用核心资源无关的后勤服务及旅游纪念品。在神农架国家公园体制试点过程中，景观及娱乐设施、游憩设施、住宿、餐饮等设施均可探索实施特许经营。设施的所有权由神农架国家公园管理局代表国家行使，但投资权、建设权、使用权、经营权和维护权均可探索以特许经营的方式转让给私人投资者。

（二）特许经营的组织方式

神农架国家公园体制试点区的特许经营项目采用分散授权的方式进行特许，也就是将不同的经营项目分别授权给多个不同的经营者，便于各个经营者突出各自优势，提高游客获得服务的质量，更好地保障娱乐和服务设施的质量。这样不仅降低了企业影响和破坏环境的可能性，同时可提高对游客的服务品质。神农架国家公园管理局由神农架林区政府授权与特许经营者签订特许经营合同。合同内容包括特许经营项目情况、特许经营者需要遵守的法律法规及政策、特许经营期限、特许经营费用、权利与义务等。神农架国家公园体制试点区特许经营项目将引入测评机制，对经营期限之内的企业进行定期或不定期的测评，以确认其特许经营能力。对不达标的特许企业建立退出机制。

（三）特许经营的资金管理机制

神农架国家公园管理局定位为公益性管理和服务机构，除门票管理、游客参观、环境卫生、应急救援等公共服务类活动外，不直接参与国家公园体制试点区的盈利活动，基本运行经费由国家财政支出。经营性资产采取特许经营，经营者参加公开竞价，缴纳特许经营费，以获得在国家公园体制试点区内开发餐饮、住宿、购物、交通、河流运营等旅游配套服务的权利，当地社区可优先参与。

（四）居民参与特许经营

1. 特许经营引导模式

神农架国家公园体制试点过程中，拟采用 3 种模式来引导居民社区参与特许经营和管理，即自主经营、引导参与和公司联营。引导居民和社区通过合资经营、合作经营、股份制等方式与国家公园管理机构之间建立合作关系，以资金、技术、人员投入为联结纽带，充分发挥国家公园管理机构在科技、信息等方面的优势，引导和带动社区共同发展。

2. 开展多种经营模式

自主经营模式适用于经济基础较好、旅游产品特色明显、社区居民商业意识较强的乡镇所在地和规模较大的社区。自主经营模式分为两种类型：一种是以个体家庭为单位从事小规模的旅游经营活动，较多地出现在家庭客栈、个体餐饮等行业；另外一种是以社区合作社形式出现的经营活动，主要出现在景区导游、运输等行业。

3. 探索引导参与模式

引导参与模式适用于神农架国家公园体制试点区各景区内或景区附近的社区。通过政府、企业和相关扶贫项目扶持，对社区居民进行相关技能培训，以多种形式参与生态旅游活动，如社区居民作为景区服务人员参与景区旅游服务，吸纳社区居民就业；社区因地制宜地生产土特产品，组织民间艺人设计制作本民族特色旅游商品，销售社区特色旅游商品。

4. 推广公司联营模式

公司联营模式适合在交通较为便利，流动人口集中，规模较大的社区开展。景区公司为社区居民提供旅游相关的职业技能培训，提供就业机会，同时开发旅游产品；社区居民提供民族特色产品、非物质旅游产品，或者以社区自然景观和人文资源作为投资，联合公司共同建设和经营景区，为旅游者提供满意的旅游体验和高质量的旅游服务。

五、小水电生态放流

不同的时代适应不同的发展模式，小水电建设在一定时期为促进神农架地方经济和社会发展发挥了重要作用，但随之而来的生态问题也不容忽视（郭庆冰等，2021）。随着国家公园保护条例的实施，神农架迎来最强保护时代，规范整顿小水电必须提出新时期的管理要求，并为小水电管理提供理论指导，以促进区域社会经济和生态功能协同提升。

加强对林区内小水电的监管，以壮士断腕的决心整治影响生态环境的小水电，生态放流达标、无河流断流、鱼类保护过关、最大程度地减小小水电对环境的不利影响，维护河流生态健康（王亦楠，2021）。贯彻落实习近平总书记关于长江流域"共抓大保护、不搞大开发"的指示和视察湖北系列重要讲话精神，切实整治林区小水电生态环境突出问题，神农架林区铁腕护河湖，集中开展水电站生态环境突出问题专项整治行动（Alp et al.，2020）。

小水电生态放流要从水文、物种和生态系统3个层次来确定环境内生态流量，以此为依据对水资源进行资源管理和综合利用（李凤清等，2008）。随着研究的不断深入，小水电环境流量的研究对象不能仅局限于物种及河道物理形态的研究，要扩展到维持河道流量的同时，充分考虑河流生态系统的整体性，包括河道外的生态系统，以流域生态的角度管控小水电生态放流。

神农架林区采用"关停一批、规范一批、提升一批"的措施。建立水电站"一站一策"档案，规范整改销号台账，研究制定运行长效机制，确保生态水泄放达标，无河流断流。对手续不全或未通过环评审批的小水电进行关停；对通过环评审批，未开展安全生产标准化及规范用工的水电站一律停业整改，限制上网；已取得环评批复的水电站，必须确保生态水泄放工程措施落实到位，执行生态水泄放不得低于所处河流多年平均流量的10%，落实安全生产标准化及规范用工，未按照要求落实的，限期整改；已列入国家增效扩容改造的水电站和小水电代燃料点改造的电站，必须完成电站生态水泄放无节制永久性工程措施，并自觉落实生态水泄放，确保安全生产标准化及规范用工长效机制的实施。

第二节 神农架林区健康状况评价

生物监测工作组记分系统（Biological Monitoring Working Party Score System，BMWP）是一项基于大型底栖动物的河流健康评价系统，最早由英国环保部提出并经过多次修正，由于其仅要求底栖动物鉴定到科，在缺乏完善的底栖动物鉴定资料的地区也能够应用其很好地对河流生态系统健康进行评价，已被应用于多个国家的河流健康评价。由经济合作与发展组织（Organization for Economic Cooperation and Development，OECD）和联合国环境规划署（United Nations Environment Programme，UNEP）提出的"压力-状态-响应"（PSR）概念模型突出了环境受到的压力和环境退化之间的因果关系，压力、状态和响应 3 个环节相互作用，制定对策与实践的全过程可直接反映在模型的结果上。PSR 模型具有广泛性与包容性，不仅可应用于不同生态系统的健康评价，如流域、消落带、滩涂和林地等各类型生态系统，且在环境承载力评估、生态安全演变过程监测、环境压力量化评价等方面均有指示作用，为神农架国家公园试点工作成效评估提供借鉴，以确保国家公园总体规划的顺利进行。

一、神农架林区河流生态系统评价

作为我国北亚热带与暖温带的过渡区，神农架林区是长江及其最大支流汉江在上游的分水岭。区内由于地势起伏，山体高耸，有明显的垂直和水平气候差异，主体小气候明显，多年平均降水量为 1584.5mm，降水一般集中在 4～10 月，占全年降水量的 86.8%（朱兆泉和宋朝枢，1999）。研究人员于 2011 年 5 月和 2012 年 4 月在神农架林区 13 条河流中共选取 30 个样点（图 5-1），涵盖了河流源头、城镇生活影响区域、农业灌溉影响区域、生态旅游区以及小水电站坝上和坝下区域等河段，在各样点测定水体理化参数并采集大型底栖动物。

（一）大型底栖动物的采集与处理

采样点位分布如图 5-1 所示，将孔径为 0.42mm、采样面积为 $0.09m^2$ 的索伯网置于河床，搅动采样筐内底质，并将筐内所有石头上的底栖动物刷入网内，每个样点随机采集 5 个重复，分别装入标本瓶中并用 75%乙醇保存，带回实验室后将大型底栖动物拣出并依照文献进行鉴定。

（二）样点设定和水体理化因子测定

使用哈希（Hach）HQ 40d 电化学分析仪对溶解氧（DO）进行现场测定，用

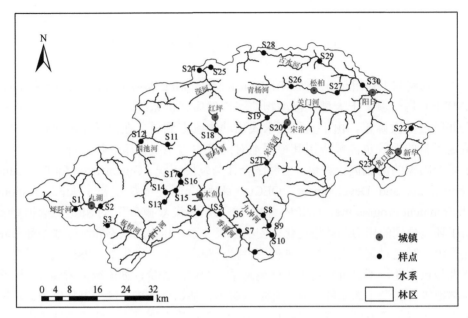

图 5-1　样点分布示意图

聚乙烯瓶在各样点采集两瓶水样，其中一瓶加浓硫酸调节 pH 低于 2，低温保存并带回实验室进行分析，化学需氧量（COD）采用高锰酸钾氧化法测定，总氮（TN）、氨氮（NH₃-N）及总磷（TP）用 SKALAR 连续流动分析仪测定，并根据《地表水环境质量标准》（GB 3838—2002）利用单因子指数法确定样点综合水质类别。

（三）水质评价

根据底栖动物鉴定结果计算各样点 Shannon-Wiener 多样性指数：

$$H' = -\sum_{i=1}^{S} P_i \log_2 P \tag{5-1}$$

式中，S 为样本总分类单元数，P_i 为物种 i 在样本中的相对丰富度。底栖动物耐污值参照英国国家水资源委员会（National Water Council，1981）及王建国等（2003）的研究，对各样点 BMWP 记分进行计算，并依照表 5-1 进行评价。

表 5-1　水质及生物指标的评价标准

指标	差	一般	亚健康	健康
水质类别	V 类以上	IV	III	I，II
Shannon-Wiener 多样性指数	≤1	44 563	44 595	>3
BMWP 记分	<25	25～50	50～75	≥75

（四）神农架林区河流生态系统健康状态

1. 水质健康状态

神农架林区河流各样点水质健康状态如表 5-2 所示，综合水质类别为Ⅰ类的样点 1 个，Ⅱ类样点 10 个，Ⅲ类样点 14 个，Ⅳ类样点 4 个，Ⅴ类样点 1 个，各源头样点水质明显优于下游样点。水质评价为健康及亚健康的样点为 25 个，占所有样点的 83.33%。单因子指数法评价结果显示影响神农架林区河流水体水质的主要因子为总氮，单从氨氮、总磷、化学需氧量及溶解氧等因子来评价，各样点水质类别均为Ⅰ类或Ⅱ类，林区河流整体总氮含量较高，但各样点水体总氮含量差别很大。例如，位于野马河上游的样点 S14 总氮含量仅为 0.16mg/L，而位于村庄附近的样点 S22 总氮含量则达到了 1.86mg/L。

表 5-2　基于单因子指数法评价神农架林区河流水质

样点	总氮	氨氮	总磷	化学需氧量	溶解氧	水质类别	水质评价
S1	Ⅲ	Ⅰ	Ⅰ	Ⅰ	Ⅰ	Ⅲ	亚健康
S2	Ⅲ	Ⅰ	Ⅱ	Ⅰ	Ⅰ	Ⅲ	亚健康
S3	Ⅱ	Ⅰ	Ⅱ	Ⅰ	Ⅰ	Ⅱ	健康
S4	Ⅱ	Ⅰ	Ⅰ	Ⅰ	Ⅰ	Ⅱ	健康
S5	Ⅲ	Ⅰ	Ⅰ	Ⅰ	Ⅰ	Ⅲ	亚健康
S6	Ⅱ	Ⅰ	Ⅰ	Ⅰ	Ⅰ	Ⅱ	亚健康
S7	Ⅲ	Ⅰ	Ⅰ	Ⅰ	Ⅰ	Ⅲ	亚健康
S8	Ⅲ	Ⅰ	Ⅰ	Ⅰ	Ⅰ	Ⅲ	亚健康
S9	Ⅲ	Ⅰ	Ⅰ	Ⅰ	Ⅰ	Ⅲ	亚健康
S10	Ⅲ	Ⅰ	Ⅰ	Ⅰ	Ⅰ	Ⅲ	亚健康
S11	Ⅱ	Ⅰ	Ⅰ	Ⅰ	Ⅰ	Ⅱ	健康
S12	Ⅱ	Ⅰ	Ⅱ	Ⅰ	Ⅰ	Ⅱ	健康
S13	Ⅲ	Ⅰ	Ⅰ	Ⅰ	Ⅰ	Ⅲ	亚健康
S14	Ⅰ	Ⅰ	Ⅰ	Ⅰ	Ⅰ	Ⅰ	健康
S15	Ⅱ	Ⅰ	Ⅰ	Ⅰ	Ⅰ	Ⅱ	健康
S16	Ⅱ	Ⅰ	Ⅰ	Ⅰ	Ⅰ	Ⅱ	健康
S17	Ⅱ	Ⅰ	Ⅰ	Ⅰ	Ⅰ	Ⅱ	健康
S18	Ⅲ	Ⅰ	Ⅱ	Ⅰ	Ⅰ	Ⅲ	亚健康
S19	Ⅲ	Ⅰ	Ⅰ	Ⅰ	Ⅰ	Ⅲ	亚健康
S20	Ⅲ	Ⅰ	Ⅱ	Ⅰ	Ⅰ	Ⅲ	亚健康
S21	Ⅲ	Ⅰ	Ⅱ	Ⅰ	Ⅰ	Ⅲ	亚健康
S22	Ⅴ	Ⅰ	Ⅱ	Ⅰ	Ⅰ	Ⅴ	差
S23	Ⅳ	Ⅰ	Ⅱ	Ⅰ	Ⅰ	Ⅳ	一般

续表

样点	总氮	氨氮	总磷	化学需氧量	溶解氧	水质类别	水质评价
S24	III	I	II	I	I	III	亚健康
S25	II	I	II	I	I	II	健康
S26	IV	I	II	I	I	IV	一般
S27	IV	I	I	I	I	IV	一般
S28	III	I	II	I	I	III	亚健康
S29	II	I	II	I	I	II	健康
S30	IV	I	II	I	I	IV	一般

2. 底栖动物 Shannon-Wiener 多样性指数及 BMWP 记分

在底栖动物 Shannon-Wiener 多样性指数评价结果中，位于大九湖国家湿地公园的 S2 样点 Shannon-Wiener 多样性指数值最高（表 5-3），Shannon-Wiener 多样性指数最低值则出现在香溪河干流 S7 样点，香溪河干流各样点生物多样性均较低，而其支流官门河和九冲河各样点则具有较高的生物多样性。神农架林区各源头样点普遍具有较高的生物多样性，野马河、宋洛河以及龙口河源头样点的生物多样性明显高于下游样点。各样点 BMWP 记分为 21～158，坪阡河、板桥河、宋洛河及古水河的源头样点 BMWP 记分均超过了 100，野马河上游生态系统健康状态极好，5 个样点 BMWP 记分全部超过 100，而其下游样点 S19 的 BMWP 得分值只有 21，龙口河、宋洛河、青杨河、板桥河以及香溪河上游样点 BMWP 记分均高于下游样点得分。香溪河干流各样点 BMWP 记分极低，生态系统健康状况明显差于其支流官门河和九冲河，而古水河干流各样点 BMWP 记分却高于其支流青杨河各样点。根据底栖动物 Shannon-Wiener 多样性指数评价结果，神农架林区河流生态系统达到健康状态的样点有 20 个，占所有样点的 66.67%，BMWP 记分系统则显示河流生态系统达到健康的样点为 15 个，占全部样点的 50%，两种生物评价方法均显示达到亚健康或健康状态的样点比例达到了 80%，表明神农架林区河流生态系统整体状况良好。

表 5-3　基于底栖动物 Shannon-Wiener 多样性指数及 BMWP 记分评价神农架地区河流健康

样点	Shannon-Wiener 多样性指数	Shannon-Wiener 多样性指数评价	BMWP 记分	BMWP 记分系统评价
S1	3.47	健康	52	亚健康
S2	3.97	健康	125	健康
S3	2.71	亚健康	123	健康
S4	3.38	健康	68	亚健康
S5	1.33	一般	34	一般
S6	2.11	亚健康	28	一般

续表

样点	Shannon-Wiener 多样性指数	Shannon-Wiener 多样性指数评价	BMWP 记分	BMWP 记分系统评价
S7	1.42	一般	26	一般
S8	3.44	健康	86	健康
S9	3.53	健康	94	健康
S10	3.19	健康	74	亚健康
S11	3.25	健康	96	健康
S12	3.83	健康	88	健康
S13	3.25	健康	116	健康
S14	3.61	健康	101	健康
S15	3.47	健康	113	健康
S16	2.78	亚健康	133	健康
S17	2.66	亚健康	158	健康
S18	3.13	健康	64	亚健康
S19	1.74	一般	21	差
S20	1.73	一般	70	亚健康
S21	3.18	健康	108	健康
S22	3.09	健康	77	健康
S23	2.38	亚健康	36	一般
S24	3.17	健康	51	亚健康
S25	3.54	健康	63	亚健康
S26	2.23	亚健康	59	亚健康
S27	3.31	健康	42	一般
S28	3.47	健康	100	健康
S29	3.28	健康	69	亚健康
S30	3.18	健康	91	健康

3. 水质、底栖动物 Shannon-Wiener 多样性指数及 BMWP 记分评价比较

对神农架林区河流各样点水质、底栖动物 Shannon-Wiener 多样性指数以及 BMWP 记分 3 种评价结果的相关性进行分析，结果显示底栖动物 Shannon-Wiener 多样性指数评价结果与 BMWP 记分评价结果极显著相关（$P<0.01$），但水质评价结果与两种生物评价方法的结果相关性均不显著。对各样点底栖动物 Shannon-Wiener 多样性指数与 BMWP 记分进行线性相关分析（图 5-2），结果显示底栖动物 Shannon-Wiener 多样性指数与 BMWP 记分存在极显著的线性相关关系（$P<0.01$），表明两种生物评价方法的结果具有较高的一致性，评价结果较为可靠。

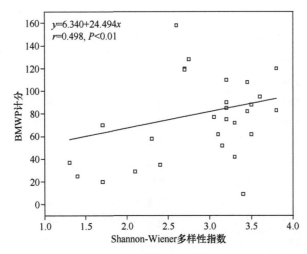

图 5-2　底栖动物 Shannon-Wiener 多样性指数与 BMWP 记分的线性回归关系

　　通过对比水质评价与生物评价，结果显示两者间存在一定的差异，单个水质指标评价结果间也存在很大的差异，但底栖动物 Shannon-Wiener 多样性指数以及 BMWP 记分两种生物评价方法的结果较为一致。在流动的水体中，水文变化迅速，理化指标存在瞬时性、单一性和片面性（李国忱等，2009），且水质评价结果容易受到单个因子的主导，很难综合反映河流生态系统健康，其结果只能作为生物评价的参考。

　　神农架林区河流整体总氮含量较高，氨态氮含量却很低，这可能是由于农作物肥料受雨水冲刷进入水体，增加了水体硝态氮的含量（叶宏萌等，2009）。香溪河干流建有多个引水型发电站（傅小城等，2008），且采石挖沙等人为干扰较大，河流生境的改变对大型底栖动物有较大的影响（Dunbar *et al.*，2010），导致大型底栖动物生物多样性下降。虽然香溪河支流九冲河上也建有引水型发电站，但其他类型的人为干扰较少，因此九冲河生态系统健康要优于香溪河。古水河支流青杨河流经多个村镇，人类活动破坏了原有的河流生态系统，导致大型底栖动物群落结构改变，物种丰富度降低，耐污类群增加（Moore and Palme，2005），因此其 BMWP 记分均低于古水河干流样点。水质评价、底栖动物 Shannon-Wiener 多样性指数以及 BMWP 记分系统 3 种评价方法均显示各河流源头样点生态系统具有较好的健康状态，各河流源头一般位于大山深处，人为干扰非常小，生境未受到破坏，因此具有较高的生物多样性（Herlihy *et al.*，2005）。

　　由于 Shannon-Wiener 多样性指数关注的是底栖动物物种多样性及均匀度（马克平和刘玉明，1994），而 BMWP 记分系统强调的是底栖动物的耐污能力及物种多样性（Hawkes，1997），侧重点的不同使得两种评价方法在某些样点的评价结果存在一定的差异。样点 S16 和 S17 的 BMWP 记分均超过了 100，但 Shannon-Wiener 多样性指数相对较低，这是由于 S16 和 S17 两个样点弯握蜉属（*Drunella sp.*）数量占绝对优势，使得样点物种均匀度下降，进而导致 Shannon-Wiener 多样性指数偏低，而弯握蜉属对污染比较敏感（Hawkes，1997），多生活于清洁水体，这也表明 S16 和 S17 两个样点生境状况良好。S24、S25、S27 和 S29 等 4 个样点位于村庄附近（图 5-1），水体受到生活污水的污染，耐污类群摇蚊种类多且均匀度较高，使得 Shannon-Wiener 多样性指数升高，相关研究也表明在河流受到污染后，摇蚊种类反而会增加（Rabeni and Wang，2001），而 BMWP 记分系统属于科级指数（Mustow，2002），摇蚊科所有分类单元的 BMWP 记分和仅为 2，摇蚊种类的增加不会使 BMWP 记分升高，两种方法的评价结果对比表明这 4 个样点虽然具有较高的底栖动物多样性，但已经受到了一定程度的污染。Shannon-Wiener 多样性指数和 BMWP 记分系统两种生物评价方法在大部分样点的评价结果比较一致，两者间极显著的相关性也证明了这一点，并且两种生物评价方法都能较准确地对河流生态系统健康状况进行指示，因此可以和水质参数结合用于监测神农架林区河流生态系统健康状况。

神农架林区河流总体生态系统健康状况良好，部分是由于林区人口较少，人类活动对河流生态系统的干扰相对较小，同时也得益于林区健全的保护管理体系（朱兆泉和宋朝枢，1999），但部分河流已经受到水电站及采石挖沙的影响，建议相关管理部门调整水电站引水量，严禁乱挖。同时随着日益增多的旅游人口进入神农架，香溪河干流、野马河等已经开始筑坝拦截河水供游客漂流，筑坝截水会对河流生态系统造成破坏，影响水生生物的生存（傅小城等，2008）。如何将旅游开发对河流生态系统造成的影响降到最小，提升游客的环保意识，维持河流生态系统服务价值与经济价值的平衡（蔡庆华等，2003），是当前神农架林区管理急需思考的问题。

二、神农架林区生态系统健康评价

应用"压力-状态-响应"（PSR）概念模型作为神农架林区生态系统健康评价体系的基本框架。PSR 模型建立在自然资源和生态环境、人类活动和社会发展的两个维度上，以压力、状态和响应为表征，将指标体系分为目标层和指标层两层进行构建（Walz，2000）。参考国内外相关文献中的指标体系构建案例（Li *et al.*，2021；Wang *et al.*，2021），共选取 20 项指标，构建神农架林区生态系统健康综合评价体系。本研究采用专家决策法并参考以往案例对目标层进行权重分配，压力、状态和响应权重按 1∶1∶2 确定。各指标内容、性质和权重如表 5-4 所示。

表 5-4 神农架林区生态系统健康综合评价体系

目标层	权重	指标层	权重	指示方向
压力	0.25	全区户籍人口	0.0926	−
		污水排放量	0.1086	−
		发电量	0.1301	−
		能耗总量	0.0963	−
		农业总产值	0.1248	−
		粮食产量	0.1541	−
		全区财政收入	0.1391	+
		人均可支配收入	0.1543	+
状态	0.25	城镇化率	0.1719	+
		动植物种类	0.0613	+
		森林覆盖率	0.1336	+
		全年空气优良率	0.0986	+
		生态环境状况指数	0.1078	+
		人均水资源量	0.1914	+
		水土流失面积	0.1078	+
		旅游经济收入	0.1276	+
响应	0.50	节能环保支出	0.2799	+
		科研支出	0.2558	+
		城镇废水处理率	0.2030	+
		新增耕地	0.2614	−

注："+"和"−"分别代表正向作用和负向作用

生态系统健康评价参考过往经验,具体计算公式为

$$E = \sum_{j=1}^{n} W_j Q_{ij} \tag{5-2}$$

式中,E 表示生态系统健康综合指数;W_j 是第 j 项指标的权重;Q_{ij} 为第 i 年第 j 项指标标准化后的值。评价结果按照生态系统健康综合指数从高到低排序,反映其健康程度变化,评价结果共分为 5 个等级:①良好状态($0.8 \leq E < 1.0$);②较好状态($0.6 \leq E < 0.8$);③警戒状态($0.4 \leq E < 0.6$);④较差状态($0.2 \leq E < 0.4$);⑤极差状态($0 \leq E < 0.2$)。

基于 PSR 模型理念构建的神农架林区生态系统健康评价体系将神农架林区生态系统健康状况及其项目层分为 5 个等级,即极差、较差、警戒、较好、良好。

结果显示（表 5-5），神农架林区生态系统健康状况呈现向好的趋势，整体经历较差（0.2≤E＜0.4）、警戒（0.4≤E＜0.6）和较好（0.6≤E＜0.8）3 个时期。其中，2016 年作为主要转折点，神农架林区生态系统健康状况转为较好状态。主要原因为 2016 年神农架国家公园管理局正式挂牌成立，神农架国家公园管理局投入大量人力和财力用于改善国家公园内生态环境，同时科研支出大幅增加。同年，神农架林区完成土地规划改革，自此以后无新增耕地，进入退耕还林还草阶段。

表 5-5　神农架林区 2013～2019 年生态系统健康综合评价结果

年份	生态系统健康综合指数（E）	健康等级
2013	0.251	较差
2014	0.433	警戒
2015	0.518	警戒
2016	0.663	较好
2017	0.643	较好
2018	0.712	较好
2019	0.699	较好

在构建好的指标体系中，对压力、状态和响应 3 个目标层的评价结果显示，压力层在 2013 处于较差状态（0.2≤E＜0.4）；2014～2015 年处于警戒状态（0.4≤E＜0.6）；2016～2019 年处于较好状态（0.6≤E＜0.8）。状态层在 2013 年处于较差状态（0.2≤E＜0.4）；2014～2019 年处于警戒状态（0.4≤E＜0.6）甚至更好，其中 2018 年处于较好状态（0.6≤E＜0.8）。响应指标的评价结果自 2013 年起呈逐年向好的趋势，2019 年达到良好状态（0.8≤E＜1.0）（图 5-3）。响应层

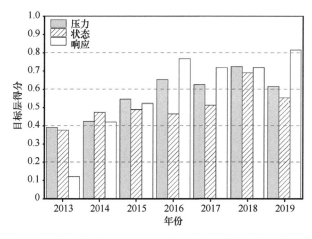

图 5-3　神农架林区 2013～2019 年压力、状态和响应评价结果

变化最为明显，压力层与状态层变化波动不大。作为典型林业资源型乡镇，神农架林区产业结构较为单一，第一产业机械化程度不高，城镇化程度较低，而且神农架林区地广人稀，人类足迹呈明显的两极分化趋势，50%以上的区域常年保持人迹罕至（周婷等，2021），因此神农架林区生态健康常年处于较好状况。作为人口密度较大的阳日、木鱼、松柏三镇，围绕其发展的城镇建设、污染排放和农耕用地等人类活动是神农架林区面临的主要生态压力。其中松柏镇和木鱼镇作为林区政府所在地和林区旅游接待服务中心，旅游行业同样需要高质量的生态环境，这无疑加强了林区政府对生态环境的重视程度。由此可见，神农架林区响应层对生态系统的健康状况起主导作用。

第三节　社会经济与生态功能协同提升评价

"绿水青山就是金山银山"作为习近平生态文明思想的核心要义，其实质是坚持自然生态保护和社会经济发展的互利共赢。从"金山银山"-"绿水青山"到"社会经济"-"自然生态"的科学理念转换（蔡庆华等，2021），协调发展作为这一理念的实践桥梁，制定的发展策略需紧密结合社会经济发展趋势并且与自然生态健康状况相适应（Li，2007）。因此，掌握社会经济发展和自然生态健康状况是促进协调发展的重要一环。

一、社会经济与生态功能协同提升评价指标

依照针对性、简明性、区域性、动态性和易获取性的原则，构建社会经济与生态功能协同提升评价指标。协调性评价涉及自然生态系统和社会经济系统两个维度，两个维度之间存在着相互影响、相互推动的耦合关系。两者协调的状态是指系统之间的良性循环，经济稳定发展，资源合理高效利用，生态状况良好的有序状态。研究人员根据现有应用较为广泛的指标体系与评价方法，构建了国家公园不同功能分区、自然保护区、自然公园等多类型保护地主体功能的协调性评价指标体系，为保护地社会经济与生态功能协同提升评价提供参考（表5-6）。

重点着眼于保护地及其社区、产业与旅游开发和保护地生态脆弱区之间的冲突，甄别保护地社会经济与生态功能协调发展存在的问题，提出社会经济与生态功能发展耦合协调评价模型。主要集中在社会经济和生态功能两个维度，对神农架国家公园体制试点区社会经济与生态功能的发展协调度进行评价，针对目标案例区的特点和功能区设定，在协调性评价指标体系中选取评价指标。

表5-6　社会经济与生态功能协同提升评价体系

系统层	子系统层	准则层	指标层	指示方向
自然生态-社会经济协调评价指标体系	自然生态子系统	生态质量	森林面积	+
			全年空气优良率	+
			生态环境状况指数	+
			动植物种类	+
			人均水资源量	+
		干扰胁迫	全区能源消费总量	−
			污水排放量	−
			水土流失面积	−
			新增耕地面积	−
		生态响应	植树造林	+
			城镇废水处理率	+
			节能环保支出	+
			万元GDP能耗下降率	+
	社会经济子系统	经济效益	全区财政收入	+
			全区生产总值	+
			建筑业总产值	+
			农业产值所占比重	+
			旅游收入	+
			发电量	+
		经济发展	人均可支配收入	+
			全区户籍人口	+
			城镇化率	+
		公共服务	全区在校学生	+
			卫生技术人员	+
			卫生机构	+
			科研支出	+

注："+"和"−"分别代表正向作用和负向作用

二、评价结果

以神农架林区政府公布的2010～2019年的10年间的统计年鉴数据为参考依据（表5-7），10年间神农架林区GDP增幅超过6倍，其中旅游业在其中起到巨大的作用。随着林区政府采取的特许经营、居民参与保护管理机制、试点区内及周边社区产业引导机制，以及配套相关政策和产业的实施，林区政府大力推进植树造林活动，森林面积占比稳中有升，森林蓄积量逐年增加；退耕还林后，耕地面

表 5-7 2010～2019 年神农架林区经济和环境相关统计数据

年份	耕地面积/hm²	建筑用地/hm²	水利设施面积/hm²	森林面积/hm²	森林蓄积量/m³	森林覆盖率/%	植树造林面积/亩	新发现物种/种	动植物种类/个	万元GDP能耗/标准煤t	万元GDP能耗下降比例/%	城镇废水处理比例/%	节能环保支出/万元	科研支出/万元	水土流失面积/km²	旅游人数/万人	旅游收入/万元
2010						89.00				1.19	9.87					218.1	75 020
2011						90.40	4 995			0.930 1	6.91					306.0	99 540
2012						90.40	4 995			0.9	2.89					417.3	140 080
2013	7 468.48	5 569.44	1 919.28	289 180.7	2 145.48	90.40	4 905	0		0.877 68	2.48	50	10 558	929	399.0	520.3	186 466
2014	7 468.48	5 450.81	1 921.72	294 915.4	2 187.5	91.10	2 205	0	8 586	0.858 6	2.44	80	9 500	749	399.0	701.2	251 689
2015	7 404.58	5 695.33	1 918.83	225 796.1	2 306.7	91.10	16 995	0	8 586	0.619 5	2.99	85	10 962	1 047	399.0	878.3	313 821
2016	7 396.96	5 793.58	1 918.13	294 960.7	2 471.78	91.10	25 590	4	8 590	0.521 9	8.42	96	11 567	1 525	300.0	1 098.2	395 435
2017	7 301.87	5 851.60	1 917.16	294 968.4	2 538.5	91.10	56 835	1	8 590	0.508 8	2.50	98	12 679	1 990	300.8	1 321.5	475 739
2018	7 298.36	5 851.69	1 916.94	294 977	2 591.5	91.12	82 200	1	8 591	0.498 4	2.02	98	7 625	4 879	300.8	1 587.5	572 859
2019	7 299.18	5 851.69	1 916.69	294 985.7	2 661.93	91.12	79 680	4	8 595	0.496 81	0.32	98	14 539	6 986	274.7	1 828.5	677 671

积逐年减少，建筑面积在 2017 年后基本趋于稳定；小水电的整治工作使得水利设施量逐年降低，但林区发电量基本稳定，完全可以满足林区生产、生活需要；林区政府在节能环保和科研教育中的投资逐年增加，提高了林区居民的环保意识，对动植物的保护加强，加上科研人才的引进，林区内的生态环境有了显著改善，新发现物种增加、水土流失减少、单位 GDP 能耗显著降低。

基于神农架社会经济和环境资料开展社会经济与生态功能协同提升的协调性评价，选取湖北神农架国家公园体制试点区 2013～2019 年自然生态和社会经济发展主要数据，以一年为时间节点，共形成 7 组年度数据；经过数据归一化处理、指标熵值计算和权重计算后，分别得到发展趋势走向（图 5-4）及耦合协调度趋势（表 5-8）。得到的结论为神农架国家公园体制试点传统利用区的自然生态保护与林区的社会经济发展形势呈现逐年向好的趋势。

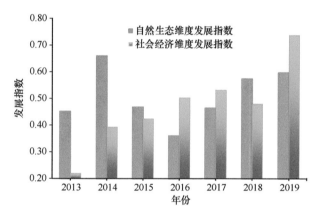

图 5-4　自然生态与社会经济发展指数年际变化趋势

表 5-8　各年份耦合度、复合系统综合协调指数和耦合协调度

指标	2013 年	2014 年	2015 年	2016 年	2017 年	2018 年	2019 年
耦合度	0.8048	0.8934	0.9958	0.9537	0.9922	0.9863	0.9812
复合系统综合协调指数	0.3121	0.4993	0.4413	0.4456	0.5043	0.5172	0.6813
耦合协调度	0.5012	0.6679	0.6629	0.6519	0.7074	0.7143	0.8176

耦合度虽然能反映社会经济与自然生态系统间的关联程度，但只能反映各系统间相互作用程度大小，不能反映各系统的水平。而耦合协调度既可以反映各系统是否具有较好的水平，又可以反映系统间的相互作用关系。耦合结果表明，自 2016 年以来，神农架国家公园体制试点区社会经济与自然生态系统耦合协调度逐年升高，2014～2016 年呈下降趋势，社会经济与自然生态系统的耦合度也从 2016 年开始逐渐稳定且呈上升趋势。

　　神农架国家公园体制试点的成立对林区的自然生态系统保护和经济发展的协调是有积极作用的。从"金山银山""绿水青山"到"社会经济""自然生态"作为习近平生态文明思想的核心要义，国家公园试点的成立为这一理念架起了实践的桥梁，制定的发展策略需紧密结合社会经济发展趋势并且与神农架林区的自然生态健康状况相适应。在国家公园的总体规划下推行的上述系列政策措施符合"绿水青山就是金山银山"的绿色生态发展理念，能够最大化神农架林区社会经济与自然生态相辅相成的发展特点，对林区"十四五"规划具有指导意义。

第六章 神农架国家公园体制试点区
科学管理体系*

国家公园在我国自然保护地管理体制改革、自然文化资源利用方式转型和优化国土空间利用保护方面起到重要作用，其肩负着自然生态保护、资源利用和区域发展的重要作用（虞虎和钟林生，2019）。神农架国家公园体制试点区需要以满足生态文明和国家生态安全屏障建设需求为前提，在自然和人文生态系统保护优先的基础上，合理挖掘自然景观和生态体验价值，树立国家公园品牌，通过小部分区域的开发利用，实现生态保护和经济发展的双赢（樊杰等，2017）。神农架国家公园体制试点区良好的自然资源和文化相融合的特点不仅在国内保护地中独具特色，在世界保护地中也是最具中国特色的保护地类型（陈君帜和唐小平，2020）。科学管理体系、生态监测指标体系的构建及管控平台的建设是神农架国家公园体制试点区保护地整合与划分、自然资源资产统筹与管理的基础。总结神农架国家公园体制试点区管控的实际问题，以国家公园与政府部门职能划分、自然资源资产管理及资源利用监管、居民参与共建共管共享方式和资金投入保障等关键制度为核心，满足国家公园不同管理分区管理的差异性需求、提高生态监测指标体系的针对性和监测效率，明确各项制度的基本要点和关键任务，梳理国内研究进展并借鉴国外国家公园管控经验，搭建神农架国家公园体制试点区科学管理体系、生态监测体系及管控平台（孙琨和钟林生，2021）。

第一节 管 理 理 论

神农架国家公园体制试点区管理体系的构建主要基于自然资源分区管理、环境胁迫分类管理、公众参与分级管理、协调发展分期管理的理论。自然资源分区管理对不同的分区进行不同的管理，可以最大限度地发挥国家公园的生态服务功能，兼顾科研、教育、游憩等功能，实现严格保护与合理利用的协调统一。环境胁迫分类管理通过针对不同的环境胁迫类型进行管理，能发挥自然资源的最大效益。公众参与分级管理是在政府主导下对国家公园管理体制进行完善的过程，自下而上实现国家公园内资源的有效保护，全民共同参与、共同承担、共享发展国家公园建设和保护事务的过程。协调发展分期管理需要考虑的问题是在不同的发展时期，在确保环境保护优先和不损害社会利益的前提下，优先发展谁，谁先获

---

* 本章作者：桑翀，陈克峰，江明喜，姚帅臣，曹巍，杨敬元，蔡庆华。

利、谁后获利，通过增加各方获利，最终推动社会的发展（蔡庆华等，2021）。

一、自然资源分区管理

国家公园是我国最重要的自然保护地类型，属于全国主体功能区规划中的禁止开发区域，需实行最严格的保护。国家公园具有全民共享的属性，在不损害生态系统的前提下，允许在国家公园内开展自然环境教育，为公众提供亲近自然、体验自然、了解自然和游憩的机会，开展原住民生产、生活设施改造等活动。保护的最终目的是合理利用，同时合理的利用可以进一步促进保护工作。这就需要通过合理的功能分区，在不同功能区实行不同的自然资源管理方式。神农架国家公园体制试点区组织完成了本底资源调查，较为全面系统地掌握了神农架地区自然资源情况、主要保护对象和重要自然资源资产本底，形成了系列的专题科学考察报告，为更好地分区管理提供了可靠的科学依据。

国家公园的首要功能是重要自然生态系统的原真性、完整性保护，同时兼具其他功能及管理目标。要实现国家公园的多目标管理，就需要对国家公园进行功能区划，在不同的功能区开展差别化的自然资源管理措施，发挥各功能区的主导功能（胡宏友，2001；王梦君等，2017）。

按传统的分区方法，将国家公园分为严格保护区、生态保育区、科普游憩区和传统利用区，各区域实行不同的管理政策。各区域分述如下：①严格保护区是国家公园的核心部分，是核心资源的集中分布地，目标是作为自然基线进行封禁保护，保留原真性特征，禁止人为活动，实行最严格保护。②生态保育区的目标是保护和恢复自然生态系统，以自然恢复为主，辅以必要的人工修复和保育措施，确保生态过程的连续性和生态系统的完整性。实行严格保护，除了生态修复活动外，禁止开发性建设和其他人为活动。③科普游憩区是国家公园范围内区划出的小面积点状和带状空间，是开展科研、教育、科普、游憩、自然体验等活动的场所，在经过生物多样性和环境影响评价后不会对保护目标产生影响的前提下，可以开展必要的防火、巡护道路、游憩步道、观光路线、管理和服务站点等基础保障设施建设，满足公众科研、教育、游憩等多方面需求。④传统利用区是国家公园范围内原本和允许存在的社区及原住民传统生产、生活区域，目标是实现人与自然的和谐相处、保护和传承优秀传统文化。只能进行限制性利用，排除工业化开发活动，除了必要的生产、生活设施，禁止大规模建设，采用绿色生产方式，开展环境友好型社区发展项目和游憩服务活动。

二、环境胁迫分类管理

通过全面分析神农架国家公园体制试点区自然资源管理的薄弱环节，发现其存在的问题如下：①水资源过度开发、小水电关停进展缓慢、生态放流措施不够；②矿山开采及矿渣堆放问题；③河道采石场管理过乱、河道采砂整治不到位；④自然灾害及外来入侵物种带来的生态环境问题；⑤旅游开发带来的环境问题；⑥国家公园原住民生产、生活活动带来的环境问题等。

对于水资源的过度开发利用，应采取生态放流、小水电关停等管理方式。早期小水电是根据国家发展政策而建立起来的，小水电的建立可以改善民生，给地区发展带来较大的经济利益，但小水电的过度开发和利用对流域造成极大破坏，造成河流断流、物种灭绝等恶劣的后果。通过制定合理的生态放流政策规范小水电运行，对于环境破坏较大、环评不合格、批文不全的小水电通知整改或者勒令其限期关停。对于需要关停的小水电，因补贴不到位暂时无法关停的应进行生态放流监管。科学地对小水电的环境影响进行评估，对于不同的小水电进行针对性的管理，有利于将小水电的破坏最小化、利益最大化。

神农架国家公园体制试点区内有着丰富的矿产资源，有磷矿、铅矿、锌矿、铁矿等，共有 1 个省级发证的探矿权，即神农架龙鼎矿业有限责任公司安章坪铁矿普查，2 个区级发证的采矿权，即神农架武山矿业有限责任公司宋洛紫水晶矿、神农架旅游开发建筑有限责任公司木鱼镇里二沟采石场建筑用石灰岩矿。建议国土资源部门在该探矿权期满后不予延续，力争尽快关停退出，且试点区内不再新设探矿权和采矿权，进行监管和停采、停探。制定采矿区、废弃矿山区生态修复规划并尽快组织进行生态修复，坚定不移地推进矿产资源"萎缩化"管理，逐步取缔，并对矿山实行严查重管，严厉打击偷采盗采等破坏生态的行为。

对于采矿和施工渣土倾倒行为需制定具有针对性的管理措施，加强监管，加大执法力度，杜绝向水库倾倒渣土；清除河边堆放的砂石料，确保不影响防汛和水质安全。按照规划要求设置并审批采砂点，杜绝非法采砂。对全区 23 条重要河流的非法采砂行为进行全面清理整顿，对清理出来的问题进行严肃处理，全面规范采砂行为。多部门联合执法，对非法采砂场进行强制关停。充分发挥河湖长制巡河的作用，及时发现和反馈河道采砂问题，通过河湖长制统筹加强河道非法采砂管理。

对于自然灾害及外来物种入侵所带来的环境问题，主要采取政府主导，对游客和当地居民进行宣传教育的管理方式，不携带外来入侵物种进入神农架。对于自然灾害造成损害的地方，不继续扩大灾害损失和灾害范围等。政府加强对已引入的外来入侵物种的清点、消除；对于自然灾害造成的破坏投入资金进行恢复等。

对旅游开发所带来的环境问题，采取的管理方法包括限制旅游人数上限，对游客进行宣传教育。以大自然为讲堂，挖掘自然资源文化内涵，释义自然、生态、科研价值和服务功能，建立具有科学性、统一性及规范性的两大解说系统。针对国民教育，建立自然科普解说体系，讲好神农架生态故事。针对青少年群体，开展参与式、体验式及个性化的科教科普活动，培养和激发青少年对大自然的热爱，彰显国家公园的生态文明价值。规范游客行为，使游客自觉保护国家公园内的环境。

受国家公园严格保护策略的影响，社区居民在砍柴挖药方面受到明显限制，建房、生活成本增加，但与之对应的生态补偿标准过低，因国家公园建设导致大部分社区居民生产、生活负担较过去明显增加，群众对国家公园的严格保护不理解、不支持。针对上述问题，应采取相关管理办法，结合精准扶贫、生态移民搬迁及新农村建设的相关政策，帮扶和鼓励社区开展产业结构调整，引导社区居民发展第三产业、本地产业，奖励和帮扶社区居民开展生态农业、特色种植养殖业、中药材等重点产业，增加社区居民收入，提高生态产业经济附加值，逐步实行产业转型。增加社区就业机会，落实生态保护岗位，划定保护面积。制定以奖代补政策，控制柴木砍伐，鼓励社区居民以电代柴，并建立长效机制。

神农架国家公园管理局建立了神农架国家公园信息管理中心，以"天-地-人"、"点-线-面"、"打得通、看得见、全监控、能预警"为目标，通过建设卫星遥感、无人机巡护的"天网"和人工巡护加电子围栏、地面固定摄像头等监管的"地网"，初步建成了看得见、听得清、能预警的信息化动态监管平台，基本实现了生物多样性和生态环境的全监控，有利于了解不同区域的环境胁迫类型，为针对性管理打下良好的基础。神农架国家公园管理局坚持自然修复为主、工程修复为辅，积极开展了植被恢复、自然坡修理、草皮铺植等生态修复和生态改善工程，已采取修复措施的面积占退化或破坏面积的90%以上。

三、公众参与分级管理

公众参与最初是指政府为了获取更广泛的认可和支持，让各利益相关者、公民及当地社区等公众全体参与保护地决策制定的过程。公众参与制度旨在加强管理局与普通民众的沟通，它与规划进程紧密相连，具体实施计划由规划编制人员制定。随着保护地管理领域的不断扩大，除参与决策制定以外，公众逐渐成为政府管理规划制定的咨询者、项目实施的合作伙伴。现在，保护地公众参与已被视为保护地管理范式从传统的自上而下到广泛讨论磋商的改变。受益人、目标对象、利益相关者等全体公民共同参与到保护地建设和管理是一种提高公众积极性和主动权的新型管理策略，参与性、法制性、透明性、问责制、权限界定和人权是其关键要素。有效的公众参与可以保证信息的一致性和连续性，提升决策的合法性和合理性，增强公众对政府的信任度，促进利益相关者之间的理解。在生物多样性保护方面，可以提升公众的知识技能以及对社区的理解，增强公众的认知和责任感。公众参与力求实现以下目标：①告知、教育公众国家公园管理规划及环境影响评价/估的需要，以及涉及的主要议题；②为公众提供参与公园规划和国家环境政策进程的机会和具有实效性的方法、途径；③加强、巩固国家公园与利益相关者的关系（张婧雅和张玉钧，2017；尚琴琴等，2019）。

"公众"的界定非常宽泛，包括"任何对国家公园及项目感兴趣或有相关知识的个人、组织和实体"，但需要根据经验事实从可操作性角度聚类为若干目标群体，如对公园感兴趣的议会代表，地方、州、区域的民选官员，各级政府，私营部门（土地所有权人、工业和农业组织、旅游协会等），公园游憩群体，环保组织，旅游、商务及贸易群体，对公共政策感兴趣的市民群体，区域内有科研意向的高校等。另一个重要的概念是利益相关者，即"在国家公园资源与价值决策中存在利害关系或者很强的经济、法律等利益的个体、团体或实体"，如特许经营者、游憩团体、持有采伐许可证的个人或团体等。利益相关者往往在与国家公园相关的明确法定权利或义务方面所涉及的深度、层次有别于普通公众。在规划环评过程中"特别强调听取可能受到决策影响的利益相关者的意见"。

保护地管理中公众参与的兴起，源于对自然资源管理模式的修正，其发展历程也从侧面反映了人类自然资源保护理念的转变。早期，人类活动被认为是自然环境恶化的主要原因，当地社区也被认为是自然保护的对立群体，自然资源的管理均是自上而下的管理，涉及公共利益的公共资源管理政策均由政府部门独立制定。然而实践证明，拥有强大资金和人力支持的政府强制管理，对自然资源保护的效果并不是很理想，主要原因在于政府的全权管理模式在进行决策制定时存在多方面的弊端，管理政策与实际脱节，导致政府与利益相关者长期敌视、各利益群体间冲突频发。因此，让公众参与到管理政策的制定及实施过程中是破解这一困境的重要途径。

公众参与是一种提高公众积极性和主动权的新型管理策略，已贯穿于许多国家的国家公园管理环节中，成为国家公园治理的必然趋势。我国现行的保护地管理体系实行属地管理，其建设和管理在实际中多为政府行为，鲜有的公众参与也多为非规范的、被动的。我国公众参与机制存在的主要问题有：①地方发展往往凌驾于公众利益之上；②缺乏原住民利益诉求的有效渠道；③第三方监督评估机制欠缺。保护地信息公开程度低，公众参与主体数量少、参与阶段不全、参与范围窄、参与形式过于被动、参与机制空缺。公众参与的缺失已经成为制约我国保护地发展的瓶颈。

保护地的建设和管理涉及面众多，并不是所有领域或项目都适合采用公众参与机制。因此，首先应明确公众参与的适用条件，如存在多维度、不确定性、价值冲突或公众对管理机构缺乏信任、项目紧急等情况，公众参与会是较为合适的选择。不同的管理实施计划，参与的公众也会发生变化，要依据实际现状具体甄选。总体来说，参与保护地建设管理的公众可分为两大类，即与保护地资源保护或利用相关的各类利益相关者（包括社区、企业、游客等），以及对保护地建设管理感兴趣的公民及社会组织。

国家公园公众参与分级管理是在政府主导下对国家公园管理体制进行完善的过程，是自下而上的，实现国家公园内资源的有效保护，全民共享发展成果，共同承担国家公园建设和保护事务的过程。公众通过信息反馈、咨询、协议以及合作 4 种途径中的一种或多种方式，共同参与到国家公园的建设管理中。

在神农架国家公园体制试点区全域范围内，所涉及的 5 个乡镇组建社区事务工作办公室，并分别在 4 个管理处下设社区工作科，建立完善社区共管运行体制。国家公园管理局建立健全生态管护制度，累计提供生态管护员岗位 1545 个，共投入资金 763.2 万元。同时，国家公园特许旅游经营企业优先安置本地居民就业 431 人，从事旅游经营和管理。

神农架国家公园管理局自 2016 年挂牌成立以来，在国家公园辖区的 5 个乡镇及 3 个重点帮扶贫困村开展辖区社区共建共管、产业发展、基础设施建设、生态补偿及精准扶贫等，累计共投入扶持资金 3254.84 万元。建立了完善的社区参与机制，国家公园管理局机构与当地社区关系融洽，社区参与共建共管意愿非常高。

四、协调发展分期管理

协调发展原则，全称为环境保护与经济、社会发展相协调的原则，是指环境保护与经济建设和社会发展统筹规划、同步实施、协调发展，实现经济效益、社会效益和环境效益的统一。该原则的核心就是要求人们正确对待和处理环境保护与经济、社会发展之间的关系，反对以牺牲环境为代价谋求经济和社会的发展，也反对为了保护环境而不进行经济和社会的发展，切实做到环境保护与经济、社会发展的良性互动。协调发展原则不仅是我国《环境资源法》和经济社会发展的基本原则，而且是世界各国的共识，其确立的理论依据主要是基于对环境保护与经济社会发展之间辩证关系的认识。由于该原则深刻揭示了人类社会与自然界的关系，摆正了经济社会发展与环境、资源、生态之间的关系，因此是对人与自然关系认识上的一个飞跃，也是人类付出高昂代价、经过长期探索而取得的关于发展的科学认识。

协调发展原则是法理上利益平衡原则的体现，是解决利益关系的基本原则。一般来说，法律在利益调整方面，除了界定和分配各种利益之外，还应当确立解决利益关系的基本原则。在《环境资源法》上，协调发展原则就是通过对各种利益平衡与整合来解决利益关系的基本原则。协调发展的根本目的是最大限度地满足社会对物质和文化不断增长的需要，其中包括对清洁、安全、优美、舒适环境的需要。协调发展实际上就是对经济利益、社会利益和环境利益的协调。它通过对个人利益与社会利益、眼前利益与长远利益、局部利益与整体利益的平衡与整合来最大限度地保护和维持一种最佳的综合利益和效益。

各级决策部门在进行经济、社会发展重大决策的过程中，必须对环境保护与经济、社会发展加以全面考虑、统筹兼顾、综合平衡、科学决策。在制定区域和资源开发、城市发展和行业发展规划，调整产业结构和生产力布局等经济建设和社会发展重大决策时，不仅要以经济和社会发展的需要为根据，同时还要考虑环境资源的承载能力。要正确处理经济增长速度和综合效益的统一、生产力布局与资源优化配置、产业结构调整与解决结构性污染、资源开发利用与保护生态环境等问题。要建立合理的决策机制，完善生态环境保护与发展综合决策制度，这是促进环境保护与经济、社会协调发展的重要保障。

国家公园体制试点开展以来，着力打造了以科普、自然、文博、人文为主题的官门山景区、神农顶景区、大九湖湿地景区等 12 处自然科普主题园区，建立了多层次、全方位、多系统的稀缺资源保护宣传教育平台。打造了红花特色小镇、木鱼特色小镇、坪阡古镇、大九湖特色小镇、下谷坪土家族特色小镇等，所有旅游景区都设立在国家公园核心保护区以外。国家公园严格执行生态旅游环境容量的相关规定，保障旅游资源环境安全；采取生态旅游的方式，为游客提供的食宿服务设施绝大部分位于景区之外；步道、标识牌、厕所等必要的基础设施齐全；没有多余的观光娱乐设施。国家公园游客数量逐年上升，2019 年神农架接待游客1828.5 万人次。

第二节　生　态　监　测

一、生态监测指标体系

神农架国家公园体制试点区生态监测指标体系的构建主要基于以下步骤：①管理目标识别；②关键生态过程的识别；③制定监测指标清单；④确定最终监测指标。通过将关键生态过程与国家公园管理目标相匹配来识别需要监测的生态过程和内容，因此构建出的指标体系能够最大程度地服务于国家公园的管理目标（姚帅臣等，2021），以此来解决神农架国家公园试点内监测活动相对零散、各类型监测目标不同、监测指标杂乱、协同性不足、未能形成科学完善的监测体系、难以满足国家公园的管理需求等问题。

（一）管理目标识别

作为生态监测指标体系构建的第一步，基于对神农架国家公园管理政策的了解和实地调研，确定不同管护小区的保护核心，在此基础上，结合《神农架国家公园保护条例》《神农架国家公园总体规划》等相关法规条例和规划方案中反映出的管理重点，最终识别出每个管护小区的管理目标。

（二）关键生态过程的识别

综合考虑神农架国家公园体制试点区不同管护区的管理目标，分别从区域、景观、生态系统和种群 4 个方面进行关键生态过程的识别。综合考虑现有监测基础和监测的针对性，暂时选取与管理目标具有直接关系的关键生态过程进行监测，既能在一定程度上满足管理需求，又可以提高监测的效率。

（三）制定监测指标清单

确定出需要监测的生态过程后，根据监测要求和监测方法的差异，对监测内容作进一步的梳理与凝练。监测内容涵盖气象、水文、水质、碳通量、景观格局、植物群落、野生动物、栖息地、人类活动和土壤等。围绕这些监测内容，通过文献查阅和专家咨询的方法，制定初始的监测指标清单。

（四）确定最终监测指标

对神农架国家公园试点区所制定的初始监测指标进行可行性分析，剔除一些可行性较低的监测指标，确定最终的监测指标清单，并对最终确定的生态监测指标进行分级。分级主要基于实地调研与深度访谈结果以及专家咨询意见，同时权衡监测成本、灵活性、时效性及对现有手段和现有知识的适应性等方面。

二、监测系统构建与评估方法

（一）神农架地区植物多样性监测

1. 植物多样性监测研究现状

从 20 世纪 70 年代开始，监测植物多样性成为神农架地区主要开展的研究工作之一，植物多样性监测主要分为 4 个方面内容：物种组成及多样性、群落结构及动态、植被及其垂直带谱、珍稀濒危物种保护。

神农架作为我国植物物种多样性最丰富的地区之一，其区域内植被资源丰富、植物种类繁多，植物区系起源古老，且该区域留存众多珍稀、孑遗植物和中国特有植物（郑重，1993；马明哲等，2017；谢宗强等，2017）。谢丹等根据 2011 年神农架本底资源调查数据结合标本分析及历史文献数据，统计维管植物共计 222 科 1184 属 3550 种。樊大勇等（2017）构建了神农架地区被子植物科属的 APG III 系统发育树，发现被子植物科的基部类群科占中国该类群科总数的 85%；其中包括 56 个中国特有属，占中国总特有属数量的 23%，进一步证实该地区植物区系的古老性和特有性。此外，神农架地区的植物区系组成还存在一定的过渡性，地理成分复杂，但以温带成分为主（沈泽昊等，2004）；该地区共计发现 590 个温带分布属，占中国温带分布属总数的 63.3%，不仅被誉为世界温带植物区系的集中发源地，也是全球落叶木本植物多样性最丰富的地区。

神农架地区属于北亚热带季风气候区，其水平地带性植被以常绿落叶阔叶混交林为主，属于中亚热带常绿阔叶林向暖温带落叶阔叶林的过渡类型。同时，因其垂直方向有大约 2700m 的海拔高差，该地区的山地植被已形成完整的垂直带谱，植被类型多样，主要包括 11 个植被型和 50 个群系。沈泽昊等（2004）通过海拔梯度上的样方调查，基于物种构成和生活型的重要比例，将神农架南坡的植被垂直带谱具体划分为：常绿阔叶林（1000m 以下），常绿落叶阔叶混交林（1000～1700m），落叶阔叶林（1600～2100m），针阔混交林（2000～2400m）和暗针叶林（2300m 以上）。除了野外样方调查，田自强等（2004）利用遥感植被制图手段，结合地理信息系统（GIS）技术、全球定位系统（GPS）技术及 TM 影像数据，绘制了神农架地区 1∶20 万植被类型图。刘家琰等（2018）则基于归一化植被指数（NDVI）数据，分析了神农架林区 1988～2013 年植被覆盖度格局变化，发现其植被整体呈增加的趋势。

了解野生珍稀濒危植物的数量和分布信息是进行物种保护的前提，很多学者从 20 世纪八九十年代就开始关注该地区珍稀物种的状况。例如，李兆华（1992）调查整理了神农架地区珍稀植物名录；刘胜祥等（1997）在神农架地区植被考察中首次发现了光叶珙桐（*Davidia involucrata* var. *vilmoriniana*）群落；江明喜等（2000）研究了神农架南坡珍稀植物群落的区系及生态特征；熊高明等（2003）调查了珍稀植物独花兰（*Changnienia amoena*）的群落分布、物候及繁殖特征。另外，江明喜等（2014）研究发现，神农架山地河岸带分布着许多珍稀濒危物种。例如，香溪河流域的山地河岸带分布有 14 种珍稀植物，占该区域珍稀植物总数的 42.4%。魏新增等（2009）基于大量的河岸带样方调查数据，通过分析珍稀植物群落特征，认为山地河岸带是珍稀、孑遗植物就地保护的一个关键区域。结合野外考察和文献资料，姜治国等（2017）统计了神农架珍稀濒危保护植物种类，共计 155 种，隶属于 52 科 111 属；其中国家 I 级重点保护植物 6 种，国家 II 级重点保护植物 18 种。

2. 植物多样性监测系统

神农架地区已经开展的植物多样性研究包括不同规模的本地调查、省级森林资源清查，以及大部分以群落生态学和保护生物学为导向的样方、样地调查。这些研究很好地涵盖了神农架地区的植物种类、优势群落、植被类型以及珍稀物种分布情况（江明喜等，2002；沈泽昊等，2004），为该地区植物多样性监测体系的完善奠定了良好的基础。从国家公园"生态保护第一"的建设理念出发，基于已有的本底数据，作者提出了加强和完善神农架国家公园体制试点区植物多样性监测体系的研究方案，兼顾物种、种群、群落及生态系统等不同水平，开展系统性和持续性的监测研究，以期为其有效保护提供科学的数据支撑和建议。

（1）森林动态监测大样地建设（生态系统水平）

以神农架地区水平地带性植被（常绿落叶阔叶混交林生态系统）为监测对象，在植被保存较完好、地势相对平缓的区域，建立 1 个 25hm^2（500m×500m）的森林固定样地。具体步骤如下：①按照美国史密森热带森林研究中心（Center for Tropical Forest Science，CTFS）样地建设标准（Condit，1998），采用高精度差分 GPS 仪进行打点，将样地分成 625 个 20m×20m 的方格，并在方格的 4 个顶点埋设水泥桩；②用红绳将每个 20m×20m 的方格分成 16 个 5m×5m 的小方格，在方格内每株胸径（DBH）≥1cm 的木本植物高 1.3m 处刷红色油漆；③以小方格为单位，依次进行植物群落调查，内容包括物种名、胸径大小、位置坐标及分枝数量，并给每个大木本植物个体挂上带编号的铝牌，作为永久标记；④长期监测样地内种子雨、凋落物、幼苗更新、物候等关键生态过程。

（2）沿海拔梯度固定监测样地建设（群落水平）

根据神农架地区的植被垂直带谱（沈泽昊等，2004），沿海拔梯度分别以常绿阔叶林、常绿落叶阔叶混交林、落叶阔叶林、针阔混交林、针叶林、灌丛和草甸作为研究对象，每种植被类型建立 3 个样地，总计 15 个 1hm^2 森林样地、3 个 0.5hm^2 灌丛样地和 3 个 0.25hm^2 草地样地。其中，森林样地按照 CTFS 标准进行群落调查；灌丛样地则调查每个植株的物种名、基径、株高和冠幅，并挂牌标记；草甸样地则以丛为取样单元，调查物种名、高度、冠幅、多度和盖度等。在每个样地安装小型气象站，长期监测环境因子，包括温度、降水、太阳辐射和土壤温湿度等，重点关注气候变化对不同植被类型植物多样性的影响。

（3）高山湿地植被监测样地建设（群落水平）

神农架大九湖湿地是华中地区不可多见的高山湿地，其类型为亚高山泥炭沼泽，具有代表性和稀有性，科研价值极高（罗涛等，2015）。为了更好地保护大九湖湿地植被资源，有必要对其植被现状和变化趋势进行监测。因此，在大九湖湿地建立 5 条 2m×100m 样带。每条样带上设置 5 个 2m×2m 样方，样方间隔为 20m，调查样方内植物的种名、高度、盖度和多度等。

（4）珍稀植物群落监测样地建设（群落水平）

根据珍稀植物群落在神农架地区的分布格局（江明喜等，2002），在海拔 1200～1800m 山地河岸带或沟谷，同样按照 CTFS 标准建立 5 个 50m×50m 样地。以样地为平台，长期监测珍稀濒危植物的种群更新动态，包括结实量、幼苗和萌蘖的数量特征等。

（5）极小种群物种监测样地建设（种群水平）

根据《全国极小种群野生植物拯救保护工程规划（2011～2015 年）》的物种名单，以小勾儿茶（*Berchemiella wilsonii*）、喜树（*Camptotheca acuminata*）等极小种群物种为研究对象，在神农架地区基于所调查种群的个体数量，建立一定大小的固定样地，长期监测种群的更新动态。

（6）开展外来入侵植物调查（物种水平）

随着经济贸易全球化和国际旅游的快速发展，一些物种被有意或无意地带到新的环境，并建立种群，对当地生态系统和景观造成威胁（Westphal *et al.*，2008）。目前，外来物种入侵已经成为导致我国生物多样性丧失的一个重要因素（Ding *et al.*，2008）。然而，关于神农架地区生物入侵状况的研究基本上未见报道。因此，以神农架地区所有大、小景点的旅游路线为轴，在其 2km 范围内进行外来入侵植物踏查，采集标本，建立神农架国家公园入侵物种数据信息库。

以上所有样地或样线调查，均每 5 年进行一次复查，做到长期定位监测。

3. 植物多样性评估方法

评价指标体系的建立是开展生物多样性综合评估的前提。万本太等根据科学性、代表性和实用性的原则，遴选出物种丰富度、生态系统类型多样性、植被垂直层谱完整性、物种特有性、外来物种入侵度等 5 个评价指标，确立了生物多样性综合评价方法，对我国 31 个省（自治区、直辖市）进行了生物多样性综合评估，并且该方法得到了国内学者的广泛应用（李倞生等，2009；赵卫权等，2011；杨杰峰等，2017）。环境保护部（现称生态环境部）在万本太等确立的综合评估方法的基础上制定了我国区域生物多样性评价标准，具体指标包括野生维管植物丰富度、野生动物丰富度、生态系统类型多样性、物种特有性、受威胁物种的丰富度和外来物种入侵度，并详细规定了以上指标的权重、数据采集和处理、计算方法（中华人民共和国国家环境保护标准 HJ 623—2011 区域生物多样性评价标准）。傅伯杰等（2017）着重考虑了国际生物多样性评估的主流指标，并结合其在中国的实际应用能力，构建了包括压力、状态和趋势、响应三大类指标的生物多样性综合评价体系。其中，压力指标 6 项，包括气候变化、氮沉降、生物入侵和景观破碎化等；状态和趋势指标 6 项，包括物种丰富度、珍稀性、特有性、物候等；响应指标 2 项，包括自然保护区建设和可持续经营。

在参考以上生物多样性综合评估体系的基础上，再结合神农架国家公园生物多样性监测与评估现状，根据科学性、代表性和可操作性的原则，作者遴选出以下 6 个植物多样性评价指标，包括野生维管植物丰富度、物种珍稀性、物种特有性、生态系统类型多样性、外来物种入侵度和国家公园面积，建立植物多样性综合评估体系，具体步骤如下。

（1）评价指标的定义及计算

1）野生维管植物丰富度，即神农架国家公园调查记录到的野生维管植物的物种总数。

2）物种珍稀性，指该区域植物所包含的珍稀、濒危物种数。根据中国珍稀濒危植物信息系统汇总的《中国珍稀濒危植物名录》（http://www.iplant.cn/rep/protlist）进行确定。

3）物种特有性：指该区域内植物所包含的中国特有种数量。

4）生态系统类型多样性：指该区域生态系统的类型数目。以群系为单位，参照《中国植被》进行分类（吴征镒，1980）。

5）外来物种入侵度：指该区域外来入侵物种数与本地野生维管植物种数之比。

6）国家公园面积：即神农架国家公园整体面积。

（2）评价指标的归一化处理

评价指标的归一化处理，即评价指标初始值×归一化系数。其中，归一化系数=$100/A_{max}$。A_{max}为各评价指标归一化处理前的最大值，即各评价指标在我国同类型自然保护地中的最大值，需要进行文献数据收集。

（3）评价指标的权重

结合专家咨询法和环境保护部的评价标准，确定各项评价指标的权重：野生维管植物丰富度为0.30、物种珍稀性为0.20、物种特有性为0.20、生态系统类型多样性为0.15、外来物种入侵度为0.10和国家公园面积为0.05。

（4）生物多样性指数的计算

生物多样性指数（biodiversity index，BI）=野生维管植物丰富度×0.30+物种珍稀性×0.20+物种特有性×0.20+生态系统类型多样性×0.15+（100−外来物种入侵度）×0.10+国家公园面积×0.05（式中各项评价指标为归一化处理后的值）

（5）生物多样性评价等级划分

根据生物多样性指数（BI）值，对生物多样性状况进行分级：BI≥65，高；40≤BI≤65，中；20≤BI<40，一般；BI<20，低。

（二）水气环境监测站

神农架国家公园体制试点区有四大水系，分别是汇入三峡水库的香溪河水系和沿渡河水系，汇入丹江口水库的南河水系和堵河水系，是长江中下游和"南水北调"中线工程的重要水源地。神农架国家公园管理局与国家环境保护香溪河生态环境科学观察研究站（中国科学院水生生物研究所）合作，对上述四大水系开展水环境、流量和气象监测。通过在各大水系安装19套监测系统来实现自动实时监测。监测河流本底水文、水质、气象信息，最终为神农架国家公园体制试点区社会经济与生态功能协同提升提供科学数据和决策支持。

安装点位如图 6-1 所示，选点依据为有无生物监测数据、河流的出水口、支流的大小、支流所流经区域的重要性等因素。

图 6-1　神农架国家公园体制试点区水环境监测拟安装点位

在神农架国家公园体制试点区主要河流断面和不同海拔梯度建立水气监测站 13 个，其中，水质监测站 9 个，空气监测站 4 个，以实现神农架国家公园体制试点区内水、气的多参数动态监测，实时反映水、气质量变化趋势，为保护神农架国家公园体制试点区生态系统的完整性与原真性，服务以国家公园为主体的自然保护地体系提供数据支撑。

安装点位分为 3 类，依次为核心站点、重要站点、基础站点，1 类核心站点为中国科学院水生生物研究所长期取样监测，有配套生物数据的站点，共 3 个；2 类是神农架国家公园体制试点区内控制流域出口处水质和流量站点，共 8 个，其中堵河水系 2 个、野马河水系 3 个、沿渡河水系 1 个、香溪河水系 2 个；3 类为流域源头，基础站点（本底值监测），共 8 个，合计 19 个站点。其中 1 类和 2 类建议安装常规气象参数检查装置、水质监测系统（包括水温、pH、溶解氧、电导率、浊度、总氮和总磷）和流量监测装置。3 类样点包括气象和水质常规 4 个参数（水温、pH、溶解氧、电导率）。其他参数可根据需要选配。

自动监测站由六部分组成：①设备箱；②自动气象采集装置；③气泡式水位计；④太阳能供电系统；⑤数据收集和发送装置；⑥水样采集处理单元和水质多参数读取单元（可选指标水质）。

自动监测站工作原理：气象数据通过气象采集设备直接获取；通过气泡式水位计读取测量区域水位，与不同水位时期通过流速仪进行人工测量的流量和水位进行回归分析，建立水位与流量的关系从而获得流量数据。可选指标水质则通过抽水泵将河道中的水抽到设备箱中进行测量。

安装需求：①安装区域周围需地势较为平缓、开阔，便于安装太阳能供电系统。②安装地点应避开洪水，以免设备损坏。③需安装多参数水质分析仪时，设备点与河道之间的落差需小于3m，避免高度超过抽水泵扬程，或者造成耗电量急剧增加。

第三节　综合管控平台

神农架国家公园体制试点区综合管控平台的建设，以新一代信息技术为手段，围绕保护、科研、管理等业务需求，建成立体感知、智能型生产、大数据决策、协同化办公、云信息服务的国内领先的"神农架智慧公园"系统，为实现神农架国家公园体制试点区高效信息化管理和提高管理部门管理能力及水平提供技术支持。

一、综合管控技术研究

保护传承和改善优化自然与人文生态系统作为神农架国家公园体制试点区建设的主要目的，必须坚持科学研究、科学规划、科学管理的科学发展模式。在搭建绿色智慧管控平台前必须要明确神农架国家公园体制试点区的实际需求，借鉴国内外国家公园管控平台的建设经验，搭建神农架国家公园体制试点区特色管控技术研究框架，对神农架国家公园体制试点区自然资源和人文遗产价值、旅游环境容量和山水林田湖系统进行全方位管控，进行国家公园资源监测技术与运营管理信息平台开发，搭建集管理和控制为一体的绿色智慧平台。

（一）综合管控技术的内涵

管控的基本解释为"管理控制"，是在既有的框架下对特定资源和行为所进行的约束和组织，管控具有既定的目标，并且需要一定的权力作为实施管控行为的保障。"管"即为定性的方法措施，"控"即为定量的指标和技术。因此，国家公园的管控是综合了定性和定量的方法、技术和指标，对国家公园管理过程进行定性和定量的管理控制。

（二）理论框架设计

根据中共中央办公厅　国务院办公厅印发的《关于建立以国家公园为主体的自

然保护地体系的指导意见》要求，进一步梳理国家公园已有相关规范标准内容，构建国家公园综合管控指标体系，并完成国家公园综合管控技术规范的编制（图 6-2）。

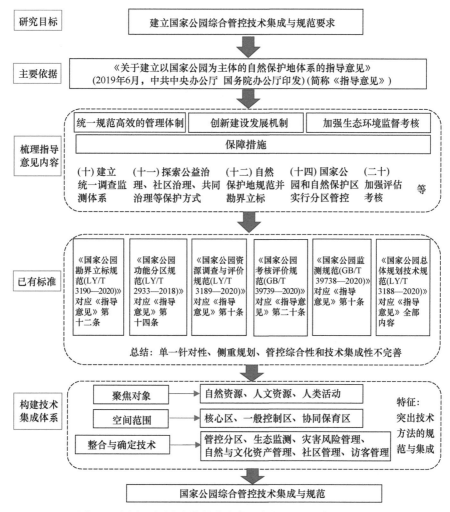

图 6-2　国家公园综合管控技术集成与规范的研究技术路线

（三）国家公园综合管控技术规范的建立

综合考虑国家公园管控的目标对象（自然资源、人文资源和人类活动）、空间范围（核心区、一般控制区和协同保育区），结合多类型的定性与定量技术方法，确定调查监测、风险防范与灾害管控、分区管控、生态保护与修复和综合管理 5 项一级指标，重点突出管控技术方法的规范与集成性，形成国家公园综合管控技术集成与规范。

二、管控平台建设目标

管控平台的构建应包括基础设施的构建、数据资源和业务系统的构建，实现国家公园管理的电子化，管理和执法高效，日常管理的制度化，并能及时应对国家公园内的各种突发事件。

（一）基础设施

构建天地人一体化动态监测体系。其中"天网"监测指基于国产高分辨率遥感卫星影像的林地、湿地、生物多样性、灾害、人为干扰动态监测体系，固定翼飞机、无人机病虫害巡护的监测体系。利用国产高分辨率卫星影像及无人机监管等技术手段，获取高分辨率遥感卫星数据，构建由宏观监测（遥感卫星）、重点监测（无人机）构成的"天网"绿色生态监测体系，实现快速、大范围、可业务化运行的资源与生态系统监测。监测内容主要包含以下4个部分：①森林、湿地资源、植被、土地利用现状与时序变化。②蓄积量、生物量、生物多样性景观格局与时序变化。③森林火灾、病虫害监测。④林地人为干扰监管分析、土地非法占用及林地破坏。

"地网"监测指基于无线物联网的森林、湿地、大气、水、生态环境监测体系。"地网"建设是指搭建智能化物联网设施，包含：网络全覆盖、智能传感器、红外相机、摄像头、电子围栏等，建设资源与生态环境智能感知示范网络，实现生态信息自动采集与远程无线实时传输。部署的传感器网络能够全天候自动感知大气、土壤、水、重点动植物位置以及人为活动、游道状态、灾害预警、服务设施等动态监测信息；最终将监测信息汇集到大数据中心，进行一体化管理及分析服务。监测内容主要包含以下5个部分：①建立生境监测场，实现明星物种生境监测。②利用视频监测、项圈等，实现重点动物行为动态监测。③利用声音传感器监测场，实现声音样本的采集与监测。④利用昆虫监测传感器，实现生物多样性及病虫害监测。⑤建立水文、水质、大气监测场，实现水源、湿地及空气质量监测。

"人网"监测指基于移动终端的人工巡护和监测服务体系。利用已部署的人员巡护智能终端，开展人工巡护与移动监测，开发满足业务需求的移动App，实现人工巡护过程中的生态信息采集、事件上报与远程无线实时传输。监测内容主要包含以下4个部分：①主要明星物种保护监测。②护林防火巡护。③资源调查与日常监测。④应急监测与林业行政执法处置。

（二）数据资源

基于云计算、大数据技术构建统一的生态监管大数据云服务平台，实现信息整合，实现数据共建共享、统一管理和服务，为各类应用系统提供统一的数据接口，实现数据的实时展示服务，建设一体化"互联网+"生态监管服务系统、统筹整合已有信息化系统。

1）充分利用现有软硬件基础设施，适当补充和增加服务存储，展示设备软硬件，建立大数据中心及超融合虚拟化平台。

2）实现基层管理与业务海量数据汇集、上报，实现数据统一管理、共享与大数据挖掘、统计分析服务等。

3）实现平台与国家级高分遥感平台、科研服务平台、业务管理平台服务对接，形成开放共享的工作服务机制。

4）梳理信息服务业务流程，建立充分满足资源监管、生态监测、灾害应急、生态旅游业务应用的服务体系。

（三）业务系统

以部门需求为目标，建成独立开发、模块化运行、数据共享的应用系统。实现以下工作。

1）巡护管理服务，巡护规划、巡护对讲等。

2）生物多样性分析，野外红外相机监控视频实时上传，生物多样性数据上传、分析。

3）河道生态放流实时监控，违规报警。

4）地质遗迹数据上传、分析。

5）景区人流量实时控制。

6）高效的管控、执法。

三、管控平台建设成果

（一）旅游环境容量监控

为促进和适应旅游业的发展，神农架林区修建了大量的旅游公路，旅游公路的建设对野生动物的生存环境造成了极大的影响。道路对野生动物的影响主要表现在野生动物回避道路，道路阻断了野生动物的活动路线，使得野生动物生境破碎化。

神农架国家公园体制试点区采取的主要应对策略为实施生态廊道建设。按照"主副配套、简繁结合、立体交织、全域成网"的理念，神农架国家公园管理局共建设了20余处动物通道。

从神农架旅游集团提供的2013～2018年神农顶、神农坛、天生桥、官门山和大九湖景区旅游数据可以看到（图6-3，图6-4），2013～2018年5个景区接待的旅游人数逐年增多，旅游压力逐年增加。其中神农顶接待的游客数最多，日最高峰值达19 740人。其中5～10月为旅游高峰期，8月旅游人数最多，达全年高峰，

2018 年 8 月游客数达 97 万，超过全年游客总量的 1/3，旅游带来的大量人流给当地生态环境带来极大压力。

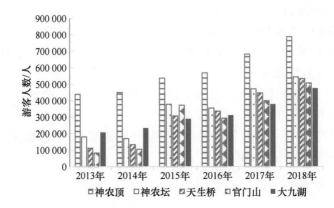

图 6-3　2013～2018 年神农架国家公园体制试点区各景点游客人数

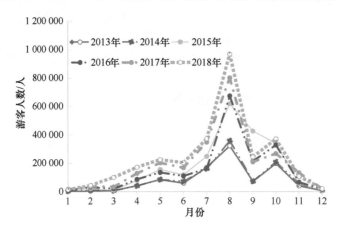

图 6-4　2013～2018 年神农架国家公园体制试点区各月游客人数

　　图 6-5 展示了 2008～2019 年旅游业收入与水体中植物生长所需主要营养盐之间的回归关系。2008～2019 年的 12 年间旅游业收入增长 4.2 倍，水生植物生长所需营养盐浓度随着旅游业收入的增加也迅速升高，两者之间存在显著相关性，表明随着旅游业的发展，水体净化的负担显著增加。

　　然而国家公园内环境基础设施不够完善，配套建设跟不上，部分乡镇污水处理厂未按计划完成，集镇综合环境严重影响了神农架林区旅游形象。督察发现，木鱼镇污水处理厂提标扩容建设还在进行中，红坪、大九湖污水处理厂未验收，下谷坪土家族乡、宋洛、新华污水处理厂还在试运行，阳日镇、木鱼龙降坪、红坪柏杉园污水处理厂的设备尚在进行调试。

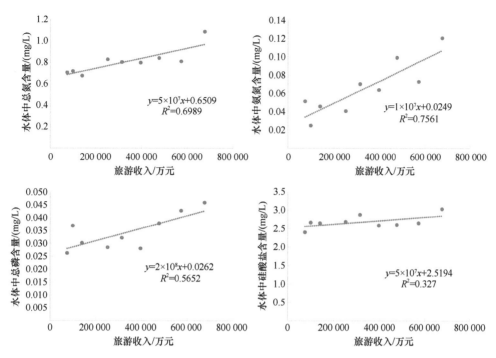

图 6-5　2008~2019 年神农架国家公园体制试点区旅游收入与水体营养含量关系

应对策略包括对城镇污水处理厂进行改造，并制定相应的规范：①加大污水管网铺设力度。②进一步加大污水处理厂改造力度。③建立污水处理厂运行管理制度，提升管理水平，确保达标排放。④落实乡镇污水处理厂在线监控措施。制定污水处理厂监管和运行制度，确保污水处理厂达标运行，并长期保持。

针对旅游业快速发展可能给神农架独特的生态环境、动植物、人文景观等资源保护工作带来的负面影响，神农架林区政府已委托相关机构对生态保护与旅游发展进行了专题研究，并对试点区域资源空间和环境承载力进行了科学分析，拟通过实行游客流量控制和行为引导，加强对游客的生态保护宣传教育，探索建立更理性和可持续的生态旅游发展模式。

（二）自然灾害及预警

神农架林区位于鄂西北山区，地质环境条件复杂，属于地质灾害高发易发区。而地质公园下辖的大九湖、红坪、木鱼和下谷坪土家族乡 4 个乡镇，全部属于地质灾害重点防治区，该区域历史上曾发生过大规模的泥石流、滑坡、崩塌等。近期地质灾害频发，潜在隐患点达 160 处，受威胁人数 6061 人，受威胁财产 2.693 67 亿元。地质灾害已严重威胁着人民的生命财产安全，制约地质公园的可持续发展。地质灾害分布情况及治理措施如表 6-1 和表 6-2 所示。

表 6-1　神农架地质公园地质灾害现状一览表

乡镇名称	数量/个	稳定性			危害程度			威胁人数/人	预测损失/万元
		稳定性好	稳定性较差	稳定性差	重大级	较大级	一般级		
木鱼镇	73	4	45	24	13	9	23	4 402	25 610.2
红坪镇	43	0	17	26	0	6	11	246	196.1
九湖镇	19	0	5	14	0	2	3	104	83.2
下谷坪乡	25	0	11	14	4	3	4	1 309	1 047.2
总计	160	4	78	78	17	20	41	6 061	26 936.7

　　神农架国家公园体制试点区内因地质灾害及历史自然因素造成大量裸露的山体，危害当地居民、游客和野生动物的安全，对神农架国家公园体制试点区的形象造成损害，需要政府投入大量的人力和物力对裸露山体进行修复，以消除安全隐患。

1. 国家公园综合灾害风险理论与管理框架

　　研究人员根据国家公园多元管理目标提出国家公园致灾因子与承灾体的多元性、相对性和相互转化性，提出国家公园灾害风险的综合性特征；将国家公园综合灾害风险定义为"国家公园范围内及其所在区域的自然灾害或人为灾害与国家公园内各组分所固有的易损性之间相互作用而导致国家公园生态价值、经济价值和社会价值降低的可能性"；提出了综合灾害风险成灾机制（图 6-6）。

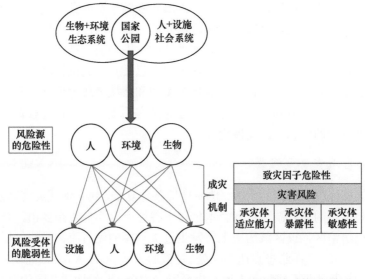

图 6-6　基于国家公园管理目标的综合灾害风险成灾机制概念模型

表 6-2 神农架地质公园重大地质灾害治理工程计划表

编号	乡镇	位置	灾害类型	体积/（×10⁴m³）	威胁人口数/人	预估经济损失/万元	预估经费/万元	工程措施	计划治理时间	备注（是否治理）
1	红坪镇	红坪镇水村一组人沟	泥石流	5.00	27	21.6	120	排导槽+支挡		否
2	红坪镇	红坪镇板仓村二组混池山	岩质滑坡	16.05	59	47.2	200	支挡+排水		否
3	木鱼镇	木鱼镇香溪源	岩质滑坡	256.20	100	185.0	2200	支挡+排水		否
4	木鱼镇	国缘宾馆	土质滑坡	218.00	150	277.5	1500	支挡+排水		否
5	木鱼镇	木鱼村三组税家坡	土质滑坡	14.88	32	25.6	300	支挡+排水		是
6	木鱼镇	木鱼镇九冲村一组手扳岩	崩塌	12.80	80	64.0	650	清除	2016~2020年	否
7	木鱼镇	木鱼镇小当阳村委会	崩塌	11.70	46	85.1	450	清除		否
8	木鱼镇	木鱼镇青天村木酒爻阳坡	崩塌	11.40	17	13.6	400	主动防护		是
9	木鱼镇	木鱼镇红花坪村四组中心学校	岩质滑坡	153.90	285	228.0	800	支挡+排水		否
10	木鱼镇	神农祭坛	岩质滑坡	2500.00	100	500.0	1200	支挡+排水		否
11	下谷坪乡	下谷坪乡金甲坪村四组张家淌	土质滑坡	15.59	24	19.2	300	支挡+排水		否
12	下谷坪乡	下谷坪乡金甲坪村三组望马池	土质滑坡	15.19	166	132.9	—	支挡+排水		否

基于国内外自然保护地与国家公园灾害风险管理理论与实践，面向我国国家公园多元管理目标，构建面向国家公园的管理目标和灾害风险管理模型（图6-7），并从一般灾害管理周期性与国家公园灾害风险管理综合性出发，提出国家公园综合灾害风险适应性管理体制机制框架（图6-8）。

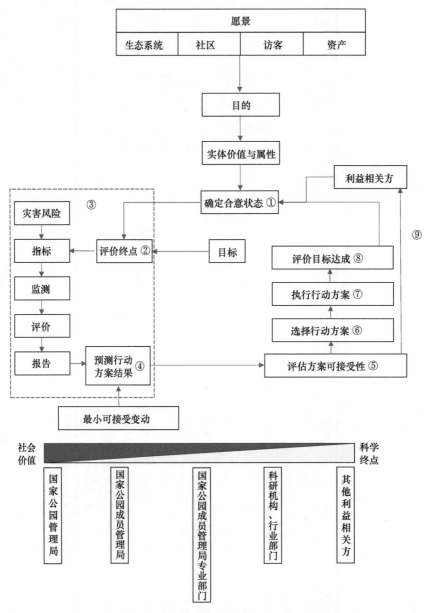

图6-7 国家公园灾害风险管理的"层级式"概念模型

图 6-8　国家公园综合灾害风险适应性管理体制机制框架

2. 国家公园灾害风险识别方法与路径

基于区域灾害风险管理基本方法与国家公园综合管理目标，优化国家公园灾害类型与致灾因子分类表，明确国家公园承灾体多样性，构建国家公园灾害风险识别的具体路径：承灾体识别—风险源识别—风险分析—风险评估（图 6-9）。对路径中的每一步骤提出标准化实施方法：从社会-生态系统整体性出发，总结国家公园灾害风险与人为胁迫类型；从区域社会历史角度出发，识别国家公园主要风险源类型；根据类型特征对自然灾害风险进行数理分析；根据灾害风险管理需求对风险进行定性或定量评估。

3. 国家公园综合灾害风险评估体系

基于国家公园管理目标多样性，从风险源的"危险性"和风险受体的"脆弱性"两项决定灾害发生的关键因素出发，将其整合入压力-状态-响应这一动态模型中，将压力与危险性评估对应，状态与脆弱性评估中的暴露性、敏感性对应，响应与脆弱性评估中的适应能力对应，基于国家公园灾害风险受体，以区域生态风险分析和旅游风险分析的相关文献为基础资料，综合考虑国家公园的生态环境、社会经济等与灾害风险有关的各个因素，通过文献综述，选取指标，构建了国家公园灾害风险评估概念框架（图 6-10），并给出了初步的评估方法和评价标准，该指标体系包括 3 大类 9 个亚类共 39 个指标。

以神农架国家公园体制试点区为案例，研究提出国家公园综合灾害风险评估指标体系面向具体国家公园管理目标的细化路径与应用方式（图 6-11）。

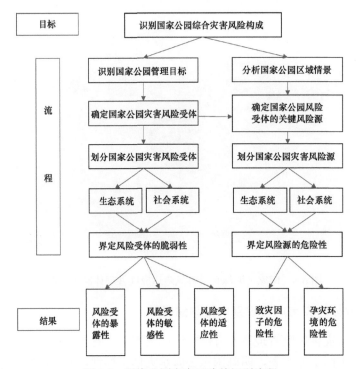

图 6-9　国家公园灾害风险的识别流程

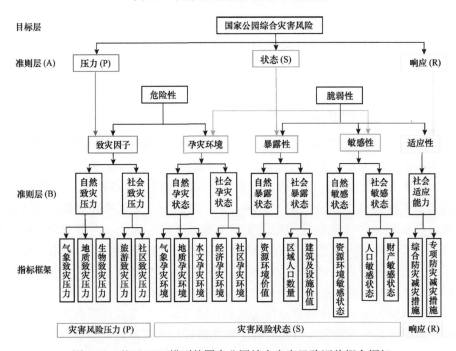

图 6-10　基于 PSR 模型的国家公园综合灾害风险评估概念框架

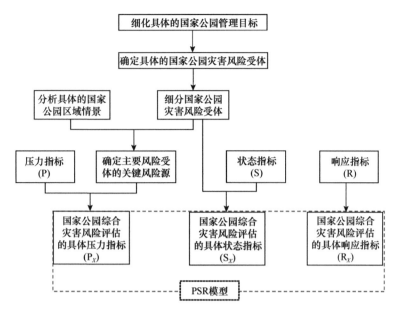

图 6-11　国家公园综合灾害风险评估指标体系的细化路径流程图

4. 国家公园灾害风险监测预警机制

结合我国多类型自然保护地、行业部门的灾害风险监测预警体系现状，国家公园综合灾害风险管理需求和国家公园管理体制运行，研究提出建立国家公园灾害风险监测预警体系的科学性、综合性、经济性 3 个原则；从行业部门灾害监测预警体系现状、与自然保护地体系的对接状况以及与国家公园需求融合三方面分析了国家公园灾害风险监测预警体系的现有基础和优化路径。

依据灾害风险综合性，研究提出国家公园综合灾害风险监测以自然灾害监测和人为胁迫监测为主体。自然灾害监测既服务于国家公园关键物种、生态系统及其过程的保护，也服务于基础设施、各类人群的生命财产安全管理。人为胁迫监测主要面向自然生态系统保护。此外，从访客管理需求出发，访客安全风险需要被纳入灾害风险监测。国家公园灾害风险监测内容包括：自然灾害监测，重大事故灾害监测，公共卫生事件监测，社会安全事件监测，生活服务系统故障监测，生态环境事件监测等。

研究提出通过一个监测预警平台建设评估框架来识别国家公园具体的监测需求，这一量表分为自然灾害监测需求识别、人为胁迫监测需求识别和访客安全监测需求识别三部分。通过国家公园管理人员及相关人员的识别，国家公园会同行业部门，对接相关监测平台，形成自身监测网点。研究提出国家公园灾害风险监测预警系统运行模式（图 6-12），针对国家公园综合灾害风险特征和多元管理目标，研究提出国家公园灾害风险监测预警体系中的灾害风险预警阈值设定和信息发布原则：基于标准制定预警阈值；根据国家公园管理目标设定预警阈值；根据国家公园管理过程调整预警阈值；针对不同的预警信息接收者采用不同语言。

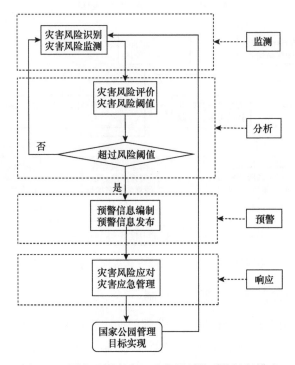

图 6-12　国家公园灾害风险监测预警系统运行模式

研究发现，对于国家公园自身的自然特征、突发的自然灾害、群体与个体等人为社会因素等风险因素的监测和预警本身是多部门协调的适应性管理的内容，因此，在进行应急响应，特别是开展安全事故救援时，国家公园管理部门也需要与多部门协作，提出国家公园游客安全风险应急管理技术框架（图 6-13）。

（三）神农架国家公园体制试点区多源数据库构建

监测系统建成后将实现神农架国家公园体制试点区内水、气的多参数动态监测，反映水、气质量变化趋势，为保护神农架国家公园体制试点区水生态系统的原真性、服务于国家公园为主体的自然保护地体系建设提供数据支撑，助力国家公园大数据、全程监测等信息化监管平台建设，服务于国家公园管理。

目前已在神农架国家公园管理局老君山管理处的九冲河建成一套水文、水质监控系统。监测参数包括气象、水质和水位参数。在南河流域和香溪河流域设置了人工现场采样，采样数据展示在中国科学院地理科学与资源研究所相关团队设计制作的"神农架国家公园多源数据管理系统"中。

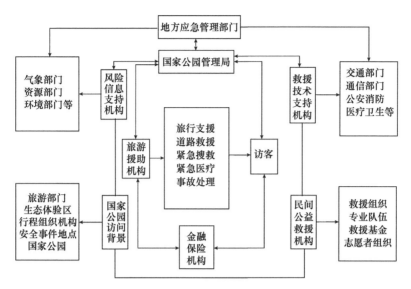

图 6-13　国家公园游客安全风险应急管理技术框架

神农架国家公园多源数据管理系统（浏览器/服务器模式，简写 B/S）是一个综合性的数据展示系统，其展示的数据从类型上看主要有矢量数据、栅格数据以及表格数据；从种类上看有气象数据、地形数据、植被覆盖度数据、生态系统类型数据、服务功能数据、土壤保持数据、防风固沙数据、水源涵养数据等。

图 6-14 是神农架国家公园多源数据管理系统中展示的神农架国家公园体制试点区及其周边区域的水环境动态监测数据，用户可以将鼠标浮动在折线图区域，实时查看相应时间点的要素观测值和变化情况。该数据后期可以并入神农架国家信息化监管平台中，为河道管理提供决策依据。

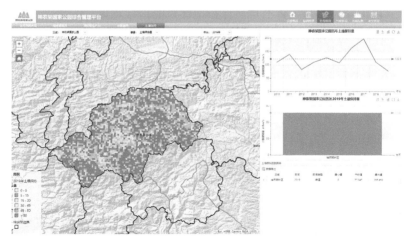

图 6-14　神农架国家公园多源数据管理系统中的数据界面

第七章　神农架国家公园体制试点区发展[*]

　　前面章节通过对神农架国家公园体制试点区自然资源和社会经济发展情况的调查与资料收集整理，厘清神农架国家公园体制试点区范围内的自然资源分布情况，在自然资源分布基础上进行分区和资产评估，确定资产价值；通过国家公园关键生态过程的识别与保护，了解神农架国家公园体制试点区在野生动物和环境保护过程中的不足之处；同时通过生态功能与社会经济协同提升的评价，进一步加深对神农架国家公园体制试点区现状的了解，提出科学的管理体系及管控平台建设建议。上述工作使大家还认识到神农架国家公园体制试点区的建设和发展面临着严峻挑战，如国家公园内保护动物的活动区域破碎化严重，且部分物种的活动范围是跨区域的，但由于目前我国各自然保护地实行的属地管理模式具有局限性，相互之间缺乏协同合作和联合执法；社区发展投入不够，宣传上存在欠缺，导致基层群众缺少参与国家公园建设的积极性；原住民的生产、生活和旅游过度开发带来的环境问题；神农架林区经济发展的相对落后，难以支撑神农架国家公园体制试点区的保护工作，使得保护工作困难重重。因此需要提出相应的措施来促进神农架国家公园体制试点区的建设。

第一节　神农架国家公园体制试点区及其周边保护地空间布局

　　中共中央办公厅、国务院办公厅立足于我国保护地基本国情，印发了《中共中央、国务院关于加快推进生态文明建设的意见》《建立国家公园体制总体方案》《关于建立以国家公园为主体的自然保护地体系的指导意见》等政策，提出了加快建立以国家公园为主体的自然保护地体系，提供高质量生态产品，推进美丽中国建设。要求按照自然生态系统的原真性、整体性、系统性及其内在规律的原则，对于同一自然地理单元内相邻、相连的各类自然保护地，需打破因行政区划造成的割裂局面，实施统一的保护策略。神农架国家公园体制试点区受现有的行政区划的限制，其内众多野生动物和生态系统保护工作不能形成统一机制，导致保护工作不能顺利进行。为了保证神农架国家公园体制试点区保护和建设工作的顺利开展，需要对神农架国家公园体制试点区的范围进行重新规划（蔡庆华等，2021）。

一、周边区域保护地的协同保护需求

　　神农架国家公园管理局响应国家号召，根据其自身实际情况，于 2018 年 6

---

[*] 本章作者：蔡庆华，谭路，杨敬元、蔡凌楚。

月 9 日召集周边的 6 个自然保护区，包括重庆阴条岭国家级自然保护区、重庆五里坡国家级自然保护区、湖北堵河源国家级自然保护区、湖北十八里长峡国家级自然保护区、湖北巴东金丝猴国家级自然保护区以及湖北三峡万朝山省级自然保护区，签署联盟协议并发表倡议，成立鄂西渝东毗邻自然保护地联盟（图 7-1），"科学建立大保护机制，构建区域保护联盟体系"，在资源保护、森林防火、打击犯罪、科学研究等方面突破行政区划限制，构建区域性保护地互动融合、协同共建的工作机制，促进秦巴山区生物多样性保护和自然资源可持续利用。各成员单位信息共享、巡防联动，如有重大警情，可跨区一对一直接指挥巡防力量，缩短响应时间。涉及跨区域的案件，应当按照就近、便利、迅速的原则确定侦办单位，由案件所在地牵头，迅速启动跨区域办案协作。全面推进生态文明建设，形成秦巴山区"共抓大保护"新格局。保护地联盟的建立将是典型生态系统和濒危物种就地保护的新途径。2021 年 7 月 28 日在福州举办的第 44 届世界遗产大会上，更是通过边界微调的方式使重庆五里坡国家级自然保护区成为神农架世界自然遗产地的一部分，从而增强了神农架世界自然遗产地的完整性。由此可见现有保护地的格局不能满足保护和发展需求，需要重新进行空间布局。

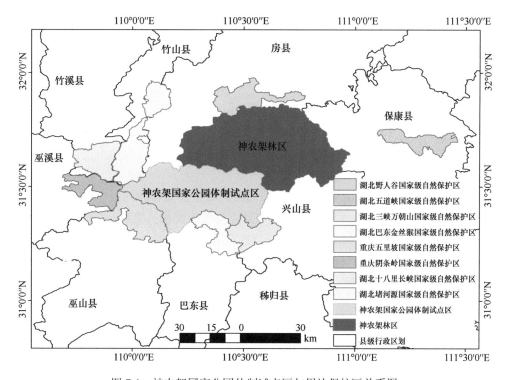

图 7-1　神农架国家公园体制试点区与周边保护区关系图

第 44 届世界遗产大会主题为"世界自然遗产和自然保护地协同保护"，会议指出世界自然遗产和自然保护地协同保护、融合管理是全球共同趋势。在神农架国家公园体制试点区的管理中可参考和借鉴中国丹霞和中国南方喀斯特保护的管理经验（彭华，2012），建立跨行政区域的遗产协同保护体系，实现自然遗产地的统筹保护管理，建立针对自然灾害、人类活动等全面联动的监测体系，推动资源保护、旅游活动、科研展示的共同提升，建立多方合作共赢的自然遗产可持续发展机制。同时，依托现有保护地管理机构队伍，依据自然保护地相关法律法规，配合各项规划编制、设施，借助自然保护地完善遗产地的监测设施，强化遗产地保护能力，实现对自然遗产地的有效保护；依托自然遗产的独特吸引力，将自然保护与社会经济发展紧密结合，积极推进脱贫攻坚和乡村振兴建设。构建以国家公园为主体的自然保护地体系，进一步提升世界自然遗产和自然保护地的协同保护水平，并为世界自然保护提供"保护地建设中国方案"。

据不完全统计神农架国家公园体制试点区及其周边县域有各类型保护地 60 个，其中国家级 28 个、省级 20 个、市县级 12 个，主要有重庆阴条岭国家级自然保护区、重庆五里坡国家级自然保护区、重庆市长江三峡巫山湿地县级自然保护区、湖北堵河源国家级自然保护区、湖北十八里长峡国家级自然保护区、湖北巴东金丝猴国家级自然保护区以及湖北三峡万朝山省级自然保护区等，保护对象包括野生动物、野生植物、湿地、森林生态系统、地质、水生生物等。神农架同时具备世界生物圈保护区、世界地质公园网络、国际重要湿地和世界自然遗产 4 个世界级头衔，其中神农架国家公园特区包含 26 个各类保护地，7 个属于鄂西渝东毗邻保护地联盟成员，8 个紧邻保护地联盟，11 个位于保护地联盟周边区域，其中国家级保护地 14 个、省级 6 个、市县级 6 个，保护地众多，神农架国家公园体制试点区及其周边县域相关职能部门保护地管理经验丰富，可担当整合周边保护地的职责（图 7-2，表 7-1）。

打破行政边界，以流域为范围构成以自然保护地为核心的生物多样性保护体系，增强江湖的连通性，维持生态系统健康，保证生物栖息地的完整性，应是周边保护地整合的基本原则。按流域划分可将神农架国家公园特区划分为五大流域，包括长江流域的神农溪、大宁河和香溪河流域，汉江流域的堵河、南河流域。本区域南临长江三峡水库，北接丹江口水库，是重要的水源地，需要对其开展水资源保护。

二、周边区域经济发展情况

神农架林区位于湖北省西北部边陲，东与湖北省保康县接壤，西与重庆市巫山县毗邻，南依兴山、巴东而濒三峡，北倚房县、竹山且近武当，地跨 $31°15'N \sim 31°57'N$，$109°56'E \sim 110°58'E$，总面积为 3253km²。全区森林覆盖率达 90% 以上，

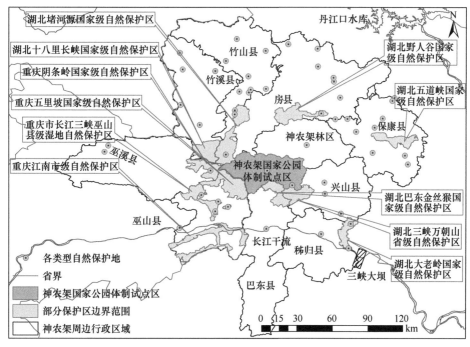

图 7-2 神农架国家公园体制试点区周边行政区划与保护区示意图

表 7-1 神农架及其周边区域内自然保护地分布情况

序号	关联性	保护地名称	等级	类型	所在县	是否在神农架国家公园特区内
1	保护地联盟成员	神农架国家公园体制试点区	国家级	国家公园	神农架林区	是
2	保护地联盟成员	湖北巴东金丝猴国家级自然保护区	国家级	自然保护区	巴东县	是
3	保护地联盟成员	湖北堵河源国家级自然保护区	国家级	自然保护区	竹山县	是
4	保护地联盟成员	湖北十八里长峡国家级自然保护区	国家级	自然保护区	竹溪县	是
5	保护地联盟成员	重庆阴条岭国家级自然保护区	国家级	自然保护区	巫溪县	是
6	保护地联盟成员	湖北三峡万朝山省级自然保护区	省级	自然保护区	兴山县	是
7	并入神农架世界自然遗产地	重庆五里坡国家级自然保护区	国家级	自然保护区	巫山县	是
8	神农架世界级头衔	湖北神农架世界生物圈保护区	世界级	生物圈保护区	神农架林区	是
9	神农架世界级头衔	湖北神农架世界地质公园网络	世界级	地质公园网络	神农架林区	是
10	神农架世界级头衔	湖北神农架国际重要湿地名录	世界级	湿地名录	神农架林区	是
11	神农架世界级头衔	湖北神农架世界自然遗产	世界级	自然遗产	神农架林区	是
12	紧邻保护地联盟	湖北竹山堵河源省级地质公园	省级	地质公园	竹山县	是
13	紧邻保护地联盟	龙门河国家森林公园	国家级	森林公园	兴山县	是
14	紧邻保护地联盟	玉泉河特有鱼类国家级水产种质资源保护区	国家级	水产种质资源保护区	神农架林区	是

续表

序号	关联性	保护地名称	等级	类型	所在县	是否在神农架国家公园特区内
15	紧邻保护地联盟	堵河龙背湾段多鳞白甲鱼国家级水产种质资源库保护区	国家级	水产种质资源保护区	竹山县	是
16	紧邻保护地联盟	重庆市长江三峡巫山湿地县级自然保护区	县级	自然保护区	巫山县	是
17	紧邻保护地联盟	巫山梨子坪县级自然保护区	县级	自然保护区	巫山县	是
18	紧邻保护地联盟	重庆市梨子坪森林公园	省级	森林公园	巫山县	是
19	保护地联盟成员	湖北野人谷国家级自然保护区	国家级	自然保护区	房县	是
20	保护地联盟周边	重庆市白果森林公园	省级	森林公园	巫山县	是
21	保护地联盟周边	兴山县香溪河湿地自然保护区	市级	自然保护区	兴山县	是
22	保护地联盟周边	古洞口库区湿地自然保护区	市级	自然保护区	兴山县	是
23	保护地联盟周边	宜昌高岚河水利风景区（自然河湖型）	国家级	水利风景区	兴山县	是
24	保护地联盟周边	三峡湿地自然保护区	市级	自然保护区	秭归县等地	是
25	保护地联盟周边	长江三峡国家地质公园	国家级	地质公园	三峡地区	是
26	保护地联盟周边	长江三峡风景名胜区	国家级	风景名胜区	三峡地区	是
27	保护地联盟周边	三峡库区恩施州水生生物自然保护区	市级	自然保护区	巴东县	是
28	保护地联盟周边	重庆大昌湖国家湿地公园	省级	湿地公园	巫山县	是
29	保护地联盟周边	大宁河小三峡风景名胜区	省级	风景名胜区	巫山县	是
30	周边县市保护地	湖北五道峡国家级自然保护区	国家级	自然保护区	保康县	否
31	周边县市保护地	湖北大老岭国家级自然保护区	国家级	自然保护区	秭归县周边	否
32	周边县市保护地	湖北八卦山省级自然保护区	省级	自然保护区	竹溪县	否
33	周边县市保护地	湖北万江河大鲵省级自然保护区	省级	自然保护区	竹溪县	否
34	周边县市保护地	保康县红豆杉市级自然保护区	市级	自然保护区	保康县	否
35	周边县市保护地	保康县鹫峰市级自然保护区	市级	自然保护区	保康县	否
36	周边县市保护地	保康县刺滩沟市级自然保护区	市级	自然保护区	保康县	否
37	周边县市保护地	重庆江南市级自然保护区	市级	自然保护区	巫山县	否
38	周边县市保护地	凤凰山猕猴自然保护区	县级	自然保护区	保康县	否
39	周边县市保护地	保康野生蜡梅县级自然保护区	县级	自然保护区	保康县	否
40	周边县市保护地	湖北竹溪长峡省级地质公园	省级	地质公园	竹溪县	否
41	周边县市保护地	房县野人谷地质公园	省级	地质公园	房县	否
42	周边县市保护地	房县青峰山地质公园	省级	地质公园	房县	否
43	周边县市保护地	保康尧治河地质公园	省级	地质公园	保康县	否
44	周边县市保护地	湖北大老岭国家级自然保护区	国家级	森林公园	秭归县周边	否
45	周边县市保护地	九女峰国家森林公园	国家级	森林公园	竹山县	否

续表

序号	关联性	保护地名称	等级	类型	所在县	是否在神农架国家公园特区内
46	周边县市保护地	偏头山国家森林公园	国家级	森林公园	竹溪县	否
47	周边县市保护地	湖北诗经源国家森林公园	国家级	森林公园	房县	否
48	周边县市保护地	重庆红池坝国家森林公园	国家级	森林公园	巫溪县	否
49	周边县市保护地	白玉垭省级森林公园	省级	森林公园	竹山县	否
50	周边县市保护地	大百川省级森林公园	省级	森林公园	竹山县	否
51	周边县市保护地	柳树垭省级森林公园	省级	森林公园	房县	否
52	周边县市保护地	官山省级森林公园	省级	森林公园	保康县	否
53	周边县市保护地	尧治河省级森林公园(生态公园试点)	省级	森林公园	保康县	否
54	周边县市保护地	万峪河省级森林公园	省级	森林公园	房县	否
55	周边县市保护地	竹山圣水湖国家湿地公园	国家级	湿地公园	竹山县	否
56	周边县市保护地	竹溪龙湖国家湿地公园	国家级	湿地公园	竹溪县	否
57	周边县市保护地	房县古南河国家湿地公园	国家级	湿地公园	房县	否
58	周边县市保护地	重庆红池坝国家级风景名胜区	国家级	风景名胜区	巫溪县	否
59	周边县市保护地	房县神农峡岩屋沟风景名胜区	省级	风景名胜区	房县	否
60	周边县市保护地	保康野花谷省级风景名胜区	省级	风景名胜区	保康县	否
61	周边县市保护地	堵河鳜类国家级水产种质资源保护区	国家级	水产种质资源保护区	竹山县周边	否
62	周边县市保护地	圣水湖黄颡鱼国家级水产种质资源保护区	国家级	水产种质资源保护区	竹山县	否
63	周边县市保护地	堵河黄龙滩水域鳜类国家级水产种质资源保护区	国家级	水产种质资源保护区	竹山县周边	否

国家公园内森林覆盖率高达 96%，林地占全区面积的 85% 以上。神农架岭背向四方作星状放射。南邻长江西陵峡、北依汉江，也是湖北省内长江与汉江的分水岭、"南水北调"中线工程重要的水源涵养地、三峡库区最大的天然绿色屏障，最大高程达 2000m 以上。由于高程以及地形因素，山区河流坡降大，谷深，地形复杂。神农架独特的自然环境和丰富的人文资源形成了类型繁多的游憩资源，共有 8 个主类 30 个亚类 135 个游憩资源单体，其中自然景观游憩资源 95 个，占游憩资源总数的 70.4%，人文景观游憩资源 40 个，占总数的 29.6%。

神农架建制初期，以修路和伐木的原始粗放型经济为主，20 世纪 80 年代中期，林区党委、政府开始探索保护与发展的关系，1985 年提出了"加强保护，立体开发，综合利用，全面开发"的方针，几经调整，于 1997 年确立了"立足保护，发展旅游产业，发展绿色产业，建设富裕文明的神农架"的建设方针。2000 年 3 月，神农架全面停止天然林砍伐，"天保工程"和退耕还林工程全面实施，林区党委、政府适时提出对神农架进行"二次大开发"，构建以旅游业为主导产业、以绿色产业为支柱产业的生态经济建设体系的设想，确立了"保护自然环境，发展生态经济，建设富裕文明的神农架"的建设方针，神农架开始进入了一个新的发展阶段。

神农架林区先后建有 4 个国家级保护地，分别为神农架国家级自然保护区（建于 1986 年）、神农架国家森林公园（建于 1992 年）、神农架国家地质公园（建于 2005 年）、神农架大九湖国家湿地公园（建于 2006 年）。除了国家级保护地外，还建有大九湖省级湿地自然保护区、神农架省级风景名胜区 2 个省级保护地。保护地在管辖范围上存在明显的交叉重叠问题。依据国家发展改革委等 13 部委下发的《关于印发建立国家公园体制试点方案》的要求，以国家公园体制试点为契机，将上述保护地一并整合，建立集中、统一的管理体制，解决发展与保护的问题。

2017 年神农架林区生产总值为 255 108 万元，主要以第三产业带动经济发展，其中农业和工业占相当大的比重。区域内经济开发，包括大量的小水电、河道采沙、矿山开采项目对自然资源造成很大的破坏。

据神农架国家公园管理局推算，国家公园体制试点期间（2016～2018 年）3 年总运行费用达 157 649 万元，国家公园每年需投入大量的财政资金用于各类生态补偿，包括重点生态功能区转移支付、兽灾补偿、污水垃圾治理补助、清洁能源补贴等。支持社区发展的生态移民工程，各类生态补偿经费合计 78 678 万元。大量的资金缺口需要国家财政支出。为实现区域经济的可持续发展，单靠神农架自身的经济发展是不够的。

表 7-2 展示的是 2008～2019 年的 12 年间神农架及其周边行政区域 GDP 的变化趋势，区域内整体经济处于上行趋势，但与周边县相比，神农架林区的经济总量处于最末位，远低于周边县的平均值。从人口的角度来看，神农架林区和紧邻的兴山县人口远低于周边 8 个县（表 7-3）。神农架林区的经济要发展，离不开周边县的带动。

表 7-2　神农架及其周边行政区域 GDP 变化趋势　　（单位：亿元）

年份	保康县	房县	竹山县	竹溪县	巴东县	秭归县	兴山县	神农架	巫山县	巫溪县	汇总
2008	24.56	24.83	26.27	20.75	35.68	36.97	31.48	9.00	33.71	23.56	266.81
2009	29.66	29.69	30.38	23.25	40.72	43.96	38.55	10.29	41.91	30.94	319.35
2010	43.02	36.63	35.87	30.40	49.34	52.90	44.10	12.30	50.31	37.6	392.47
2011	56.02	45.48	48.73	36.54	57.52	66.69	56.26	14.53	63.42	47.29	492.48
2012	70.10	55.44	56.99	42.32	65.51	78.77	67.41	16.81	70.35	53.11	576.81
2013	81.55	64.70	67.79	49.52	74.00	91.24	78.08	18.57	75.13	60.22	660.80
2014	92.15	72.07	75.15	55.57	81.45	100.53	86.47	20.24	81.27	66.72	731.62
2015	93.74	78.34	80.54	60.54	88.85	110.09	95.06	21.18	89.66	73.4	791.40

续表

年份	保康县	房县	竹山县	竹溪县	巴东县	秭归县	兴山县	神农架	巫山县	巫溪县	汇总
2016	101.59	80.62	87.37	72.80	96.21	117.96	104.75	23.23	101.79	82.37	868.69
2017	109.95	91.48	96.69	78.38	105.57	121.92	111.27	26.13	116.15	87.15	944.69
2018	127.03	109.81	109.41	84.50	112.91	136.02	117.25	30.28	142.64	103.72	1073.57
2019	137.01	119.56	115.28	86.50	127.46	164.49	130.58	32.86	172.97	107.58	1194.29

表 7-3　神农架及周边行政区域人口变化趋势　　（单位：万人）

年份	保康县	房县	竹山县	竹溪县	巴东县	秭归县	兴山县	神农架	巫山县	巫溪县	汇总
2008	26.10	42.08	42.61	33.43	49.10	38.54	18.10	8.04	62.35	53.52	373.87
2009	26.20	42.15	42.72	33.46	49.09	38.35	18.12	8.03	62.97	53.64	374.73
2010	25.46	39.10	41.71	31.53	49.46	38.42	17.83	8.01	63.17	53.41	368.10
2011	25.65	39.21	41.82	31.64	49.45	38.19	17.60	8.01	63.76	53.92	369.25
2012	25.41	39.31	41.18	30.94	49.61	38.13	17.47	7.95	64.15	54.16	368.31
2013	25.28	39.39	41.26	31.02	49.77	37.98	17.31	7.96	64.36	54.50	368.83
2014	25.17	39.44	41.29	31.08	49.86	38.01	17.18	7.92	64.64	54.85	369.44
2015	25.30	39.58	41.38	31.15	49.26	38.02	17.10	7.86	63.83	54.39	367.87
2016	25.48	39.88	41.70	31.39	49.27	37.53	17.13	7.89	63.97	54.54	368.78
2017	25.70	40.23	42.08	31.66	49.00	37.08	16.88	7.89	63.69	54.26	368.67
2018	25.78	40.11	41.81	31.51	48.80	37.08	16.89	7.89	63.49	54.22	367.58
2019	25.86	40.03	41.68	31.40	48.60	36.86	16.60	7.88	63.33	54.15	366.39

三、神农架国家公园体制试点区发展规划

根据神农架及其周边自然保护地的分布、行政区划、流域特征、交通条件、经济发展等一系列因素，依据《关于建立以国家公园为主体的自然保护地体系的指导意见》总体要求中关于优化相邻保护地的指导意见，对同一自然地理单元内相邻、相连的各类自然保护地，打破因行政区划造成的割裂局面，按照自然生态系统完整、物种栖息地连通、保护管理统一的原则，遵循山脉完整性、水系连通性、行政相邻性和生态一致性（李涛等，2019），同时兼顾国家公园"原真性、整休性、系统性及其内在规律"，进行重组。区域包含巴东县长江以北（4 个乡镇），秭归县长江以北（4 个乡镇），兴山县和神农架林区，房县的九道乡、上龛乡、中坝乡、国营代东河林场、国营杨岔山林场、门古寺镇、回龙乡和野人谷镇，竹山县的柳林乡和官渡镇，竹溪县十八里长峡管理局和向坝乡，巫溪县的宁厂镇、双阳乡、兰英乡、花台乡、城厢镇和通城镇大宁河以东，巫山县的官阳镇、当阳乡、平河乡、竹贤乡、骡坪镇、三溪乡、两坪乡、巫峡镇长江以北大宁河以东及大昌镇、双龙镇和龙门街道大宁河以东，共 53 个乡镇（图 7-3）。参考国家建立经济特区的形式，在不改变土地所属权的情况下，建立"神农架国家公园特

区",以促进神农架国家公园体制试点区及相关自然保护地和区域的可持续发展。

图 7-3 神农架国家公园特区保护地分布示意图

神农架国家公园特区以神农架林区及附近堵河源地势最高,最高峰位于神农顶,海拔 3106.2m,向四周地势逐渐降低,区域内海拔落差达 3036.2m,区域内山高、坡陡、谷深,沟槽交错,地形复杂,地形坡度变化复杂,最大坡度达 82°,地势平缓的区域主要集中在长江沿岸。以神农架林区内高山为界划分出五大流域,分别为堵河流域、南河流域、神农溪流域、香溪河流域和大宁河流域(图 7-4)。

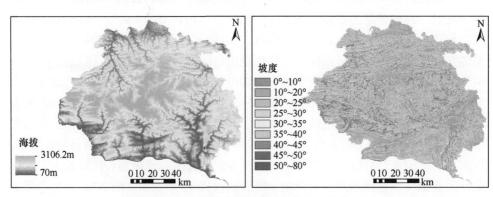

图 7-4 神农架国家公园特区海拔和坡度信息

图 7-5 中展示的是神农架国家公园特区内的气象分布信息,2009~2014 年插值图结果显示,该区域内气温分布基本满足由西向东逐渐升高的特点,为 11~20℃;地温则表现为由北向南逐渐升高,为 17~20℃;降水量自东北向西南方向逐渐升高,靠近长江区域降水量最高,为 700~1100mm;大型蒸发量则表现出北高南低的特点,为 15~27mm。区域内降水量适中,气候适宜。

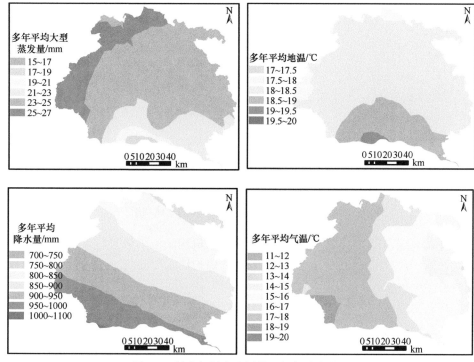

图 7-5　神农架国家公园特区气象分布资料

神农架国家公园特区内土地利用以林地为主,超过总面积的 80%,达 85.53%,其次是耕地,占 11.56%,再次是草地,占 1.77%,湿地、水域和城乡、工矿、居民用地均低于 1%。耕地主要分布在香溪河流域和神农溪流域下游靠近长江处,人造地表主要集中在兴山县城和松柏镇(表 7-4,图 7-6)。

表 7-4　神农架国家公园特区各土地利用类型面积及百分比

类型	名称	面积/hm²	占比/%
耕地	农作物土地	149 688.7	11.56
林地	有林地	1 107 775.6	85.53
草地	高覆盖度草地	22 896.2	1.77
湿地	湖泊和沼泽	147.0	0.01
水域	河渠	12 128.1	0.94
人造地表	城乡、工矿、居民用地	2 616.8	0.20

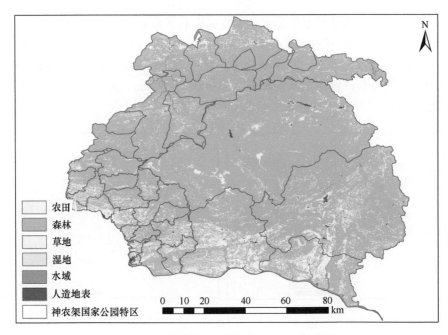

图7-6　神农架国家公园特区内的土地利用

神农架国家公园特区依托现有保护地管理机构队伍，借助完善的人员配置、监测设施、巡护机制和管理条例，充分发挥保护地联盟的联动机制，可实现对区域内自然保护地的有效保护。

神农架国家公园特区行政中心可设置在兴山县古夫镇，该地交通便利，陆路交通有宜巴高速和宜万铁路，水路上，通过香溪河进入长江干流（图7-6），依托宜昌市和十堰市带动经济发展。区域内矿产资源丰富，农业也较为发达。依托国家公园及周边保护区的吸引力，带动旅游业、餐饮、住宿等一系列第三产业发展，可作为国家公园及保护区周边区域经济发展的长期助力。通过区域经济的高速发展，神农架国家公园特区可以获得更多的财政收入，减少对国家和省财政的依赖，可以将更多的财政补贴用于神农架国家公园特区内保护地的建设和维持，提高保护水平，为全国乃至世界的自然保护提供"神农架模式"。

第二节　基于公众科学及分众传播的国家公园宣传推广

作为自然保护地的重要类型，国家公园承担着生物多样性保护和游憩的功能，是系统管理自然资源的重要方式。如何科学平衡生物多样性保护与游客利用之间的关系，是国家公园管理的核心内容，也是制定管理政策时最棘手的问题。面对越来越大的管理压力，广泛的公众参与已成为国际上众多保护地管理机构制定决策时普遍采用的方法（张婧雅和张玉钧，2017）。国家公园的公众参与就是在政府主导下的多方公众共同建设管理国家公园的过程，是为了实现资源有效保护和全民享用的共同目标，自下而上、体现各方权益、符合法律法规政策、共同承担国家公园建设事务、提供公共服务责任的过程，这个过程也可以称为国家公园治理（张婧雅和张玉钧，2017）。公众参与的核心应该是准确的信息传导。无论是提高公众保护认知还是传播国家公园理念都需要传播学研究的介入，形成媒介仪式、媒介朝觐、风险传播、公众参与等传播学研究框架（王积龙，2020）；这也将有利于加强国家公园的宣传力度，提升国家公园整体形象和品牌价值，形成统一的国家公园认识，提升全民认同感（黄宝荣等，2018）。2019年10月31日中国共产党第十九届中央委员会第四次全体会议通过的《中共中央关于坚持和完善中国特色社会主义制度，推进国家治理体系和治理能力现代化若干重大问题的决定》中明确要求"构建网上网下一体、内宣外宣联动的主流舆论格局，建立以内容建设为根本、先进技术为支撑、创新管理为保障的全媒体传播体系"。本节从公众科学和分众传播的角度，论述公众参与和科学传播在国家公园建设与宣传方面的作用，并针对神农架国家公园的具有情况，提出若干宣传建议，为提升神农架国家公园整体形象和品牌价值，服务于神农架国家公园建设（蔡凌楚等，2021）。

一、公众参与与公众科学

公众参与社会事务的科学基础，应该是公众科学。公众科学也称为公众参与式科学研究，是指包含了非职业科学家、科学爱好者和志愿者参与的科研活动，其范围涵盖科学问题探索、新技术发展、数据收集、结果分析与应用等（Rick et al.，2009；Silvertown，2009）。相较于传统科研项目，公众科学项目一般由公众和科学家合作发起，以公众广泛参与为其鲜明特征。随着信息和互联网技术的发展，公众科学项目不仅可以扩大数据来源、提高数据处理效率、降低成本，对于传播科学知识、培养公众的科学素养、提高公众对科学的理解等也发挥着越来越重要的作用，有利于政府的管理和决策过程，推动生态环境保护及社会经济可持续发展（张健等，2013；李春明等，2018）。

公众科学为引导公众切实参与科研和科学思考，解决棘手、费钱、费力的研究问题提供了一种途径。公众科学也能教育公众，提高人们对科学研究的参与度。公众科学也能让公众参与到可能会影响环境或政府政策的研究中。如果运用得当，公众科学会是一种有效的传播科学信息、提高公众参与度、达成研究目标的方式（Gura，2013）。

依研究过程中公众参与的贡献大小，公众科学项目可分为5种类型：契约型（公众不参与，但邀请科学家主导项目并报告结果）、贡献型（科学家主导，公众主要贡献数据）、协作型（科学家主导，公众参与项目设计、数据分析、结果传播）、共创型（科学家主导，至少部分公众全程参与项目的各方面）和学院型（完全由公众主导，并且公众成为科研人员）（张健等，2013；李际，2016；李春明等，2018）。

虽然公众科学这一术语的正式提出并没有多长时间，但这一概念和研究模式却已有相当长的历史和社会基础。例如，在中国，公众及科研人员跟踪蝗虫暴发并记录数据已经至少有3500年历史（Tian *et al.*，2011）。随着移动物联网和便携式智能设备（如智能手机）的普及，这一模式在各领域得到了迅速的发展，如借助公众的参与来对鸟类分布、入侵物种、河湖水质、噪声污染、空气质量等进行调查，利用公众计算机空闲的计算资源来进行净水材料性能的模拟计算等（李春明等，2018）。

鸟类研究是公众科学最典型的代表。早在19世纪，全美奥杜邦协会即组织发起了奥杜邦运动，使"奥杜邦"成为鸟类保护的代名词。1900年，该协会的鸟类学家查普曼·查普顿（Frank M. Chapman）提出"以统计鸟类数量代替猎杀"的建议，并开展世界最早的鸟类监测计划——"圣诞鸟类调查"的活动，鼓励志愿者通过自己的观察、记录为科学家提供鸟类的相关数据（李雪艳等，2012；刘星，2016；张轩慧和赵宇翔，2017；金瑛等，2019）。此后，该协会与康奈尔大学合作创办了鸟类实验室，以增加鸟类的知识以及对鸟类的理解和欣赏为使命，致力于鸟类研究和保护。该协会号召不同年龄段和不同背景的人参与到有价值的鸟类研究中，参与者可以通过观察身边的鸟类情况来收集和监测数据，并进行科学研究。科学家也可以由此得到丰富的研究材料，并在此基础上发表高水平的科研论文（刘星，2016）。其中非常有代表性的项目是2002年设立的以收集空间和时间尺度上鸟类分布数据为主要目的的eBird项目，该项目是世界上最大的与生物多样性相关的公民科学项目，由数百家合作伙伴组织、数千名区域专家和数十万用户组成的鸟类实验室对其进行管理。数十万用户提交了几千万份清单和数亿次的观察结果，包含了超过1万种物种的数据。eBird项目彻底改变了鸟类信息收集方式，完成了观鸟报告。该项目的特点之一是通过技术手段对公众提交的信息进行过滤。用户可以提交观察记录，也可以查看区域统计、热点统计、鸟类分布图等。eBird项目的数据为研究论文提供了数据基础，目前仅在爱思唯尔（Elsevier Science Direct）数据库中就有超过百篇论文引用了eBird项目的数据。此外，该项目衍生出了一些新的产品，如Merlin Bird ID，该工具可以帮助使用者识别鸟的类型（李雪艳等，2012；金瑛等，2019）。

近年来，基于公众参与的观鸟记录数据也越来越受到国内鸟类研究者的重视。中国的观鸟爱好者已可以将观测到的鸟类数据上传到中国观鸟记录中心（http://www.birdreport.cn），再由中国鸟类学会汇总、审核，发布观鸟活动记录，编写《中国观鸟年报》。李雪艳等（2012）利用这些数据，在自主开发的球面地理信息系统软件Global Analyst上，结合鸟类适宜生境信息，制作完成了基于发现点的、具有精确时空信息的中国观鸟数据库，较为精确全面地反映了中国观鸟的成果，为鸟类分布基础数据提供补充，为鸟类保护提供依据。而钱江源-百山祖国家公园通过主办鸟类摄影比赛和图片征集的方式，汇总了历年来在园区内拍摄的鸟类照片，编著了《钱江源国家公园鸟类图鉴》一书，共收录17目63科238种（钱海源等，2019）。这些活动促进了专业的鸟类学家与业余的观鸟者间的交流合作，在促进科学研究、探究人类活动影响、反馈气候变化、确定多样性保护中心、保护区建立和保护效果评价等方面取得了丰硕成果（李雪艳等，2012）。

公众科学在生态与环境领域的应用前景十分广阔，可以提供很多关于环境要素、生态过程及人类活动等方面的信息。当然，生态学参数测定的准确性是公众科学项目成功的关键所在。Hoyer等（2020）发现专业生物学家和志愿者采集与测定的水体总磷、总氮和叶绿素a含量之间没有显著差异。只要运用得当，志愿者采集的数据完全可以用于常规的环境管理。Mcinnes等（2020）基于公众科学的方法，对全球500多个湿地的现状和趋势进行了调查分析，发现各区域的湿地状况及其改善或恶化的程度方面存在重大差异；大型湿地，特别是非洲、拉丁美洲和加勒比的大型湿地，比北美、欧洲和大洋洲的小型湿地情况更糟，且日益恶化。文章指出，积极地将当地社区环保意识、保护措施、文化价值/传统、旅游和林业结合起来，以实现湿地的合理利用，才能取得积极的成果（Mcinnes et al.，2020）。

监测受威胁物种的动态是有效保护生物多样性的重要手段。在这一方面，公众科学可以填补专业监测数据缺乏的空白，或者在需要进一步调查的地方提供信息帮助。Lloyd等（2020）回顾了澳大利亚的公众科学监测和调查项目，并确定了133个有助于陆地和海洋环境中受威胁物种监测或保护行动的项目。他们的研究表明，在许多地区，公众科学项目的数量与受到威胁的物种丰富度之间存在着高度的趋同。

近年来物联网技术在我国迅速发展，移动网络普及率不断提高，同时相关保障政策不断出台，如环境保护部2015年出台了《环境保护公众参与办法》，2016年联合中央宣传部等单位印发了《关于全国环境宣传教育工作纲要（2016—2020年）》等，为公众参与生态环境研究和管理提供了充足的政策基础。同时目前我国也有一些应用案例正在积极探索这一模式，如公众参与式城市声景感知研究、中国植物分类、中国鸟类观察、黑臭水体举报等，都展现出了其巨大的应用潜力（李春明等，2018）。

随着观测技术的发展，生态学研究、生物多样性保护等方面的研究尺度不断扩大。生态格局与过程的观测从小规模合作、短时间个人观测向大规模、长时间、跨学科、多因子联合观测转变，传统的研究方法已难以满足现代生态学研究的需求。因此，应以大数据时代的数据存储、管理与处理技术为基础，整合生态物联观测网络、公众科学观测网络以及基于标准化数据管理的研究者网络，建立整合生态系统观测平台，为生态学研究和生物多样性保护打造一站式生态观测服务，是大数据时代下的大势所趋（戴圣骐和赵斌，2016）。

公众科学是一个快速发展的领域，越来越被认为是提高健全的环境管理所需知识储备和理解能力的有价值的方法。目前世界上有数不清的项目正在进行：有些项目有明确的科学假设，正在接受检验，另一些只是简单的数据收集；一些是在草根层设计和主导的，而另一些是由学者完成的。Macphail和Colla（2020）从什么是公众科学，为什么要有公众科学，公众科学在哪里发生，谁是公众科学家，为什么公众科学家要参与、实验设计、数据收集、质量控制和分析，公众科学的挑战，经济、社会和政治-经济争议，什么是成功以及如何衡量成功，如何改进公众科学项目等十大方面，综述了公众科学项目的最佳实践，分析了包括围绕实验设计、数据收集和分析的不同方法，参与者如何被招募、参与和奖励（包括谁参与以及为什么参与），参与对志愿者知识和行动的影响，以及这些项目对政策和其他保护行动的影响等，并指出，虽然公众科学项目面临着一些挑战，而且需要在各个领域进行更多的研究，但它们带来的诸多好处支持了公众科学项目的继续扩大（Macphail and Colla，2020），而战略性的投资与协同是未来公众科学充分发挥潜力的根本（Bonney et al.，2014）。

总体而言，成功的公众科学项目一般具有以下特点：①简易，项目目标和方法易于理解，数据上传的网站简易清晰；②数据共享，参与者知晓其数据用途，定期更新调查数据等，数据可提供给参与者；③传播，传播策略对招募新的参与者和赢得其信任非常关键，主要包括新闻稿、网络推广、科学出版和教育输出；④方案清晰，科学家必须确定并建立清晰的工作方案，将参与者紧密联系起来；⑤持续，需保持项目的连续性，包括基本工作框架正常运行，数据能够得到分析和发表（张健等，2013）。而成功的公众科学项目，也必然对科学传播起到不可忽视的作用。

二、科学传播与分众传播

一直以来，中国政府都非常重视将科学普及给公众，即科普或科学传播，这在一定程度上是为了响应其前所未有的科技创新，也是构建全球科学强国的重要组成部分。根据科技部的一项调查，2018年，中国政府在这方面投入了160亿元，其中近80%是政府资助（Qiu，2020）。

科学传播是相对于科学创新的一个概念，它与科学的大众化有关。在过去相当长时间里，中国的科学大众化有两个传统：科技报道和"科普"（刘华杰，

2009)。当代中国的科学传播有 3 个名称：科普、科技传播和科学传播，分别代表科学传播的 3 个群体和 3 种模式。科普更关注"传播什么"（内容），科技传播更关注"如何传播"（方法），而科学传播则更关注的是"为何传播"（意义）（吴国盛，2016）。

从发展历程看，有关科学传播的概念主要经历了"科普"、"公众理解科学"、"公众参与科学"几个阶段（杨正，2018；孙秋芬和周理乾，2018）。传统的"科学普及"是由国家（或政党）主导的中心广播式的传播模型，"公众理解科学"虽然开始逐渐将传播重心向公众一方倾斜，但就其本质，仍然是由科学共同体主导的自上而下式的传播。民主精神的贯彻推动了科学传播民主模型的诞生和发展，科学传播也由最初的"公众理解科学"逐渐演变为"公众参与科学"，公众的主体地位逐渐凸显，直接影响科学知识的生产与传播（王炎龙和吴艺琳，2020），其被广泛定义为：公众参与或介入有关科学的事务，如政策过程与决策制定。换言之，"公众参与科学"更强调的是公众参与科学技术决策过程。而"公众科学"概念可以说是科学传播概念发展的最新产物，是对科学传播中公众主体地位的诠释。如果说，"公众参与科学"强调的是公众参与科学决策、科研事务，那么"公众科学"则更为关注的是公众如何参与到科学知识生产与传播的过程中，作为"公民科学家"，公众既能作为调查对象，为科学研究提供样本数据，又能同专家合作，参与实验数据的收集与分析，从而直接影响科学研究的最终结果及其应用。从科学传播的效果角度来看，虽然两者都能够有效完成自身所预期的提高公民科学素养的目标，但"公众参与科学"对于公众更好地理解科学与社会的关系有着不可替代的作用，而"公众科学"则是公众对待科学的态度，如更好地理解科学是如何产生的、如何实践（杨正，2018；王炎龙和吴艺琳，2020）。

传播学认为，任何人处理信息的认知能力都是有限的，人类心理认知机制不能支持他们主动关注和学习与自己生活没有直接关系的科学知识，而且信任与价值等科学认知过程的心理变量在接受新兴事物中具有十分重要的作用。科学传播在其学科形成和发展过程中，逐渐聚焦于对影响公众对科学知识态度的社会心理因素的探究，并由此提出了发展"科学传播的科学"，2012～2017年，美国科学院以"科学传播的科学"为名召开了3次研讨会，并分别于2013年、2014年和2019年在《美国科学院院刊》发表了3期专刊，体现了"科学传播的科学"对科学传播领域的影响不断扩大（贾鹤鹏和闫隽，2017；贾鹤鹏，2020）。"科学传播的科学"融合传播学、认知科学等领域的研究方法与成果，将科学内容作为一种信息，通过考察人类注意力、人类认知习惯和政治/宗教立场，以及信任、价值、伦理等因素对人们科学态度的影响，极大地丰富了人们对科学传播过程的认识，促进科学传播事业的发展。

科学传播的本质是为了实现特定目的，借由一定途径，在不同群体间进行的与科学相关的信息交流与传递活动。在科学传播中，科学家是主体传播者，对传播信息起决定作用；媒介是传播的桥梁，同时建构了新的科学以及科学家与公众关系；公众作为受众，在互联网时代已成为新的能动主体参与科学传播实践中（王炎龙和吴艺琳，2020）。

传播作为人类的一项基本社会活动，其信息载体是不断变化发展的传媒，决定着传播活动的效率和效力。随着技术的飞速发展与普及，计算机深度融入了现代通信技术之中。1998年，作为人类历史上发展最为迅速的媒体形式，互联网被联合国新闻委员会确定为"第四媒体"，成为一支强势的力量影响传媒界。互联网时代涌现出众多传播模式的创新，成为社会文化变革的动力，也深刻改变了传统模式下的社会关系和社会结构（周琼，2019）。

当前数字化、信息化、网络化、全媒体的发展促使信息传播的广度和深度不断扩展与延伸。大众性、多元性、交互性、即时性的各种新媒体形式（包括微信、微博、客户端、直播平台、视频平台等）蓬勃发展，在科学传播中逐渐起到了主渠道的作用（刘兆庆等，2019）。这种传播方式在很大程度上与传统的基于报纸、广播、电视的大众传播有本质性的区别，应归于"分众传播"模式。分众传播是传播学的概念，即传播者根据受众的差异性，面向特定的受众群体或大众的某种特定需求，提供特定的信息与服务。分众传播一词最先由美国未来学家阿尔文·托夫勒在《第三次浪潮》中提出，他将信息传播系统分为3类，人际传播、大众传播和分众传播：人际传播是点对点的交流，是个体与个体之间的沟通；大众传播是一点对多点的交流，是个体与集体的沟通；而分众传播是根据受众的差异性，面向特定的受众群体或大众的某种特定需求，提供特定的信息与服务（刘文涛，2019）。

传播学的"5W"模式一直被认为是认识和研究传播的核心框架，即谁、说了什么、通过什么渠道、对谁和取得了什么效果。传播主体、传播内容、传播渠道、传播受众与传播效果构成传播模式的五大要素（刘兆庆等，2019）。分众传播使整齐、大众化、同一性的大众传播，渐渐被以自我性、分众化、排他性为特点的分众传播所替代，甚至有学者将大众传播到分众传播视为社会和媒体发展的第二次进步。分众传播对传媒的内容生产、渠道营销、发行经营都提出了相应的要求，媒体需根据受众需求的差异，面向特定的、专业的、细分的群体，提供相应的信息服务。应对媒体融合的挑战，即要在其分众化定位的同时，更好地整合大众化的资源，实现全媒体传播、多渠道信息分发、多形态内容呈现、组织与文化的联盟（张虹，2019）。

在互联网、社交媒体的冲击之下，传统的大众传播在秉承分众化定位的同时，在选题、表达方式、营销传播上要进行大量的努力，以实现媒体融合时代传统媒体的"自救式"创新。在融媒体时代，媒体应把握内容这一关键性的要素，树立以"内容为王"的资源整合思路，为受众提供优质、整合、实用、便捷、高效的内容信息服务。伴随移动互联网、5G技术、人工智能的发展，互联网渗透率不断提升，科技已经深入大众生活之中，大众对于科普的需求也上升到新的高度，媒体应充分洞察受众需求，把握转型发展机遇，在定位上寻找更加贴近受众需求、回应紧跟融媒体时代的选题内容，采用受众喜欢的表达方式、版式风格等，同时探索将文字、声音、视频等多媒体体验融入内容的呈现之中，扩大内容变现力和表达空间（张虹，2019）。

议程设置理论是传播学的重要理论之一，其要义是，大众传播具有一种为公众设置"议事日程"的功能，传媒的新闻报道和信息传达活动以赋予各"议题"不同程度曝光度的方式，影响着人们对周围世界"大事"及其重要性的判断。该理论揭示了大众传媒一个重要的控制机制和使用方式，即通过主动积极的议题设置把控媒体方向，并按照自己的愿望发挥媒体的社会作用。这一理论不仅适用于大众传播时代，同样适用于分众化差异化的数字传播时代，即议程设置的第三层次——网络议程设置理论（或称 NAS 理论），其核心观点是：影响公众的不是单个议题或属性，而是一系列议题所组成的认知网络；媒体不仅告诉人们"想什么"和"怎么想"，同时还决定了如何将不同的信息碎片联系起来，从而构建出对社会现实的认知和判断知识结构（张小平和蔡惠福，2019）。

在分众化、差异化传播环境下，信息传播的中心越来越多元，受众越来越分散，但是，用大家共同感兴趣的、有重要价值的话题讨论来凝聚共识，统一意志，为人们提供精神归宿，这是社会所必需的（张小平和蔡惠福，2019）。伴随社交媒体/自媒体等新兴媒介的兴起，一种更为复杂和多样的传播生态和公众对话方式已成为众多科学机构面向公众传播的时代语境。2008 年，美国国家航空航天局（NASA）开始组建一支专门的社交媒体团队，战略性地选择不同的社交媒体平台，拓展分众市场以触及更多受众。近年来，NASA 的社交媒体运作愈加娴熟，不断收获积极的社会评价（楚亚杰和梁方圆，2019）。国内也开始了类似的研究与尝试（张敏，2018；刘兆庆等，2019；张虹，2019；张小平和蔡惠福，2019；赵清扬等，2020）。

信息技术的快速发展，引发传播方式、媒体格局、舆论氛围的深刻变化，云计算、大数据、物联网、区块链、人工智能等新一代信息技术改变了传统的内容生产方式。互联网革命让人类走进了全媒体时代，引发了内容生产、分发与消费全链条的变革。传统媒体的内容生产方式愈加不能满足新时期公众对信息的需求。内容要满足全媒体分众化的要求，生产方式也必须适应其发展需求，产生了聚合、众筹、创作、融合等内容生产方式，内容的表达形式也趋于多元化、视频化和场景化。信息技术发展和内容表达的多元化、分众化，对内容生产系统提出了更高的要求。由传统媒体单一信息载体向全媒体平台转变势在必行，通过借助全媒体技术，以移动互联网为基础，以云计算、大数据、物联网、人工智能为手段，实现一次采集、多种产品生成、多元传播的全媒体平台功能，形成产品多样、渠道丰富、覆盖全面的移动传播矩阵，将是媒体融合发展的关键（邵德奇，2020）。

三、神农架国家公园宣教模式的现状与展望

经过多年的工作，我国国家公园第一阶段工作基本完成，国家公园体制建设"保护为主、全民公益性优先"的基本理念初步形成共识（潘淑兰等，2019）。臧振华等（2020）通过长达2年的资料收集和实地调研，全面总结了首批10个国家公园体制试点区的经验与成效。其结果显示，各试点区基本建立起分级统一的管理体制，创新了运行机制，保护力度持续加强，资金投入不断加大，科研合作不断深化，社会参与逐渐扩大。体制试点区生态成效明显，民生改善初步显现，社会效益充分彰显，但仍然存在管理机构级别和类型参差不齐、法律制度不健全、资金保障长效机制未建立、人才队伍建设滞后、保护与发展的矛盾突出、空间范围不合理等问题。笔者从规范管理机构设置、健全法律制度体系、完善资金保障长效机制、强化治理能力建设、推进社区协调发展、完善空间布局等方面提出了系统建议，以期积极推广有效经验，加快健全国家公园体制。

其中也特别提到要加强国家公园宣传工作，牢固树立人与自然和谐共生的思想意识，增强为子孙后代留下珍贵自然遗产的责任感、使命感、荣誉感，以及加大保护力度，营造国家公园世代传承的紧迫感和庄严感，加深社会参与程度及调动公众参与积极性，充分利用先进技术成果和基础设施条件，持续推动治理体系向标准化、信息化、智能化、专业化迈进，提高治理能力和效率。这也是国家公园环境教育的国际趋势（吴妍等，2020；孙彦斐等，2020）。

2014 年 11 月，神农架林区人民政府向湖北省和国家发展和改革委员会提交了申创国家公园的请示；2016 年 5 月 14 日，国家发展和改革委员会批复《神农架国家公园体制试点实施方案》，同年 11 月 17 日，神农架国家公园管理局挂牌成立，标志着神农架进入国家公园体制试点实施阶段。2017 年 11 月 29 日，湖北省第十二届人民代表大会常务委员会第三十一次会议通过《神农架国家公园保护条例》，自 2018 年 5 月 1 日起施行，是神农架国家公园保护、建设与运营、管理的法制保障。

神农架国家公园管理局以国家公园体制试点为契机，不断创新国家公园的自然教育和宣传机制，完成了神农架国家公园徽标（LOGO）、标识应用系统（VIS）及宣传语征集、发布和启用，开展了商标注册及知识产权的登记工作。以神农架国家公园管理局门户网站（http://www.snjpark.com/）为载体，积极拓展宣传和新闻发布形式，及时回应民意关切。依托网站平台，积极开通官方微博、微信公众

号、抖音等，搭建了报纸、电视、广播、网站、手机多位一体、优势互补、整合协作的宣传平台，增强宣传声势，提升宣传效果。

潘淑兰等（2019）以问卷调查方式分析了不同利益主体（如社区居民及游客）对神农架国家公园建设的认知与态度，两者都对神农架国家公园体制试点区的建设做出了正面评价，而社区居民对国家公园的认知要高于游客。社区居民及游客同样认为国家公园应由国家主导，但社区居民认为要重视永续利用，而游客较重视保护功能。比较社区居民和游客的态度发现，社区居民对"国家遗产与教育保护功能"和"全民休闲与增加收入"这两项了解较少，而游客对"促进文化与经济发展"和"公众休闲与户外活动"这两项认知普遍不足（潘淑兰等，2019）。田美玲等（2020）通过实地调研分析了神农架国家公园体制试点区不同管理措施（共同保护措施、机构改革措施、民生发展措施、安置补偿措施、旅游科普措施和功能分区措施）的社区居民感知情况，发现社区居民对共同保护措施感知最强，对功能分区措施感知最弱，而受访居民感知形成的主要因素可概括为直接经验、社会互动、媒体影响、自我比较和社会比较等方面。显然，国家公园管理机构需要进一步加强宣传力度，提升环境教育、科学传播的功能与成效。

我国国家公园具有全民公益性，环境教育需要全民共同参与，而不是仅仅依靠政府部门制定政策从而强制开展环境教育工作。社区居民、民间组织、国家公园宣传教育部门是保证环境教育体系化运转的关键主体，其中社区居民环境教育意识的增强，是整个国家公园环境教育发展的关键（孙彦斐等，2020）。有学者认为，生态环境保护，应基于自然资源的分区管理、环境胁迫的分类管理、公众参与的分级管理和协调发展的分期管理，实现流域统筹、"一域一策"（蔡庆华，2020）。国家公园的管理与宣教也应遵循这一原则。应从公众科学角度规范公众参与，从分众传播视野部署科学传播，从不同国家公园的自然禀赋和人文环境等方面，认真研讨国家公园文化宣传的内容、方式与成效。为此，根据神农架国家公园文化宣传现状，可在如下几方面进一步开展工作。

（一）议题设置

神农架国家公园由神农架的世界自然遗产地、国家级自然保护区、国家湿地公园、国家森林公园、国家地质公园、省级风景名胜区、大九湖省级自然保护区等自然保护地整合而成。《神农架国家公园保护条例》所确定的"保护第一、科学规划、分区管理、社会参与、永续发展"的保护和管理原则，是神农架国家公园一切工作包括舆论宣传的基石。宣传部门应根据分众传播时代议题设置的多样性及变化快、竞争强、沟通难等特点，开展"自上而下"的任务和"自下而上"的需求等方面的调研与分析，创新议题设置的路径与方法，有针对性地设置议题，增强可信度和说服力，提高统摄力、渗透力和影响力，讲好神农架的"中国故事"。

（二）内容生产

神农架国家公园体制试点区地处中国地势第二阶梯的东部边缘，是长江经济带绿色发展的生态基石、"南水北调"中线工程重要的水源涵养地、三峡库区最大的天然绿色屏障，生态地位十分重要。神农架拥有全球中纬度地区保存完好的北亚热带森林生态系统和亚高山泥炭藓沼泽湿地，植被垂直带谱完整，是世界生物活化石聚集地和古老、珍稀、特有物种避难所，生物多样性极其丰富。神农架记载着 16 亿年来地球沧海桑田变迁的历史，拥有中元古界、新元古界的标准地质剖面，古生代、中生代和新生代动植物化石群。神农架的自然资源和自然生态系统的完整性、原真性、不可再生性和不可复制性全球少有，具有极高的保护价值和意义。神农架是中国首个、全球第二个拥有联合国教科文组织"世界自然遗产"、"世界生物圈保护区"和"世界地质公园"三大国际品牌的地区，还被列入《国际重要湿地名录》。这些都是神农架国家公园宣传工作的资源本底。宣传部门应根据分众传播全媒体时代的融媒体内容生产的开放式、互动式、移动式、智能化、一体化等特色，结合人工智能、大数据等新一代信息技术，科学把握神农架国家公园的自然特色与受众需求，实现内容的智能化生产、个性化传播、精准化推送和客观及时的反馈，满足分众化用户的需求，形成良性互动的内容生产系统。

（三）平台建设

神农架国家公园是目前全国唯一一家拥有省级重点实验室的国家公园体制试点单位，建有野外科研平台和中国自然保护区标本资源共享平台（http://www.papc.cn）联网的自然资源数据库（包括自然生境、社会经济、高等植物、低等植物、脊椎动物、昆虫资源、水生生物、景观植被和森林碳汇等）。在这些前期工作的基础上，神农架国家公园管理局建成立体化感知、智能型生产、大数据决策、协同性办公、云信息服务的国内领先和国际一流的智慧神农架公园系统。宣传部门应在这些系统的基础上，结合管理需要和公众需求，及时研讨分时、分级开放某些子系统，构建舆情采集与分析系统，并纳入上述平台，统一管理，共同提高，促进神农架国家公园建设和保护事业的快速发展。

（四）信息互通

神农架国家公园管理局不断强化舆论宣传，以神农架国家公园门户网站、微信公众号、微博、抖音等多种方式，积极拓展宣传和新闻发布形式，及时回应民意关切；搭建了融合传统媒体、网站、移动端等各种媒介及文字、图片、视频、音乐、虚拟现实（VR）等不同方式的宣传平台；多次在中央电视台等中央级媒体广泛宣传，具有很大的社会影响力。在分众传播时代，互联网、智能手机等新媒体技术建构了全新的信息组织方式，媒体、信息几乎无处不在，信息获取几乎无任何成本，用户由被动接受变为主动选择，不仅体现在内容方面，也体现在对渠道、方式等的选择方面。传统媒体时代的社会结构，基本上是自上而下的层级结构，而分众传播时代，去中心化特征打破了这种结构，不同用户构成了具有小世界特性和无标度性的复杂网络，产生了一切皆媒体的"众媒时代"和"众创"模式，信息传播从以往的垂直线性流通变为水平共振扩散，这种快速、便捷的沟通渠道和组织方式，为用户打开了反馈、互动的参与通道，而用户评价的好坏及其选择，很大程度上已成为媒体生产的指向器和策划、采访、编辑、制作、发布、推送等的决策依据。宣传部门应遵循公众科学的基本原理和分众传播的时代特征，针对不同的目标群体，扩大信息互通渠道，强化用户体验和线上、线下互动，提升宣传效果。

（五）福祉共享

国家公园建设的目标是加强自然生态系统的原真性、完整性保护，实现国家所有、全民共享、世代传承，保障国家生态安全，促进人与自然和谐共生。从某种意义上说，其核心是生态产品的全民共享。神农架国家公园资源禀赋极高，其世界级景观资源一直吸引着世界各地游客前来旅游休闲。近 3 年，神农架国家公园体制试点区主要科普场馆累计服务科普教育活动 44 127 人次（其中大九湖湿地馆 16 400 人次，大熊猫馆 15 420 人次，大龙潭金丝猴科普馆 12 307 人次），发挥了重要的科普宣教功能。2019 年神农架接待游客 1828.5 万人次，实现旅游经济总收入 67.6 亿元，其中研学团体游增长迅速，带动了当地餐饮、住宿、向导等相关行业发展，促进了神农架社会经济的健康发展。宣传部门应该在这些成绩的基础上，进一步扩大宣传力度，细分不同阶层人群对国家公园的认知与需求，创作出更加有针对性的国家公园文化宣传作品，讲身边故事，展乡土风貌，凝乡愁，秀山川，聚民心，共发展。

2016 年 2 月 19 日习近平总书记在北京主持召开党的新闻舆论工作座谈会并发表重要讲话。习近平指出，随着形势发展，党的新闻舆论工作必须创新理念、内容、体裁、形式、方法、手段、业态、体制、机制，增强针对性和实效性。要适应分众化、差异化传播趋势，加快构建舆论引导新格局。要推动融合发展，主动借助新媒体传播优势。要抓住时机、把握节奏、讲究策略，从时度效着力，体现时度效要求。要加强国际传播能力建设，增强国际话语权，集中讲好中国故事，同时优化战略布局，着力打造具有较强国际影响的外宣旗舰媒体，提高新闻舆论传播力和引导力（新华网 http://www.xinhuanet.com//politics/2016-02/19/c_1118102868.htm）。这是对广大新闻舆论工作者的要求，也是国家公园相关文化宣传部门必须遵循的原则。

第三节 神农架国家公园体制试点区生态移民

生态移民是国家为缓解生态脆弱地区的人口压力，保护或者修复某个地区特殊的生态，实现生态保护和脱贫攻坚发展战略目标而实施的一项复杂系统的人口迁移工程。通过生态移民：一则可以减轻原住民对脆弱生态环境的继续破坏，使生态系统得以恢复和重建；二则可以通过异地开发，逐步改善贫困人口的生存状态；三则可减小自然保护区的人口压力，使自然景观、自然生态和生物多样性得到有效保护。作为重要生态保护地类型之一的国家公园，为减少人类活动对保护地的压力，使自然景观、自然生态和生物多样性得到有效的保护，对国家公园内的原住民进行搬迁，是一项重要工作。本节以神农架国家公园体制试点区大九湖地区为例开展分析。

为确保神农架地区水源地生态环境免受人为干扰，并落实精准扶贫规划，神农架大九湖地区从 2013 年开始启动了神农架林区规模最大的大九湖湿地生态移民工程。大九湖生态移民主要是将居住在水源地附近的居民整体搬迁至远离水源地且人口相对集中的地区。截至 2019 年底，大九湖镇生态移民搬迁户共有 431 户，其中 349 户来自大九湖村，82 户来自坪阡村。在实施生态移民之后，居民生活方式从传统的农业和小规模养殖转变为生态旅游产业，生活条件和经济水平都得到了一定提高。

为了解搬迁后居民生活用火、用电情况以及政府代燃补贴的落实情况，同时也为下一步的生态移民政策调整和生态补偿政策的建立提供参考，本节对居民在搬迁前后用火和用电情况进行了调查与分析。生活用火、用电调查以随机抽样的方法，在搬迁户中抽取了 42 户居民，未搬迁户中抽取了 8 户居民，分别对搬迁户搬迁前后的燃料使用情况和未搬迁户的用火和用电使用情况进行调查。主要调查居民搬迁前后家庭基本信息、养殖情况、薪材用量与用途、液化气用量及频率、燃煤用量、其他代燃方式和用电量等信息。通过样方调查的方法确定单位面积薪柴出柴量。样方面积利用谷歌地图专业版（Google Earth Pro）进行测算。

一、搬迁前居民能源使用基本情况

搬迁前当地居民生活中需要用火的方面主要有取暖、养殖和做饭。燃料使用以薪柴为主，偶尔使用液化气做饭，极少使用煤炭，生活用电主要是照明。总体上看平均每户每年需要 7.145m^3 的薪柴，4 罐左右的液化气和 995.4kW·h 的生活用电。

在取暖方面，由于大九湖镇平均海拔在 1600m 以上、平均气温在 5℃ 以下的时间有 6 个月左右，有很大的取暖需求。搬迁前居民取暖几乎全部使用薪柴，平均每户每年取暖所需薪柴为 5.295m³，占家庭薪柴年消耗的 74.11%。

在养殖方面，当地居民搬迁前大多数养殖生猪，当地俗称"跑跑猪"。这种生猪养殖方式与平原地区传统"一瓢糠、一瓢水"的养殖方式大不一样，这种猪大部分的养殖时间都是在山上放养，一般年末出栏，在家里圈养的时间短，需要烧火熬食的时间为一两个月，其他牲畜如牛、羊、鸡等不需要用火制作食物。在调查的 42 户居民中，有 80% 的居民养殖生猪，平均每户养殖生猪 4 头左右。每户每年平均养殖生猪所需薪柴为 1.04m³，占家庭薪柴总消耗的 14.56%。

在做饭方面，在取暖期间做饭和取暖的薪柴可以共用，在非取暖期做饭以薪柴为主，偶尔会使用液化气。平均每户每年做饭需要薪柴 0.805m³，占家庭薪柴总消耗的 11.27%，平均每户每年使用液化气 4 罐左右，按照使用液化气做饭频率占总数的 40% 计算，每罐大约相当于 0.142m³ 薪柴。

二、高低海拔居民能源消耗差异

随着居民点所处海拔的升高，平均气温更低，取暖期也会相应延长。调查中发现，原住于高海拔地区和低海拔地区的居民生活用火/用电情况有较大差异。

从调查结果来看（表 7-5），居住在不同海拔的家庭人口数大致相同，每户 4 人左右，家中养殖生猪的数量也大致相同，为 3~4 头。在薪柴分配方面，高海拔地区薪柴用于养殖和做饭的占比均稍低于低海拔地区，而取暖占比高出低海拔地

表 7-5　大九湖镇居民搬迁前用火和用电情况（熊欢欢等，2021）

统计项目	原住于低海拔	原住于高海拔	汇总
总户数/户	21	21	42
总人口数/人	86	93	179
平均每户人口数/人	4.10	4.43	4.26
平均每户养殖数/（猪/头）	3.7	3.4	3.55
每户年均薪柴使用总量/m³	5.02	9.27	7.145
每户年均养殖所需薪柴/m³	0.92	1.16	1.04
每户年均做饭所需薪柴/m³	0.67	0.94	0.805
每户年均取暖所需薪柴/m³	3.42	7.17	5.295
养殖所需薪柴占比/%	18.4	12.5	15.45
做饭所需薪柴占比/%	13.4	10.1	11.75
取暖所需薪柴占比/%	68.2	77.4	72.8
每人年均薪柴使用量/m³	0.99	1.81	1.4
每户年均液化气使用量/罐	2.5	5.2	3.85
每户年均用电量/（kW·h）	759.6	1231.2	995.4
每人年均用电量/（kW·h）	194.4	278.4	236.4

区约 9.2 个百分点。在薪柴消耗绝对值上，高海拔居民每户年均薪柴消耗量为 9.27m³，远高于低海拔居民的 5.02m³，高海拔要高于低海拔 84.7%。其中取暖消耗高海拔地区约为低海拔地区的 2.1 倍，养殖和做饭消耗量高海拔地区也要高于低海拔地区，分别高出 26.1%和 40%。说明取暖消耗过高是高海拔地区生活成本较高的原因之一。

此外，用电量方面，高海拔居民平均每户每年需要 1231.2kW·h，低海拔居民为 759.6kW·h，高海拔要高于低海拔 62.1%，按当地电价每千瓦时 0.58 元计算，每户高海拔地区居民每年电费约比低海拔居民高 273.5 元。

总体来看，高海拔地区居民生活用火/用电成本要远高于低海拔地区，因此在今后的移民搬迁工程中，可以优先考虑高海拔地区居民。

三、搬迁前后居民生活用火、用电变迁

移民搬迁工作对搬迁居民的生活方式和生活水平方面产生了一定的影响（表 7-6）。

表 7-6　搬迁前后及未搬迁居民用火和用电情况（熊欢欢等，2021）

统计项目	搬迁前居民	搬迁后居民	未搬迁居民
总户数/户	42	42	8
总人口数/人	179	182	35
平均每户人口数/人	4.26	4.33	4.37
平均每户养殖数/（猪/头）	3.55	0	7.7
每户年均薪柴使用总量/m³	7.145	0	9.29
每户年均养殖所需薪柴/m³	1.04	0	1.86
每户年均做饭所需薪柴/m³	0.805	0	0.85
每户年均取暖所需薪柴/m³	5.295	0	6.6
每户年均用煤量/t	0	2.3	0.4
每户年均液化气使用量/罐	3.85	9.6	3.9
每户年均用电量/（kW·h）	995.4	4525.2	1726.8
每人年均用电量/（kW·h）	236.4	1070.2	394.6

在生活方式上，调查的 42 户居民在搬迁之前以农业生产为主，有 80%居民养殖生猪，仅有 1 户居民从事简单的农家乐生意。如今所有居民不再进行家畜养殖，有 28 户居民经营生态旅游方面的生意，占调查总数的 2/3。

取暖方面，以燃煤替代原本的薪柴，极少情况下会使用电器取暖，平均每户每年大约需要 2.3t 的燃煤（假设搬迁前后平均取暖需求不变的情况下，2.3t 燃煤相当于 5.295m³ 薪柴，每吨煤约等于 2.3m³ 的薪柴）。

做饭方面，由原来的薪柴为主、液化气为辅转变为液化气为主、燃煤为辅，

平均每户每年液化气使用量由 3.85 罐上涨为 9.6 罐，增加了 5.75 罐（假设搬迁前后平均做饭需求不变，5.75 罐液化气相当于 0.805m³ 薪柴，每罐大约替代 0.14m³ 的薪柴）。

在用电方面，家庭年均用电量由原本的 995.4kW·h 增长为 4525.2kW·h，是原来的 4.55 倍；每人年均用电量由原来的 236.4kW·h 增长为 1070.2kW·h，是原来的 4.53 倍。发生用电量大幅变化的原因主要是用电方式的改变，由原来的仅用于照明转变为多种家用电器的普遍使用。

此外还调查了 8 户尚未搬迁的居民，与移民搬迁前相比，平均每户养殖生猪数量翻倍，家庭年均薪柴使用量增加了约 30%，养殖所需薪柴增加了约 78.8%，取暖所需增加了约 24.6%，做饭所需薪柴和液化气使用量几乎与移民搬迁前相同，每户年均用电量为移民搬迁前的 1.73 倍。

四、生态补偿

生态补偿是一种以保护生态环境为目的而制定的环境经济政策，是指借助行政和市场手段，根据保护环境所付出的成本、生态系统所带来的服务价值以及自然保护地本身所拥有的机会成本，对生态环境保护者和受益者之间利益关系进行调整的行为（王璟睿等，2019）。神农架林区大九湖生态移民工程旨在保护大九湖湿地水源环境和森林植被并改善居民生活条件。在实行移民后，搬迁居民实现了薪柴的零消耗和森林零砍伐，平均每户每年薪柴采伐量减少了 7.145m³，按照每公顷可以采伐薪柴 65.45m³ 计算，搬迁的 431 户居民相当于每年保护了 47.05hm² 森林免受采伐，并且由于不再进山砍柴，对于当地的封山育林和生态恢复起到了积极作用。总体上看，搬迁前平均每户每年的 7.145m³ 薪柴消耗转变为搬迁后每户居民增加了 2.3t/年的燃煤和 5.75 罐/年的液化气，按照当地的实时价格（燃煤 1200 元/t，液化气 120 元/罐），相当于生活成本大概增加了 3450 元。对此，政府给予了搬迁居民每户 3000 元的生活用火补贴，基本上弥补了每户居民生活用火成本的增加。

搬迁之后居民的住房条件和交通条件有了极大的改善，不再从事之前的养殖业，大部分居民利用便利的交通条件开始经营生态旅游的生意。搬迁前后居民的用电量增长为原来的 4.53 倍，这是由于各种家用电器的使用率增加，从侧面可以反映出搬迁居民的生活水平得到了进一步提高。相比之下，未搬迁的居民用电量增长了 1.73 倍，表示搬迁居民的生活发展速度要高于未搬迁居民。

神农架作为华北地区唯一的原始森林区，不仅是进行生物多样性研究的理想场所，还对长江中下游地区的水源涵养、水土保持、气候调节以及三峡工程的安全有着不可替代的作用。由于神农架林区生态资源的保护对于科学研究和地区生态安全的重要意义，林区在可持续发展过程中，生态保护与经济发展相矛盾时必须以生态保护为主（李巍等 2002；刘灵芝和陈正飞，2010），这也造成了林区交通不便、信息闭塞、经济发展缓慢、居民贫困率较高（马勇和胡孝平，2010）。林区居民传统生活方式以农业和养殖业为主，为满足生活用火需求，常常会对森林造成人为干扰和破坏，并且由于交通闭塞，农产品常常处于自产自销状态，经济落后，发展缓慢。生态移民工程正是考虑了生态保护和经济发展两方面的问题，从可持续发展角度出发（丁会，2016），既能够减少人为活动对水源地的破坏和干扰，同时也为居民提供了改善生活和发展经济的机会（田强和屈巧丹，2014；史俊宏，2015）。由于生态移民工程规模巨大，不仅需要在实施之前进行反复的论证和规划，在实施过程中也应不时地"回头看"，不断完善移民工程细节和相应补偿政策（Wang et al.，2020）。在大九湖地区，居住于高海拔地区居民相对于低海拔地区居民生活用火成本较高，生活水平较低，搬迁需求更为迫切。生态移民不是一蹴而就的小项目，而是一项时空跨度大、不断发现和解决矛盾的工程（吕静，2014），因此林区在今后的移民工程实施中，可以考虑优先高海拔地区居民。

在全国性保护生态、改善环境过程中，对于如何确定合适的补偿政策的研究从未间断（皮海峰和吴正宇，2008）。总体上看搬迁居民的生活条件改善程度要高于未搬迁居民，这不仅因为政府补贴和相关政策的倾斜，还因为搬迁后引起的生计方式改变和发展机会增加（王凯等，2016）。然而由于生态政策的推行和居民生计方式的改变，原住民原有的"靠山吃山"福利也随之而去，应当对居民在这些方面生活成本的增加进行适当的补贴（李屹峰等，2013）。在大九湖生态移民工程中，居民生活成本的增加主要体现为薪柴砍伐转变为液化气和燃煤的使用，为此政府给每户每年3000元代燃补贴。根据本研究估算搬迁居民每户每年用火成本约增加3450元，居民对3000元代燃补贴的满意度约为90%，其中一部分居民表示希望补贴可以适当提高。该政策在细节方面也存在一些问题，如未能考虑家庭人口数以及老人/儿童对生活成本的影响，今后的调查研究可考虑从家庭结构方面入手，以提高居民的满意度。

参 考 文 献

白杨, 郑华, 欧阳志云, 等. 2011. 海河流域生态功能区划. 应用生态学报, 22(9): 2377-2382.

包维楷, 王春明. 2000. 岷江上游山地生态系统的退化机制. 山地学报, 18(1): 57-62.

蔡波, 李家堂, 陈跃英, 等. 2016. 通过红色名录评估探讨中国爬行动物受威胁现状及原因. 生物多样性, 24(5): 578-587.

蔡佳亮, 殷贺, 黄艺. 2010. 生态功能区划理论研究进展. 生态学报, 30(11): 3018-3027.

蔡凌楚, 赵慧, 赵本元, 等. 2021. 基于公众科学及分众传播的国家公园宣传推广: 以神农架国家公园为例. 长江流域资源与环境, 30(6): 1500-1510.

蔡庆华. 2020. 长江大保护与流域生态学. 人民长江, 51(1): 70-74.

蔡庆华, 罗情怡, 谭路, 等. 2021. 神农架国家公园: 现状与展望. 长江流域资源与环境, 30(6): 1378-1383.

蔡庆华, 唐涛, 刘建康. 2003. 河流生态学研究中的几个热点问题. 应用生态学报, 14(9): 1573-1577.

陈君帜, 唐小平. 2020. 中国国家公园保护制度体系构建研究. 北京林业大学学报(社会科学版), 19(1): 1-11.

陈娜, 廖和平, 杨伟. 2018. 基于产业引导的村级土地利用规划空间布局研究: 以重庆市渝北区天险洞村为例. 湖北农业科学, 57(11): 6.

陈启武, 朱兰宝, 杨新美. 1996. 神农架大型真菌资源及其开发利用. 自然资源学报, 11(3): 268-271.

程畅, 赵丽娅, 渠清博, 等. 2015. 神农架森林生态系统服务价值估算. 安徽农业科学, 43(33): 226-229.

楚亚杰, 梁方圆. 2019. 科学传播的公共参与模式分析: 以NASA社交媒体表现为例. 全球传媒学刊, 6(4): 54-69.

戴圣骐, 赵斌. 2016. 大数据时代下的生态系统观测发展趋势与挑战. 生物多样性, 24(1): 85-94.

邓叔群. 1964. 中国的真菌. 北京: 科学出版社.

丁宏, 金永焕, 崔建国, 等. 2008. 道路的生态学影响域范围研究进展. 浙江林学院学报, (6): 810-816.

丁会. 2016. 神农架林区生态环境可持续发展研究. 武汉: 华中师范大学硕士学位论文.

杜傲, 崔彤, 宋天宇, 等. 2020. 国家公园遴选标准的国际经验及对我国的启示. 生态学报, 40(20): 7231-7237.

杜晓军, 高贤明, 马克平. 2003. 生态系统退化程度诊断: 生态恢复的基础与前提. 植物生态学报, 27(5): 700-708.

杜永林, 杨敬元, 任立志. 2021. 国宝金丝猴在神农架的发现与科研. 档案记忆, (5): 20-22.

樊大勇, 高贤明, 杨永, 等. 2017. 神农架世界自然遗产地种子植物科属的古老性. 植物科学学报, 35(6): 835-843.

樊杰, 钟林生, 李建平, 等. 2017. 建设第三极国家公园群是西藏落实主体功能区大战略、走绿色发展之路的科学抉择. 中国科学院院刊, 32(9): 932-944.

方玮蓉, 马成俊. 2021. 国家公园特许经营多元参与模式研究: 以三江源国家公园为例. 青藏高原论坛, 9(1): 20-26.

傅伯杰, 于丹丹, 吕楠. 2017. 中国生物多样性与生态系统服务评估指标体系. 生态学报, 37(2): 341-348.

傅小城, 唐涛, 蒋万祥, 等. 2008. 引水型电站对河流底栖动物群落结构的影响. 生态学报, 28(1): 45-52.

龚苗. 2015. 神农架自然保护区川金丝猴栖息地植被生态学研究. 武汉: 湖北大学硕士学位论文.

郭庆冰, 高云平, 田承伟, 等. 2021. 江西省小水电清理整改的思考与建议. 长江技术经济, 5(3): 12-14.

国家林业和草原局. 2020. 中国林业和草原年鉴2020. 北京: 中国林业出版社: 167-169.

何长才. 1990. 香溪河鱼类资源调查. 湖北渔业, (3): 84-85.

洪思扬, 王红瑞, 朱中凡, 等. 2018. 基于栖息地指标法的生态流量研究. 长江流域资源与环境, 27(1): 168-175.

胡宏友. 2001. 台湾地区的国家公园景观区划与管理. 云南地理环境研究, 13(1): 53-59.

胡思成. 2020. 国家公园发展与建设评价指标体系构建及应用. 合肥: 安徽农业大学硕士学位论文.

湖北神农架国家自然保护区管理局. 2012. 神农架自然保护区志: 1982—2011. 武汉: 湖北科学技术出版社.

湖北省林业厅. 2012. 湖北省森林资源二类调查.

湖北省人民政府门户网站. 2019. 兴山境内的香溪河段关停改造84家小电站. http://www.hubei.gov.cn/zhuanti/2019/cjjjdjsygzlfa/201906/t20190617_1398241.shtml[2019-6-17].

黄宝荣, 王毅, 苏利阳, 等. 2018. 我国国家公园体制试点的进展、问题与对策建议. 中国科学院院刊, 33(1): 76-85.

贾鹤鹏. 2020. 国际科学传播最新理论发展及其启示. 科普研究, 15(4): 5-15.

贾鹤鹏, 闫隽. 2017. 科学传播的溯源、变革与中国机遇. 新闻与传播研究, 24(2): 64-75, 127.

江建平, 谢锋, 臧春鑫, 等. 2016. 中国两栖动物受威胁现状评估. 生物多样性, 24(5): 588-597.

江明喜, 党海山, 黄汉东, 等. 2014. 三峡库区香溪河流域河岸带种子植物区系研究. 长江流域资源与环境, 13(2): 178-182.

江明喜, 邓红兵, 蔡庆华. 2002. 神农架地区珍稀植物沿河岸带的分布格局及其保护意义. 应用生态学报, 13(11): 1373-1376.

江明喜, 吴金清, 葛继稳. 2000. 神农架南坡送子园珍稀植物群落的区系及生态特征研究. 武汉植物学研究, 18(5): 368-374.

姜治国, 王文华, 张建兵, 等. 2017. 神农架珍稀濒危保护植物研究. 湖北农业科学, 56(19): 3651-3656.

蒋万祥. 2008. 人类活动对香溪河大型底栖动物群落结构的影响. 武汉: 中国科学院水生生物研究所硕士学位论文.

金荣. 2020. 日本国家公园入选相关特征研究. 中国园林, 36(4): 83-87.

金瑛, 张晓林, 胡智慧. 2019. 公众科学的发展与挑战. 图书情报工作, 63(13): 28-33.

雷富民, 卢建利, 刘耀, 等. 2002. 中国鸟类特有种及其分布格局. 动物学报, 48(5): 599-610.

雷进宇, 张立影, 张叔勇, 等. 2012. 湖北鸟类种数的新统计. 四川动物, 31(6): 987-991.

李博炎, 朱彦鹏, 李俊生. 2017. 建立国家公园体制的意义和重点. 中华环境, (10): 22-25.

李春明, 张会, Haklay M. 2018. 公众科学在欧美生态环境研究和管理中的应用. 生态学报, 38(6): 2239-2245.

李凤清, 蔡庆华, 傅小城, 等. 2008. 溪流大型底栖动物栖息地适合度模型的构建与河道内环境流量研究: 以三峡库区香溪河为例. 自然科学进展, 18(12): 1417-1424.

李高飞, 任海. 2004. 中国不同气候带各类型森林的生物量和净第一性生产力. 热带地理, 24(4): 306-310.

李国忱, 刘录三, 汪星, 等. 2009. 硅藻在河流健康评价中的应用研究进展. 应用生态学报, 23(9): 2617-2624.

李际. 2016. 公众科学: 生态学野外研究的新范式. 科学与社会, 6(4): 37-55.

李佳, 丛静, 刘晓, 等. 2015. 基于红外相机技术调查神农架旅游公路对兽类活动的影响. 生态学杂志, 34(8): 2195-2200.

李倦生, 周凤霞, 张朝阳, 等. 2009. 湖南省生物多样性现状调查与评价. 环境科学研究, 22(12): 1382-1388.

李明虎, 窦亚权, 胡树发, 等. 2019. 我国国家公园遴选机制及建设标准研究: 基于国外的启示与经验借鉴. 世界林业研究, 32(2): 83-89.

李爽, 刘伟玮, 付梦娣, 等. 2020. 自然保护区社区发展存在的问题、挑战及对策研究. 环境与可持续发展, 45(3): 130-133.

李涛, 唐涛, 邓红兵, 等. 2019. 湖北省三峡地区山水林田湖草系统原理及生态保护修复研究. 生态学报, 39(23): 8896-8902.

李亭亭, 汪正祥, 龚苗, 等. 2016. 神农架国家级自然保护区川金丝猴栖息地的植物群落分类及特征. 植物科学学报, 34(4): 563-574.

李巍, 程红光, 高吉喜. 2002. 湖北神农架林区可持续发展战略生态规划. 中国环境科学, 22(4): 375-379.

李晓曼, 康文星. 2008. 广州市城市森林生态系统碳汇功能研究. 中南林业科技大学学报, 28(1): 8-13.

李雪艳, 梁璐, 宫鹏, 等. 2012. 中国观鸟数据揭示鸟类分布变化. 科学通报, 57(31): 2956-2963.

李杨, 杨顺益, 汪兴中, 等. 2021. 神农架南北坡底栖动物生物多样性研究. 长江流域资源与环境, 30(6): 1400-1405.

李屹峰, 罗玉珠, 郑华, 等. 2013. 青海省三江源自然保护区生态移民补偿标准. 生态学报, 33(3): 764-770.

李兆华. 1992. 神农架野生珍稀濒危植物及其保护对策研究. 长江流域资源与环境, 1(1): 49-54.

廖华, 宁泽群. 2021. 国家公园分区管控的实践总结与制度进阶. 中国环境管理, 13(4): 64-70.

廖明尧. 2012. 神农架自然保护区志. 武汉: 湖北科学技术出版社.

廖明尧. 2015. 神农架地区自然资源综合调查报告. 北京: 中国林业出版社.

刘超, 许月卿, 卢新海. 2021. 生态脆弱贫困区土地利用多功能权衡/协同格局演变与优化分区: 以张家口市为例. 经济地理, 41(1): 181-190.

刘国华, 傅伯杰. 1998. 生态区划的原则及其特征. 环境科学进展, (6): 68-73.

刘海. 1996. 神农架林区的野生鱼类资源. 葛洲坝集团科技, (2): 61-62.

刘鸿雁. 2001. 加拿大国家公园的建设与管理及其对中国的启示. 生态学杂志, (6): 50-55.

刘华杰. 2009. 科学传播的三种模型与三个阶段. 科普研究, 4(2): 10-18.

刘家琰, 谢宗强, 申国珍, 等. 2018. 基于SPOT-VEGETATION数据的神农架林区1998—2013年植被覆盖度格局变化. 生态学报, 38(11): 3961-3969.

刘金龙, 赵佳程, 徐拓远, 等. 2017. 国家公园治理体系热点话语和难点问题辨析. 环境保护, 45(14): 16-20.

刘亮亮. 2010. 中国国家公园评价体系研究. 福州: 福建师范大学硕士学位论文.

刘灵芝, 陈正飞. 2010. 森林生态补偿激励机制探讨. 中国软科学, (S2): 74-78.

刘胜祥, 雷耘, 杨福生. 1997. 神农架发现光叶珙桐群落. 华中师范大学学报(自然科学版), 31(4): 19.

刘文涛. 2019. 从分众传播的角度思考博物馆展览: 以南京博物院的展览实践为例. 中国博物馆, (4): 79-84.

刘星. 2016. 通过公众参与发展起来的鸟类学. 科学与社会, 6(1): 110-123, 109.

刘永杰, 王世畅, 彭皓, 等. 2014. 神农架自然保护区森林生态系统服务价值评估. 应用生态学报, 25(5): 1431-1438.

刘兆庆, 高天晓, 齐昆鹏, 等. 2019. 新媒体环境下科学基金科学传播的现状及新时代发展策略研究. 中国科学基金, 33(2): 186-190.

卢绮妍, 沈泽昊. 2009. 神农架海拔梯度上的植物种域分布特征及Rapoport法则检验. 生物多样性, 17(6): 644-651.

陆康英, 苏晨辉. 2018. 国家公园体制建设背景下自然保护区建设管理的思考. 中南林业调查规划, 37(1): 14-19.

罗金华. 2015. 中国国家公园设置及其标准研究. 北京: 中国社会科学出版社.

罗璐, 申国珍, 谢宗强, 等. 2011. 神农架海拔梯度上4种典型森林的乔木叶片功能性状特征. 生态学报, 31(21): 6420-6428.

罗涛, 伦子健, 顾延生, 等. 2015. 神农架大九湖湿地植物群落调查与生态保护研究. 湿地科学, 13(2): 153-160.

吕静. 2014. 陕南地区生态移民搬迁的成本研究. 西安: 西北大学博士学位论文.

马克平, 刘玉明. 1994. 生物群落多样性的测度方法. 生物多样性, 2(4): 231-239.

马明哲, 申国珍, 熊高明, 等. 2017. 神农架自然遗产地植被垂直带谱的特点和代表性. 植物生态学报, 41(11): 1127-1139.

马勇, 胡孝平. 2010. 神农架旅游生态补偿实施系统构建. 人文地理, 25(6): 126-130.

闵庆文, 马楠. 2017. 生态保护红线与自然保护地体系的区别与联系. 环境保护, 45(23): 26-30.

欧阳芳, 戈峰. 2013. 基于广义可加模型的昆虫种群动态非线性分析及R语言实现. 应用昆虫学报, 50(4): 294-301.

潘冬荣, 柳小妮, 申国珍, 等. 2013. 神农架不同海拔典型森林凋落物的分解特征. 应用生态学报, 24(12): 3361-3366.

潘红丽, 李迈和, 蔡小虎, 等. 2009. 海拔梯度上的植物生长与生理生态特性. 生态环境学报, 18(2): 722-730.

潘淑兰, 王晓倩, 毛焱, 等. 2019. 社区居民与游客对国家公园的认知与态度分析: 以神农架国家公园为例. 环境保护, 47(8): 65-69.

彭华. 2012. 中国丹霞的世界遗产价值及其保护与管理. 风景园林, (1): 63-67.

皮海峰, 吴正宇. 2008. 近年来生态移民研究述评. 三峡大学学报(人文社会科学版), 30(1): 14-17.

钱海源, 余建平, 申小莉, 等. 2019. 钱江源国家公园体制试点区鸟类多样性与区系组成. 生物多样性, 27(1): 76-80.

尚琴琴, 张玉钧, 杨金娜, 等. 2019. 国外公众参与保护地事务研究进展. 北京林业大学学报(社会科学版), 18(1): 26-37.

邵德奇. 2020. 智能全媒体内容生产系统的研究和应用. 安徽师范大学学报(自然科学版), 43(3): 212-215.

神农架国家公园管理局. 2020. 神农架国家公园体制试点评估验收报告(内部资料).

沈泽昊, 胡会峰, 周宇, 等. 2004. 神农架南坡植物群落多样性的海拔梯度格局. 生物多样性, 12(1): 99-107.

史俊宏. 2015. 生态移民生计转型风险管理: 一个整合的概念框架与牧区实证检验. 干旱区资源与环境, 29(11): 37-42.

舒航, 庄丽文, 孙晓杰, 等. 2020. 价值转移模型在森林类保护区生态系统服务功能评估中的应用. 东北林业大学学报, 48(12): 52-57.

苏杨. 2017. 整合设立国家公园为何如此难"整"? 中国发展观察, (4): 49-53.

苏杨, 胡艺馨, 何思源. 2017. 加拿大国家公园体制对中国国家公园体制建设的启示. 环境保护, 45(20): 60-64.

孙飞翔, 刘金淼, 李丽平. 2017. 国家公园建设发展的国际经验对我国的启示. 环境与可持续发展, 42(4): 7-10.

孙芬, 刘秀华. 2010. 公众参与村级土地利用规划的初步探索: 以重庆市清明村为例. 西南农业大学学报(社会科学版), 8(2): 11-13.

孙琨, 钟林生. 2021. 国家公园公益化管理国外相关研究及启示. 地理科学进展, 40(2): 314-329.

孙秋芬, 周理乾. 2018. 走向有效的公众参与科学: 论科学传播"民主模型"的困境与知识分工的解决方案. 科学学研究, 36(11): 1921-1927.

孙然好, 李卓, 陈利顶. 2018. 中国生态区划研究进展: 从格局、功能到服务. 生态学报, 38(15): 5271-5278.

孙彦斐, 唐晓岚, 刘思源, 等. 2020. 我国国家公园环境教育体系化建设: 背景、困境及展望. 南京工业大学学报(社会科学版), 19(3): 58-65.

唐芳林, 田勇臣, 闫颜. 2021. 国家公园体制建设背景下的自然保护地体系重构研究. 北京林业大学学报(社会科学版), 20(2): 1-5.

唐芳林, 张金池, 杨宇明, 等. 2010. 国家公园效果评价体系研究. 生态环境学报, (12): 2993-2999.

唐涛, 蔡庆华. 2010. 水生态功能分区研究中的基本问题. 生态学报, 30(22): 6255-6263.

田美玲, 方世明. 2017. 中国国家公园准入标准研究述评: 以9个国家公园体制试点区为例. 世界林业研究, 30(5): 62-68.

田美玲, 康玲, 方世明. 2020. 社区居民感知视角神农架国家公园体制试点区管理机制研究. 林业经济问题, 40(3): 236-243.

田强, 屈巧丹. 2014. 困境与突围: 神农架旅游业发展的现状、问题与对策. 三峡大学学报(人文社会科学版), 36(3): 43-46.

田自强, 陈玥, 赵常明, 等. 2004. 中国神农架地区的植被制图及植物群落物种多样性. 生态学报, 24(8): 1611-1621.

王兵, 郑秋红, 郭浩. 2008. 基于Shannon-Wiener指数的中国森林物种多样性保育价值评估方法. 林业科学研究, 21(2): 142-148.

王积龙. 2020. 守望美丽: 从传播学研究国家公园的理论框架初探. 西南民族大学学报(人文社会科学版), 41(4): 138-143.

王建国, 黄恢柏, 杨明旭, 等. 2003. 庐山地区底栖大型无脊椎动物耐污值与水质生物学评价. 应用与环境生物学报, 9(3): 279-284.

王金南, 王志凯, 刘桂环, 等. 2021. 生态产品第四产业理论与发展框架研究. 中国环境管理, 13(4): 5-13.

王璟睿, 陈龙, 张燚, 等. 2019. 国内外生态补偿研究进展及实践. 环境与可持续发展, 44(2): 121-125.

王凯, 李志苗, 易静. 2016. 生态移民户与非移民户的生计对比: 以遗产旅游地武陵源为例. 资源科学, 38(8): 1621-1633.

王丽. 2015. 神农架金丝猴生境破碎化评价及生境廊道构建. 武汉: 华中农业大学硕士学位论文.

王梦君, 唐芳林, 张天星. 2017. 国家公园功能分区区划指标体系初探. 林业建设, (6): 8-13.

王倩雯, 贾卫国. 2021a. 三种国家公园管理模式的比较分析. 中国林业经济, (3): 87-90.

王倩雯, 贾卫国. 2021b. 森林生态效益补偿机制研究综述. 中国林业经济, (6): 121-125.

王维正. 2000. 国家公园. 北京: 中国林业出版社.

王炎龙, 吴艺琳. 2020. 海外科学传播的概念、议题与模式研究: 基于期刊*Public Understanding of Science*的分析. 现代传播, (8): 33-38.

王亦楠. 2021. 亟需全面准确理解习近平生态文明思想、科学整治小水电. 水电与抽水蓄能, 7(2): 1-3, 41.

王毅. 2017. 中国国家公园顶层制度设计的实践与创新. 生物多样性, 25(10): 1037-1039.

王应祥. 2003. 中国哺乳动物种和亚种分类名录与分布大全. 北京: 中国林业出版社.

魏新增, 何东, 江明喜, 等. 2009. 神农架山地河岸带中珍稀植物群落特征. 武汉植物学研究, 27(6): 607-616.

吴昌广, 周志翔, 王鹏程, 等. 2009. 基于最小费用模型的景观连接度评价. 应用生态学报, (8): 2042-2048.

吴国盛. 2016. 当代中国的科学传播. 自然辩证法通讯, 38(2): 1-6.

吴亮, 董草, 苏晓毅, 等. 2019. 美国国家公园体系百年管理与规划制度研究及启示. 世界林业研究, 32(6): 84-91.

吴妍, 刘紫微, 陆怡帆, 等. 2020. 美国国家公园环境教育规划与管理现状研究及其对中国的启示. 中国园林, 36(1): 102-107.

吴征镒. 1980. 中国植被. 北京: 科学出版社.

谢宗强, 申国珍. 2021. 神农架国家公园体制试点特色与建议. 生物多样性, 29(3): 312-314.

谢宗强, 申国珍, 周友兵, 等. 2017. 神农架世界自然遗产地的全球突出普遍价值及其保护. 生物多样性, 25(5): 490-497.

邢晶晶, 金胶胶, 彭超, 等. 2021. 神农架大九湖湿地公园脊椎动物多样性概况. 长江流域资源与环境, 30(6): 1412-1417.

邢一明, 马婷, 舒航, 等. 2020. 泰山保护地生态资产价值评估. 生态科学, 39(3): 193-200.

熊高明, 谢宗强, 熊小刚, 等. 2003. 神农架南坡珍稀植物独花兰的物候、繁殖及分布的群落特征. 生态学报, 23(1): 173-179.

熊欢欢, 金胶胶, 莫家勇, 等. 2021. 神农架大九湖移民搬迁居民能源替代探讨. 长江流域资源与环境, 30(6): 1521-1525.

徐文婷, 谢宗强, 申国珍, 等. 2019. 神农架自然地域范围的界定及其属性. 国土与自然资源研究, (3): 42-46.

杨干荣, 谢从新. 1983. 神农架鱼类初报. 动物学杂志, (6): 39-40.

杨杰峰, 杜丹, 田思思, 等. 2017. 湖北省典型湖泊湿地生物多样性评价研究. 水生态学杂志, 38(3): 15-22.

杨敬元, 杨万吉. 2018. 神农架金丝猴及其生境的研究与保护. 北京: 中国林业出版社.

杨锐. 2018. 中国国家公园设立标准研究. 林业建设, (5): 103-112.

杨顺益, 李杨, 王勋, 等. 2021. 多尺度环境因子对神农架香溪河流域底栖藻类的影响. 长江流域资源与环境, 30(6): 1437-1444.

杨顺益, 唐涛, 蔡庆华, 等. 2012. 洱海流域水生态分区. 生态学杂志, 31(7): 1798-1806.

杨宇明. 2008. 国家公园体系: 我们的探索与实践. 中国绿色时报, 4.

杨云鹏, 岳德超. 1981. 中国药用真菌. 哈尔滨: 黑龙江科学技术出版社.

杨正. 2018. "公众科学"研究: 公民参与科学新方式. 科学学研究, 36(9): 1537-1544.

杨志峰, 张远. 2003. 河道生态环境需水研究方法比较. 水动力学研究与进展(A辑), (3): 294-301.

姚帅臣, 闵庆文, 焦雯珺, 等. 2021. 基于管理分区的神农架国家公园生态监测指标体系构建. 长江流域资源与环境, 30(6): 1511-1520.

叶宏萌, 袁旭音, 孙西艳, 等. 2009. 太湖北部河网区水体营养元素和形态氮研究. 环境科学与技术, 32(12): 52-55.

应建浙, 马启明, 徐逢旺, 等. 1982. 食用蘑菇. 北京: 科学出版社.

虞虎, 钟林生. 2019. 基于国际经验的我国国家公园遴选探讨. 生态学报, 39(4): 1309-1317.

袁继翠, 田艳宾, 任仲旺. 2021. 新业态下可持续发展过程中人与自然关系研究. 特区经济, (6): 152-154.

苑韶峰, 唐奕钰, 申屠楚宁. 2019. 土地利用转型时空演变及其生态环境效应: 基于长江经济带127个地级市的实证研究. 经济地理, (9): 174-181.

臧振华, 张多, 王楠, 等. 2020. 中国首批国家公园体制试点的经验与成效、问题与建议. 生态学报, 40(24): 8839-8850.

张虹. 2019. 分众与大众的平衡: 融媒体时代计算机类期刊的"自救式创新". 科技与出版, (7): 58-63.

张健, 陈圣宾, 陈彬, 等. 2013. 公众科学: 整合科学研究、生态保护和公众参与. 生物多样性, 21(6): 738-749.

张婧雅, 张玉钧. 2017. 论国家公园建设的公众参与. 生物多样性, 25(1): 80-87.

张林波, 虞慧怡, 李岱青, 等. 2019. 生态产品内涵与其价值实现途径. 农业机械学报, 50(6): 173-183.

张敏. 2018. 基于分众理论的大学官微平台品牌形象传播研究. 新媒体研究, 4(8): 6-8, 44.

张小平, 蔡惠福. 2019. 特点之辨与创新之选: 分众化差异化传播环境下议程设置研究. 传媒观察, (2): 23-31.

张轩慧, 赵宇翔. 2017. 国际公众科学领域演化路径与研究热点分析. 数据分析与知识发现, 1(7): 22-34.

张宇. 2015. 神农架川金丝猴生境适宜性评价. 昆明: 昆明理工大学硕士学位论文.

赵金崎, 桑卫国, 闵庆文. 2020. 以国家公园为主体的保护地体系管理机制的构建. 生态学报, 40(20): 7216-7221.

赵清扬, 李昕翼, 郭银尧, 等. 2020. 从分众传播的角度思考气象服务的创新: 以微信公众号"噜妈天气育儿"的实践为例. 中低纬山地气象, 44(4): 87-92.

赵同谦, 欧阳志云, 郑华, 等. 2004. 中国森林生态系统服务功能及其价值评价. 自然资源学报, 1(4): 480-491.

赵卫权, 吴克华, 苏维词, 等. 2011. 贵州省生物多样性综合评价与分析. 水土保持通报, 31(3): 171-174.

赵晓英, 陈怀顺, 孙成权. 2001. 恢复生态学: 生态恢复的原理与方法. 北京: 中国环境科学出版社.

郑重. 1993. 神农架维管植物区系初步研究. 武汉植物学研究, (2): 137-148.

中共中央办公厅, 国务院办公厅. 2019. 关于建立以国家公园为主体的自然保护地体系的指导意见.

中国科学院微生物研究所真菌组. 1975. 毒蘑菇. 北京: 科学出版社.

中华人民共和国环境保护局. 1998. 中国生物多样性国情研究报告. 北京: 中国环境科学出版社.

钟华平, 刘恒, 耿雷华, 等. 2006. 河道内生态需水估算方法及其综述. 水科学进展, 17(3): 134-138.

周琼. 2019. 互联网社群时代传播模式的创新. 浙江工业大学学报(社会科学版), 18(2): 235-240.

周婷, 陈万旭, 李江风, 等. 2021. 1995—2015年神农架林区人类活动与生境质量的空间关系研究. 生态学报, 41(15): 1-12.

朱诗章. 1992. 希望共建"天下第一景": 神农架"森林公园"与"三峡工程"同步建设前景广阔. 中国经贸导刊, (22): 21-22.

朱云华, 韩国珍. 2005. 神农架野生鱼类资源现状与保护对策. 淡水渔业, (S1): 67-68.

朱兆泉, 宋朝枢. 1999. 神农架自然保护区科学考察集. 北京: 中国林业出版社.

Ahmadi-Nedushan B, St-Hilaire A, Bérubé M, et al. 2006. A review of statistical methods for the evaluation of aquatic habitat suitability for instream flow Assessment. River Research and Applications, 22(5): 503-523.

Alp A, Akyuz A, Kucukali S. 2020. Ecological impact scorecard of small hydropower plants in operation: an integrated approach. Renewable Energy, 162: 1605-1617.

Alsterberg C, Roger F, Sundbäck K, et al. 2017. Habitat diversity and ecosystem multifunctionality–The importance of direct and indirect effects. Science Advances, 3(2): e1601475.

Altermatt F, Seymour M, Martinez N, et al. 2013. River network properties shape α-diversity and community similarity patterns of aquatic insect communities across major drainage basins. Journal of Biogeography, 40(12): 2249-2260.

Anderson-Cook C M. 2007. Generalized additive models: an Introduction with R. Publications of the American Statistical Association, 102(478): 760-761.

Armstrong J H. 2021. People and power: expanding the role and scale of public engagement in energy transitions. Energy Research & Social Science, 78: 102136.

Arthington A H, Kennen J G, Stein E D, et al. 2018. Recent advances in environmental flows science and water management-Innovation in the Anthropocene. Freshwater Biology, 63(8): 1022-1034.

Benke A C. 1979. A modification of the Hynes method for estimating secondary production with particular significance for multivoltine populations. Limnology and Oceanography, 24: 168-171.

Bond N R, Lake P S, Arthington A H. 2008. The impacts of drought on freshwater ecosystems: an Australian perspective. Hydrobiologia, 600(1): 3-16.

Bonney R, Shirk J L, Phillips T B, *et al.* 2014. Next steps for citizen science. Science, 343(6178): 1436-1437.

Bovee K D. 1982. A guide to stream habitat analysis using the instream flow incremental methodology. IFIP No. 12. Scientific Research and Essays, 6(30): 6270-6284.

Bushaw-Newton K L, Hart D D, Johnson T E, *et al.* 2002. An integrative approach towards understanding ecological responses to dam removal: the Manatawny Creek study. Journal of the American Water Resources Association, 38(6): 1581-1600.

Butler M G. 1984. Life histories of aquatic insects. *In*: Resh V H, Rosenberg D W. Ecology of Aquatic Insects. New York: Prager: 24-55.

Caissie D. 2010. The thermal regime of rivers: a review. Freshwater Biology, 51: 1389-1406.

Chape S, Blyth S, Fish L, et al. 2003. United Nations list of protected areas. Cambridge, UK/Gland, Switzerland: UNEP-World Conservation Monitoring Centre/IUCN-The World Conservation Union.

Clifford H F. 1982. Life cycles of mayflies (Ephemeroptera), with special reference to voltinism. Quaestiones Entomologicae, 18: 15-90.

Condit R. 1998. Tropical Forest Census Plots: Methods and Results from Barro Colorado Island, Panama and a Comparison with Other Plots. Berlin: Springer.

Corbet P S, Suhling F, Soendgerath D. 2006. Voltinism of Odonata: a review. International Journal of Odonatology, 9(1): 1-44.

Ding J, Mack R N, Lu P, *et al.* 2008. China's booming economy is sparking and accelerating biological invasions. Bioscience, 58(4): 317-324.

Dong L, Chen J, Fu C, *et al.* 2011. Stream temperature/air temperature relationship at small catchment in Zhuhai: a statistical interpretation. Hydrology, 13(1): 81-87.

Dong X, Li B, He F, *et al.* 2016. Flow directionality, mountain barriers and functional traits determine diatom metacommunity structuring of high mountain streams. Scientific Reports, 6: 24711.

Dudgeon D. 1989. Life cycle, production, microdistribution and diet of the damselfly *Euphaea decorata* (Odonata: Euphaeidae) in a Hong Kong forest stream. Journal of Zoology, 217(1): 57-72.

Dudgeon D. 1996a. Life histories, secondary production, and micro distribution of heptageniid mayflies (Ephemeroptera) in a tropical forest stream. Journal of Zoology, 240(2): 341-361.

Dudgeon D. 1996b. The life history, secondary production and micro distribution of *Ephemera* spp. (Ephemeroptera: Ephemeridae) in a tropical forest stream. Archiv Für Hydrobiologie, 135(4): 473-483.

Dunbar M J, Pedersen M L, Cadman D, *et al.* 2010. River discharge and local-scale physical habitat influence macroinvertebrate LIFE scores. Freshwater Biology, 55(1): 226-242.

ESRI (Environmental Systems Research Institute). 1991. Cell-based Modeling with Grid. RedLands: ESRI Inc.

Fan Y, Jin X, Gan L, *et al.* 2018. Spatial identification and dynamic analysis of land use functions reveals distinct zones of multiple functions in eastern China. Science of the Total Environment, 642(nov.15): 33-44.

Felix E, Hecnar S J, Lenore F. 2009. Quantifying the road-effect zone: threshold effects of a motorway on anuran populations in Ontario, Canada. Ecology and Society, 14(1): 24.

Frenne P D, Graae B J, Rodríguez-Sánchez F, *et al.* 2013. Latitudinal gradients as natural laboratories to infer species' responses to temperature. Journal of Ecology, 101: 784-795.

Gura T. 2013. Citizen science: amateur experts. Nature, 496(7444): 259-261.

Halleraker J H, Sundt H, Alfredsen K T, et al. 2007. Application of multiscale environmental flow methodologies as tools for optimized management of a Norwegian regulated national salmon watercourse. River Research and Applications, 23(5): 493-510.

Hamilton A L. 1969. On estimating annual production. Limnology and Oceanography, 14(5): 771-782.

Hawkes H A. 1997. Origin and development of the Biological Monitoring Working Party (BMWP) score system. Water Research, 32(3): 964-968.

He S, Su Y, Wang L, et al. 2018. Taking an ecosystem services approach for a new national park system in China. Resources, Conservation and Recycling, 137: 136-144.

Herlihy A T, Gerth W J, Li J, et al. 2005. Macroinvertebrate community response to natural and forest harvest gradients in western Oregon headwater streams. Freshwater Biology, 50(5): 905-919.

Higley L G, Pedigo L P, Ostlie K R. 1986. Degday: a program for calculating degree-days, and assumptions behind the degree-day approach. Environmental Entomology, 15(5): 999-1016.

Hoyer M V, Wellendorf N, Frydenborg R, et al. 2020. A comparison between professionally (Florida Department of Environmental Protection) and volunteer (Florida LAKEWATCH) collected trophic state chemistry data in Florida. Lake and Reservoir Management, 28(4): 277-281.

Hwang J M, Yoon T J, Lee S J, et al. 2009. Life history and secondary production of *Ephemera orientalis* (Ephemeroptera: Ephemeridae) from the Han River in Seoul, Korea. Aquatic Insects, 31(sup1): 333-341.

Jacobus L M, Mccafferty W P. 2004. Revisionary contributions to the Genus *Drunella* (Ephemeroptera: Ephemerellidae). Journal of the New York Entomological Society, 112(2): 127-147.

Kindlmann P, Baurel F. 2008. Community measure: a review. Landscape Ecology, 23(8): 879-890.

Larkin J L, Maehr D S, Hector T S, et al. 2004. Landscape linkages and conservation planning for the black bear in west-central Florida. Anim Conserv, 7(1): 23-34.

Lee C Y, Kim D G, Baek M J, et al. 2013. Life history and emergence pattern of *Cloeon dipterum* (Ephemeroptera: Baetidae) in Korea. Environmental Entomology, 42: 1149-1156.

Lee S J, Bae Y J, Yoon I B, et al. 1999. Comparisons of temperature-related life histories in two Ephemerid mayflies (*Ephemera separigata* and *E. strigata*: Ephemeridae, Ephemeroptera, Insecta) from a mountain stream in Korea. Korean Journal of Limnology, 32: 253-260.

Lee S J, Hwang J M, Bae Y J. 2008. Life history of a lowland burrowing mayfly, *Ephemera orientalis* (Ephemeroptera: Ephemeridae), in a Korean stream. Hydrobiologia, 596(1): 279-288.

Li H, Li L, Su F, et al. 2021. Ecological stability evaluation of tidal flat in coastal estuary: a case study of Liaohe estuary wetland, China. Ecological Indicators, 130: 108032.

Li R. 2007. Dynamic assessment on regional eco-environmental quality using AHP-statistics model: a case study of Chaohu Lake Basin. Chinese Geographical Science, 17(4): 341-348.

Li X, Ao S, Shi X, et al. 2021. Life history of *Caenis lubrica* Tong and Dudgeon, 2002 (Ephemeroptera: Caenidae) in a Three Gorges Reservoir feeder stream, subtropical Central China. Aquatic Insects: 42(1): 50-61.

Lloyd T J, Fuller R A, Oliver J L, et al. 2020. Estimating the spatial coverage of citizen science for monitoring threatened species. Global Ecology and Conservation, 23: e01048.

Ma M, Shen G, Xiong G, et al. 2017. Characteristic and representativeness of the vertical vegetation zonation along the altitudinal gradient in Shennongjia Natural Heritage. Chinese Journal of Plant Ecology, 41: 1127-1139.

Macphail V J, Colla S R. 2020. Power of the people: a review of citizen science programs for conservation. Biological Conservation, 249: 108739.

Maxwell J A, Randall A. 1989. Ecological economic modeling in a pluralistic, participatory society. Ecological Economics, 1(3): 233-249.

Mccafferty W P, Pereira C. 1984. Effects of developmental thermal regimes on two mayfly species and their taxonomic interpretation. Annals of the Entomological Society of America, 77(1): 69-87.

Mcinnes R J, Davidson N C, Rostron C P, et al. 2020. A citizen science state of the world's wetlands survey. Wetlands, 40(4): 1577-1593.

Mckie B G, Cranston P S, Pearson R G. 2004. Gondwanan mesotherms and cosmopolitan eurytherms: effects of temperature on the development and survival of Australian Chironomidae (Diptera) from tropical and temperate populations. Marine and Freshwater Research, 55(8): 759-768.

Midcontinent Ecological Science Center. 2001. PHABSIM for Windows Manual and Exercise. Washington, D.C.: Geological Survey.

Moore A A, Palmer M A. 2005. Invertebrate biodiversity in agricultural and urban headwater streams: implications for conservation and management. Ecological Applications, 15(4): 1169-1177.

Morrill J C, Bales R C, Conklin M H. 2005. Estimating stream temperature from air temperature: implications for future water quality. Journal of Environmental Engineering, 131(1): 139-146.

Mustow S E. 2002. Biological monitoring of rivers in Thailand: use and adaptation of the BMWP score. Hydrobiologia, 479 (1-3): 191-229.

National Water Council. 1981. River Quality: The 1980 Survey and Future Outlook. London: National Water Council: 39.

Omernik J M. 1987. Map supplement: ecoregions of the conterminous United States. Annals of the Association of American Geographers, 77: 118-125.

Omernik J M. 2004. Perspectives on nature and definition of ecological regions. Environmental Management, 34(suppl.1): S27-S38.

Parasiewicz P, Schmutz S, Moog O. 1998. The effect of managed hydropower peaking on the physical habitat, benthos and fish fauna in the River Bregenzerach in Austria. Fisheries Management and Ecology, 5: 403-417.

Pérez-Soba, Petit S, Jones L, et al. 2008. Land Use Functions: A Multifunctionality Approach to Assess the Impact of Land Use Changes on Land Use Sustainability. Berlin, Heidelberg: Springer.

Pinto N, Keitt T H. 2009. Beyond the least-cost path: evaluating corridor redundancy using a graph-theoretic approach. Landscape Ecology, 24(2): 253-266.

Poff L R. 1997. Landscape filters and species traits: towards mechanistic understanding and prediction in stream ecology. Journal of the North American Ethological Society, 16(2): 391-409.

Poff N L. 2017. Beyond the natural flow regime? Broadening the hydroecological foundation to meet environmental flows challenges in a non-stationary world. Freshwater Biology, 16(2): 391-409.

Poff N L, Olden J D, Vieira N K M, et al. 2006. Functional trait niches of North American lotic insects: traits-based ecological applications in light of phylogenetic relationships. Journal of the North American Benthological Society, 25(4): 730-755.

Premalatha M, Tabassum-Abbasi, Abbasi T, et al. 2014. A critical view on the eco-friendliness of small hydroelectric installations. Science of the Total Environment, 481: 638-643.

Qiu J. 2020. Science communication in China: a critical component of the global science powerhouse. National Science Review, 7(4): 824-829.

Qu X, Tang T, Xie Z, et al. 2005. Distribution of the macroinvertebrate communities in the Xiangxi River System and their relationship with environmental factors. Journal of Freshwater Ecology, 20(2): 233-238.

Rabeni C F, Wang N. 2001. Bioassessment of streams using macroinvertebrates: are the chironomidae necessary? Environmental Monitoring Assessment, 71(2): 177-185.

Resh V H, Rosenberg D M. 2010. Recent trends in life-history research on benthic macroinvertebrates. Journal of the North American Benthological, 29(1): 207-219.

Rick B, Caren B C, Janis D, et al. 2009. Citizen science: a developing tool for expanding science knowledge and scientific literacy. BioScience, 59(11): 977-984.

Rockström J, Falkenmark M, Allan T, et al. 2015. The unfolding water drama in the Anthropocene: towards a resilience-based perspective on water for global sustainability. Ecohydrology, 7(5): 1249-1261.

Saunders S C, Mo R M, Chen J, et al. 2002. Effects of roads on landscape structure within nested ecological units of the Northern Great Lakes Region, USA. Biological Conservation, 103(2): 209-225.

Shanley C S, Pyare S. 2011. Evaluating the road-effect zone on wildlife distribution in a rural landscape. Ecosphere, 2(2): 1-16.

Silvertown J. 2009. A new dawn for citizen science. Trends in Ecology & Evolution, 24(9): 467-471.

Sohrabi M M, Benjankar R, Tonina D, et al. 2017. Estimation of daily stream water temperatures with a Bayesian regression approach. Hydrological Processes, 31(9): 1719-1733.

Solano P. 2010. Legal framework for protected areas: France. IUCN Environmental Policy and Law Paper, 81: 1-51.

Soldan T. 1997. Book review: aquatic insects of China useful for monitoring water quality. EJE, 94(1): 152.

Tang T, Cai Q, Liu R, et al. 2002. Distribution of epilithic algae in the Xiangxi River system and their relationships with environmental factors. Journal of Freshwater Ecology, 17(3): 345-352.

Tharme R E. 2003. A global perspective on environmental flow assessment: emerging trends in the development and application of environmental flow methodologies for rivers. River Research and Applications, 19(526): 397-441.

Tian H, Stige L C, Cazelles B, et al. 2011. Reconstruction of a 1,910-y-long locust series reveals consistent associations with climate fluctuations in China. Proceedings of the National Academy of Sciences, 108(35): 14521-14526.

Walz R. 2000. Development of Environmental Indicator Systems: experiences from Germany. Environmental Management, 25(6): 613-623

Wang R, Ng C N, Qi X. 2020. The Chinese characteristics of payments for ecosystem services: a conceptual analysis of water eco-compensation mechanisms. International Journal of Water Resources Development, 36(4): 651-669.

Wang X, Cai Q, Jiang W, et al. 2013. Assessing impacts of a dam construction on benthic macroin-vertebrate communities in a mountain stream. Fresenius Environmental Bulletin, 22(1): 103-110.

Wang Y, Wang Y, Wu M, et al. 2021. Assessing ecological health of mangrove ecosystems along South China Coast by the pressure-state-response (PSR) model. Ecotoxicology, 30(4): 622-631.

Watanabe N C, Mori I, Yoshitaka I. 2010. Effect of water temperature on the mass emergence of the mayfly, Ephoron shigae, in a Japanese river (Ephemeroptera: Polymitarcyidae). Freshwater Biology, 41(3): 537-541.

Waters T F. 1979a. Benthic life histories: summary and future needs. Journal of the Fisheries Research Board of Canada, 36(3): 342-345.

Waters T F. 1979b. Influence of benthos life history upon the estimation of secondary production. Journal of the Fisheries Research Board of Canada, 36(12): 1425-1430.

Wellnitz T. 2014. Can current velocity mediate trophic cascades in a mountain stream? Freshwater Biology, 59(11): 2245-2255.

Westphal M I, Browne M, Mackinnon K, *et al.* 2008. The link between international trade and the global distribution of invasive alien species. Biological Invasions, 10(4): 391-398.

Xu W, Pimm S L, Du A, *et al.* 2019. Transforming protected area management in China. Trends in Ecology & Evolution, 34(9): 762-766.

Zhang Y, Long H, Tu S, *et al.* 2019. Spatial identification of land use functions and their tradeoffs/synergies in China: implications for sustainable land management. Ecological indicators, 107: 105550.